技能型人才培养实用教材
普通高等院校土木工程"十二五"规划教材

建设行业职业技能鉴定培训教程

主　编　张忠发　　楚新智　　刘　洋
副主编　王红梅　　孙晶晶　　肖　剑　　武新杰
编　委　毛久群　　闫晶晶　　罗振华　　汪金能
　　　　李富宇　　陈丽娟　　秦永福　　季翠华
　　　　许光磊　　宋　莉　　佘　娜

U0340201

西南交通大学出版社
·成都·

图书在版编目（CIP）数据

建设行业职业技能鉴定培训教程/张忠发，楚新智，刘洋主编. —成都：西南交通大学出版社，2014.8
技能型人才培养实用教材 普通高等院校土木工程"十二五"规划教材
ISBN 978-7-5643-3236-5

Ⅰ.①建… Ⅱ.①张… ②楚… ③刘… Ⅲ.①建筑工程－职业技能－鉴定－教材②建筑工程－高等学校－教材 Ⅳ.①TU

中国版本图书馆 CIP 数据核字（2014）第 174859 号

技能型人才培养实用教材
普通高等院校土木工程"十二五"规划教材

建设行业职业技能鉴定培训教程

主编 张忠发 楚新智 刘 洋

责任编辑	杨 勇
助理编辑	罗在伟
封面设计	墨创文化
出版发行	西南交通大学出版社
	（四川省成都市金牛区交大路 146 号）
发行部电话	028-87600564　028-87600533
邮政编码	610031
网　址	http://www.xnjdcbs.com
印　刷	成都中铁二局永经堂印务有限责任公司
成品尺寸	185 mm × 260 mm
印　张	17.5
字　数	423 千字
版　次	2014 年 8 月第 1 版
印　次	2014 年 8 月第 1 次
书　号	ISBN 978-7-5643-3236-5
定　价	36.00 元

前　言

改革开放以来，市场经济得到了蓬勃的发展，建筑业已成为我国国民经济的支柱产业，为推动国民经济增长和社会全面发展发挥了重要作用，这种重要作用在今后较长一个时期内仍然存在。未来几年我国的基本建设、技术改造、房地产等以投资拉动经济增长的固定资产投资规模将保持在一个较高的水平，建筑市场面临重要的发展机遇。

同时我们也看到，中国建筑市场的竞争更加激烈，建筑业改革与发展中尚存在一些突出问题。随着国家重点项目的规划建设规模越来越大、技术性能指标越来越复杂，对建筑企业和建筑从业者的技术水平和管理能力都提出了更高的要求。

为不断适应建筑业的快速、可持续发展，培养更多、更优秀的适合建筑行业发展趋势的一线专业技术管理人才，重庆能源职业学院职业技能鉴定中心经过几年的教学实践研究，在发展基于工作过程为导向教学、坚持以技能培训为重点的建筑高等职业教育领域做了很好的尝试。在此基础上，设计了一套适合于高职学生层次的建设系统岗位技能鉴定体系。同时，重庆能源职业学院职业技能鉴定中心组织编写了这本以"钢筋工"、"砌筑工"、"抹灰工"、"架子工"、"混凝土工"等几个工种为脉络的技能鉴定培训教材，教材充分考虑了高职学生的培养定位，将其定义为"有效的承接劳务工人和项目经理之间的有机联系者"的初次就业定位。

编写组针对目前建筑施工现场的实际需要，坚持实用、够用为原则，编订了适合高职学生学习重点的每个工种的知识点，力求简单、通俗、易掌握，突出技能操作。本书以知识点为枢纽，配合复习题以便于读者理解，并结合技能鉴定考核的要求，将理论和实作从编写结构上分离；针对性和实用性明显，便于读者迅速掌握知识技能和顺利通过技能鉴定。

本着科学性和严谨性的原则，本书按照国家建筑工艺标准编写，并严格按照国家建设系统岗位技能鉴定规范以突出内容的实用性和针对性。本书内容上为学术性和实用性的有机结合，适合高职层次学生较全面地掌握建筑施工知识和技能鉴定使用，也可作为建设行业从业者的自学参考书籍。

本书在编审过程中，得到了市建委主管部门和重庆建设教育协会的有关领导和专家的大力支持和帮助，方顺兴教授、赵刚教授、刘健副教授也给本书的编写提出了大量的指导性意见，在此一并感谢。

由于编者水平有限，本书不足之处在所难免，欢迎广大读者和广大高职教学科研者在学习和实践中提出宝贵意见，以便我们及时修订和完善。

编　者

2014 年 3 月

目　录

第 1 篇　职业技能鉴定须知

第 2 篇　建设系统岗位职业技能鉴定通识部分

第5篇　抹灰工职业技能鉴定

第6篇　架子工职业技能鉴定

第7篇　混凝土工职业技能鉴定

第1篇
职业技能鉴定须知

第 1 章　职业技能鉴定和题库简介

1.1　职业技能鉴定

（1）职业技能鉴定是按照国家有关规定，对劳动者专业知识和技能水平进行客观公正、科学规范的评价与认证。

（2）按有关规定，从事技术职业（工种）的从业人员或准备从事技术职业（工种）的人员，都可以申报参加职业技能鉴定。

（3）职业技能鉴定一般分为理论知识考试和操作技能考核。理论知识考试一般采用闭卷笔试方式，操作技能考核采用现场实际操作方式。

（4）职业技能鉴定理论知识考试和操作技能考核均实行百分制，成绩皆达 60 分以上者为合格。

（5）职业技能鉴定合格者，可获得相关职业资格证书。

（6）职业资格证书是劳动者专业知识和职业技能水平的证明。

1.2　职业技能鉴定题库

本职业技能鉴定题库是由重庆能源职业学院组织开发的用于相关职业技能鉴定的统一试题库。

1.3　职业技能鉴定题库的权威性

（1）本职业领域高水平专家参与命题。

（2）以国家相关部门颁布的《职业标准》为依据，并参考相关的《职业资格培训教程》。

1.4　建立职业技能鉴定题库的意义

（1）有利于规范职业技能鉴定行为，保证职业技能鉴定质量。

（2）有利于统一职业技能鉴定水平，为受鉴定者提供公平、客观的能力水平评价。

1.5　职业技能鉴定题库的管理与使用

（1）职业技能鉴定题库由省级有关部门或其授权单位负责组织管理，供职业技能鉴定出题使用。

（2）工种技能的职业鉴定，一律从题库中抽取试题。

（3）考生、考评员等相关使用者一旦发现题库试题试卷存在问题，可及时向有关部门书面反馈题库意见或建议。

1.6　职业技能鉴定题库的主要内容

（1）题库的内容分为两部分，即理论知识题库和操作技能题库。

（2）理论知识题库每个职业含若干道试题，题型包括填空题、选择题、判断题、简答题、计算题、绘图题、论述题等。

（3）操作技能题库根据职业特点，由涉及职业活动领域的若干试题组成。考核方式有现场实际操作、模拟操作、笔试、面试等多种形式。

1.7　职业技能鉴定题库的命题基本依据与基本原则

（1）国家相关部门颁布的《职业标准》为依据。

（2）参考国家相关部门组织编写的《职业资格培训教程》。

1.8　职业技能鉴定题库的命题基本原则

（1）反映职业活动对从业人员的知识和技能要求。

（2）理论知识命题强调本职业实际工作中必备的知识，不出偏题、怪题。

（3）操作技能命题强调科学性和可行性，试题既能反映本职业主要操作活动的内容和要求，具有科学规范性，又能使考核过程简便易行。

第 2 章　职业技能鉴定复习注意事项

2.1　勤学苦练，获得真才实干

（1）职业技能鉴定不同于一般考试，它是以职业技能为着眼点的考试；而熟练的职业技能必须通过长期不断地练习和实践才能获得。

（2）职业技能鉴定的根本目的不是考试，而是为了提高劳动者职业技能和素质，因此职业技能鉴定涉及的试题内容紧密围绕职业活动。采用猜题、押题或死记硬背考题的复习方法，不如下工夫把时间和精力用在学习和实践上。

（3）职业技能鉴定是一种达标考试，考生无论在工作岗位实践中，还是在学校学习，只要认真学习，努力实践，达到《国家职业标准》的相关要求，就可以通过考试。

2.2　全面复习，掌握基本要点

（1）考生在考前进行全面复习时，对基本知识要点和操作要领要记忆准确、理解透彻、运用熟练，同时要善于抓住重点。书中所列理论知识鉴定要素细目表、操作技能考核内容结构表和操作技能鉴定要素细目表，是依据《国家职业标准》对考核内容的细化，是命题的直接依据，也是理论知识考试和操作技能考核的要点，因此对这些内容应全面理解，深入领会。

（2）考生在使用本书中的试题精选进行练习时，如果发现哪一题解答有问题或操作有困难，应该立即检查并请教，发现问题所在，及时解决本职业领域知识和技能的难点问题。

（3）考前复习要讲究方法，提高效率。从复习的时间阶段来说，第一阶段可以安排全面复习与练习；第二阶段可以安排重点复习和练习，巩固已掌握的知识和操作要领；第三阶段可以安排模拟练习，以进一步理解考核的要求和内容。

2.3　劳逸结合，注意身心调整

（1）身体状况、心情、经验以及期待水平等许多因素都会影响考生在考场的表现。

（2）考生复习时要劳逸结合，注意身体和心理状态的调节。

（3）保持良好的心态、力戒焦虑，是取得好成绩的因素之一。考生应根据自己的实力，订立一个切实可行的目标，这是降低考试焦虑症状行之有效的方法。

（4）考核前，按职业技能鉴定中心通知，提前做好相应准备，如参加职业技能鉴定必须携带的证件、用具等，避免由于准备不足而影响正常发挥。

第 3 章　理论知识考试复习指导

3.1　理论知识试卷构成

目前，职业技能鉴定理论知识考试采用试卷方式，包括五大类题型：

（1）填空题，共 25 小题，每空 1 分，共 25 分。

（2）单项选择题，即每道题有四个选项，其中只有一个选项为正确选项，共 15 小题，每小题 1 分，共 15 分。

（3）多项选择题，即每道题有四个选项，正确选项多于或只有一个选项，但不多于四个选项共 10 小题，每小题 2 分，共 20 分，错选、多选不得分，少选的每个选项得 0.5 分。

（4）名词解释，共 4 小题，每个名词解释 5 分，共 20 分。

（5）论述题，共 2 小题，每小题 10 分，共 20 分。

3.2　理论知识考核时间答题要求

职业技能鉴定理论考试时间为 90 min。

（1）作答填空题时，应在下划横线范围内填写答案。

（2）作答单项或多项选择题时，应按要求在试题的括号中填写正确选项的字母。

（3）作答名词解释和论述题时，应在题目下空白区域作答。

3.3　理论知识试卷生成方式

理论知识题库采用计算机自动生成试卷，即计算机按照本职业的"理论知识鉴定要素细目表"的结构特征，使用统一的组卷模型，从题库中随机抽取相应试题，组成试卷。

3.4　理论知识鉴定要素细目表说明

（1）理论知识鉴定要素细目表是依据国家相关《职业标准》，参考相关《职业资格培训教程》内容细化而成，是题库理论知识试题命题和抽题组卷的依据。

（2）理论知识鉴定要素细目表中的鉴定点就是理论知识考试的知识要点。

（3）理论知识鉴定要素细目表中，每个鉴定点都有重要程度指标，即鉴定点后标注的"X"、"Y"、"Z"。其中：

"X"表示"核心要素"，是鉴定点集合中最重要、考试中出现频率最高的内容。

"Y"表示"一般要素"，是鉴定点集合中一般重要的内容。

"Z"表示"辅助要素"，是鉴定点集合中重要程度较低的内容。

第 4 章 操作技能考核复习指导

4.1 操作技能考核试卷构成

操作技能考核有多种方式，本书所包括的操作技能考核采用实际操作题型，详见相应的考核内容结构表。

职业技能鉴定题目操作技能试卷一般由以下三部分内容构成：

1. 操作技能考核准备通知单

分为鉴定机构准备通知单和考生准备通知单。考核前现场发放并张榜公布，内容为考核所需场地、设备、材料、工具及其他准备要求。

2. 操作技能考核时间和考核要求

内容为操作技能考核试题，包括试题名称、试题分值、考核时间、考核形式、具体考核要求（如技术标准、图表、图样等考核应达到的结果要求）等，在考核前张榜公布。

3. 操作技能考核评分记录表

内容为操作技能考核试题配分与评分标准，用于考评员评分记录。其主要包括各项考核内容、考核要点、配分与评分标准、否定项及说明、考核分数加权汇总方法等。

4.2 操作技能考核时间和考核要求

职业技能鉴定操作技能考核时间根据工种和考核项目的不同分别制定。

考核按试卷中具体的考核要求进行操作。

考生在操作技能考核过程中，应遵守考场纪律，执行操作规程，防止出现人身和设备安全事故。

4.3 操作技能考核试卷生成方式

职业技能鉴定题库采用计算机自动生成试卷，即计算机按照本职业的操作技能考核内容，使用统一的组卷模型，从题库中随机抽取相应试题组成试卷。

4.4 操作技能考核内容结构表说明

操作技能考核内容结构表列出了对应职业的考核内容、选考方式、考核总体时间等内容。依据考核内容结构表，考核时按结构要求任选一项进行组卷。

第2篇
建设系统岗位职业技能鉴定通识部分

第1章　通识部分知识目录

鉴定范围		鉴定点		
一级	二级	序号	名称	重要程度
基础知识	职业道德	1	职业道德	X
		2	职业纪律	X
		3	爱岗敬业、勇于创新	X
		4	遵纪守法、诚实守信	X
	安全生产	1	安全生产的意义	X
		2	安全防护用品	X
		3	安全员职责	X
		4	施工现场常用安全标志	X
		5	施工现场人身安全知识	X
		6	一般安全知识	X
		7	高空作业安全知识	X
		8	施工用电安全知识	X
	文明施工	1	现场围挡	X
		2	封闭管理	X
		3	施工现场	X
		4	材料堆放	X
		5	现场防火	X
		6	综合治安	X
		7	现场标牌	X
		8	社区服务	X

第 2 章　通识部分复习要点

2.1　职业道德

1. 职业道德

职业道德是指同人们的职业活动紧密联系的符合职业特点所要求的道德准则、道德情操与道德品质的总和；同时也是从事一定职业的人在职业活动中应遵循的行为准则。它既是对各行业从业人员在本职工作中的行为要求，也是各行业对社会所负的道德责任与义务。

职业道德具有鲜明的职业性和较强的针对性，有着较大的稳定性和强烈的时代感，其内容呈现多样性。

2. 职业纪律

职业纪律是行业企业对员工的行为规范，具有明确的规定性的特点。企业生产经营活动中，要求员工遵纪守法是由经济活动决定的。职业纪律是从事某一特定职业的员工应该共同遵守的行为准则，包括有外事纪律。合同员工违反职业纪律，在给其处分时应把握视情节轻重的原则，可以做出撤职、辞退处分。

3. 爱岗敬业、勇于创新

爱岗敬业是职业道德的重要内容。爱岗敬业是指员工树立职业理想，强化职业责任，干一行爱一行，不断提高职业技能。

创新是企业进步的灵魂，是企业发展的动力。企业要创新，就要求员工努力大胆尝试，敢于提出新思路。不断开拓创新是提高企业市场竞争力的重要途径。

4. 遵纪守法、诚实守信

遵纪守法，要求从业人员在思想、品德、作风、纪律等方面做出表率，严格要求自己，自觉遵守各项劳动纪律、组织纪律、学习纪律和财经纪律等。在工作生活中，每个人都应自觉遵纪守法，应自觉地学习有关的法律、法规，增强法制观念。

诚实守信是维持市场经济秩序的基本法则，员工对企业诚实守信应该做到维护企业信誉，树立质量意识和服务意识。注重环境效益是企业诚实守信的内在要求。

2.2　安全生产

1. 安全生产的意义

劳动者的安全与健康，是社会生产力发展的基本保证，是建设和谐社会、平安社会的保证。每个工作人员在进入现场施工前，必须学习安全生产知识，熟悉安全生产的有关规定，树立"安全为了生产，生产必须安全"的思想。坚持预防为主的方针，严格执行安全操作规程。

2．安全防护用品

安全防护用品是指劳动者在劳动过程中为免遭（或减轻）事故伤害或职业危害所配备的安全防护用具。建筑施工作业的"安全三件宝"是指安全帽、安全带、安全网。

安全帽的作用：①防止突然飞来的物体致头部受伤；②防止从高处坠落时头部受伤害；③防止头部遭电击；④防止化学和高温液体从头顶浇下时头部受伤；⑤防止头发暴露在粉尘中。

3．安全员职责

（1）贯彻"安全第一，预防为主"的方针。强化安全管理，提高全员安全素质和安全质量意识，防止事故发生。

（2）做好安全宣传、教育、检查工作。开展文明施工生产，尤其对电工、焊工、架子工及各种机械车辆司机特殊工种，做好安全包保责任，层层订立安全措施，禁止一切违章施工、生产。

（3）每天开工前进行的安全检查：对安全标识、标志，场地布置，材料堆放，用电设施，机械车辆运作，高空作业防护，深基施工，易燃易爆物品保管发放，防爆、防盗、防火设施等进行检查，发现不安全因素和隐患及时进行整改。

（4）经常深入工地检查安全工作情况，讲解安全注意事项，增强安全意识，总结安全成绩，消除安全隐患。

（5）安全员在工地须佩戴安全员袖标，认真检查施工人员着装及各种安全设施是否符合规定，检查施工中的安全措施落实情况，制止违章作业，消除事故隐患，杜绝事故发生。

（6）责任在先，实事求是，疏而不漏。

（7）参加安全会议，参与安全保证措施的制定。

（8）对违章施工生产的单位及个人不听劝阻者，或限期整改而没有整改的，有权向项目部有关领导汇报并按有关规定进行处罚。

（9）定期或不定期对工地现场新工人进行安全培训和安全交底。

（10）制定高大模板支撑及外脚手架施工安全防范措施，消除安全隐患。

（11）参与外脚手架材料进场计划制定。

（12）制定现场塔吊、井架、人货电梯的安装计划和报验手续。

4．施工现场常用安全标志

注意安全	必须戴安全帽	必须系安全带
当心触电	当心坠落	当心落物

当心伤手	当心机械伤人	当心塌方
当心坑洞	禁止攀登	禁止抛物

5. 施工现场人身安全知识

（1）路段施工时注意来往车辆，按要求佩戴安全防护用品和正确使用安全防护用具。

（2）特种人员必须持证上岗，不准无证操作设备和进行接电作业。

（3）严格执行岗位安全技术操作规程。不违反劳动纪律，不违章作业。

（4）野外作业在酷暑、严寒季节应防止中暑、溺水、冻伤等。

（5）不在有坠物、坍塌等危险场所停留、休息。

（6）一线作业人员有权拒绝违章作业指令，危险工作环境、场所安全防护措施未做好可拒绝施工（抢险、救援例外）。

（7）上班前不得饮酒、不准穿拖鞋上班，操作时不准嬉笑打闹。

（8）按时休息，确保有充沛精力和体力投入到工作中。

6. 一般安全知识

（1）刚参加工作的工人，必须进行安全教育后才可入场操作。操作中应遵守工作岗位的规章制度。

（2）工作前应认真检查基坑、井坑、沟坑以及安全边坡、固定支架、脚手架、安全网、防护板等，如存有塌方和其他隐患，应排除后方能施工。

（3）施工现场的脚手架、防护设施、安全标志和警告牌，不能擅自拆除，需要拆除移动的要经现场负责人同意，由专人进行处理。

（4）在物料堆放口附近作业时，应将堆放口引至距作业地点 2 m 以外，或停止堆放作业。

（5）在脚手架上砌砖、打砖时，不得面向外打或向脚手架下扔砖块杂物。高空作业时应设置安全网。

（6）非机电工人严禁擅自开动机器及接、拆机电设备。

（7）在同一垂直面内遇有上下交叉作业时，必须设置防护隔层，避免物体坠落伤人。

（8）施工现场或楼层上的坑洞等处应设置护身栏杆或防护盖板，这些防护设施不得任意挪动。楼梯间在未安装栏杆前要设临时护栏。

7. 高空作业安全知识

（1）年满 18 岁、经体检合格后方可从事高空作业。患有高血压、心脏病、精神病和其他不适于高空作业的人，禁止登高作业。

（2）距地面 2 m 以上，工作斜面坡度大于 45°，工作地面没有平稳的立脚地方或有震动的地方，应视为高空作业。

（3）防护用品要穿戴整齐，裤角要扎上，戴好安全帽。不准穿硬底鞋。佩戴具有足够强度的安全带，并应将绳子牢牢系在坚固的建筑结构上或金属构架上，不准系在活动的物件上。

（4）登高前，现场安全员应对全体人员进行现场安全教育。

（5）检查所用工具（如安全帽、安全带、梯子跳板、脚手架、防护板、安全网等）的安全可靠性，严禁冒险作业。

（6）高空作业地区要划出禁区，挂上"闲人免进"、"禁止通过"等警示牌。

（7）靠近电源（低压）线路作业时应先联系有关部门停电，确认停电后方可进行工作，并应设置绝缘挡板。作业者应离开电源（低压）2 m 以外。

（8）高空作业所用的工具、零件、材料等必须装入工具袋。上下时手中不得拿物件，并从指定路线上下；不得在高处投掷材料或工具等物；不得将易滚易滑的工具、材料堆放在脚手架上；工作完毕应及时将工具、零星材料、零部件等一切易坠落物件清理干净，防止坠物伤人；上、下搬运大型零件时，必须采用可靠的起吊机具。

（9）注意危险标志和危险地方。夜间作业时必须设置足够的照明设施，否则禁止施工。

（10）严禁上下同时垂直作业。

（11）若有特殊情况必须垂直作业时，应经有关领导批准，并在上下两层间设专用的防护棚或其他隔离设施。

（12）严禁坐在高处、无遮拦处休息，防止坠落。

（13）严禁用卷扬机等各种升降设备上下载人。

（14）在石棉瓦屋面工作时，要用梯子等物垫在瓦上行走，以免踩破石棉瓦而坠落。

（15）任何情况下，不得在墙顶上工作或通行。

（16）脚手架的负荷量不能超过 27 kg/m²。

（17）超过 3 m 长的铺板上不能同时站两人作业。

（18）脚手板、斜道板、跳板和交通运输道应随时清扫。当冰和积雪严重无法清除时，应停止高空作业。

（19）遇 6 级以上的风时，禁止在露天进行高空作业。

（20）使用梯子时，必须先检查梯子是否牢固、是否符合安全要求。立梯子的坡度以 60°为宜。梯底宽度不少于 50 cm，并应设置防滑装置。梯顶无搭钩、梯脚不能稳固时，须有人扶梯。人字合梯拉绳必须牢固。

（21）在化工危险物品生产的界区工作时要与操作负责人联系，得到同意后方可进行，以便在生产发生异常时，及时通知施工人员迅速撤离现场。

（22）在化工车间内进行高空作业时，应对施工地点的气体进行分析，并备有防护用品。

8. 施工用电安全知识

（1）建筑施工现场的电工、电焊工属于特种作业工种，必须按国家有关规定经专门的安全作业培训，取得特种作业操作资格证书，方可上岗作业。其他人员不得从事电气设备及电气线路的安装、维修和拆除。

（2）建筑施工现场必须采用 TN-S 接零保护系统，即具有专用保护零线（PE 线）、电源中性点直接接地的 220/380 V 三相五线制系统。

（3）建筑施工现场必须按"三级配电二级保护"设置。

（4）施工现场的用电设备必须实行"一机、一闸、一漏、一箱"制，即每台用电设备必须有自己专用的开关箱，专用开关箱内必须设置独立的隔离开关和漏电保护器。

（5）严禁在高压线下方搭设临建、堆放材料和进行施工作业；在高压线一侧作业时，必须保持至少 6 m 的水平距离。达不到上述距离时，必须采取隔离防护措施。

（6）在宿舍工棚、仓库、办公室内严禁使用电饭煲、电水壶、电炉、电热杯等较大功率电器。如需使用，应由项目部安排专业电工在指定地点安装可使用较高功率电器的电气线路和控制器。严禁使用不符合安全要求的电炉、电热棒等。

（7）严禁在宿舍内乱拉、乱接电源，非专职电工不准乱接或更换熔丝，不准以其他金属丝代替熔丝（保险丝）。

（8）严禁在电线上晾衣服和挂其他东西。

（9）搬运较长的金属物体如钢筋、钢管等材料时，应注意不要碰触到电线。

（10）在临近输电线路的建筑物上作业时，不能随便往下扔金属类杂物，更不能触摸、拉动电线或电线接触钢丝和电杆的拉线。

（11）移动金属梯子和操作平台时，要观察高处输电线路与移动物体的距离，确认有足够的安全距离，再进行作业。

（12）在地面或楼面上运送材料时，不要踏在电线上；停放的手推车以及堆放的钢模板、跳板、钢筋不要压在电线上。

（13）在移动有电源线的机械设备，如电焊机、水泵、小型木工机械等，必须先切断电源，不能带电搬动。

（14）当发现电线坠地或设备漏电时，切不可随意跑动和触摸金属物体，并保持 10 m 以上距离。

2.3　文明施工

1. 现场围挡

施工现场的四周要设置围挡。市区主要路段的工地周围要连续设置 2.2 m 高的围挡，一般路段设置高于 1.8 m 的围挡。围挡材料要坚固、稳定、整洁、美观。

2. 封闭管理

施工现场实施封闭式管理。设置大门，门头要设置企业标志，或在场内悬挂企业标志旗。有门卫和门卫制度，进入施工现场工作人员要佩戴胸卡。

3. 施工现场

工地地面要做硬化处理，道路要畅通，并设排水、防泥浆、防污水、废水措施，温暖季节要搞好环境绿化，工地要设吸烟处。

4. 材料堆放

建筑材料、构件、料具要按总平面布置图的布局，分门别类，堆放整齐，并挂牌标名。

工完料净、场地清，建筑垃圾分类，堆放整齐，挂牌标出名称；易燃易爆物品分类存放，专人保管。

5. 现场防火

施工现场要制定防火制度、措施，配备能满足消防要求的灭火器材，高层建筑要随层做消防水源管道，用直径 50 mm 立管，设加压泵，每层留有消防水源接口。明火作业要办理审批手续，作业时要专人监护。

6. 综合治安

生活区内要为工人设置学习、娱乐场所。建立健全治安保卫制度和治安防范措施，并将责任分解到人，杜绝发生失盗事件。

7. 现场标牌

大门口处悬挂"五牌一图"，即工程概况牌、管理人员名单及监督电话牌、消防保卫牌、安全生产牌、文明施工牌和施工现场平面图，其内容要齐全、完整、规范。现场要有安全标语、宣传栏、黑板报等。

8. 社区服务

施工现场要有防尘、防噪音和不扰民措施，夜间未经许可不得施工。不得在现场焚烧有毒、有害物质。

第 3 章　通识部分复习题

一、单项选择题

1. 关于职业道德叙述不正确的是（　　　）。
    A. 职业道德是由经济活动决定的
    B. 职业道德是对各行业从业人员在本职工作中的行为要求
    C. 职业道德是各行业对社会所负的道德责任与义务
    D. 道德具有较强的针对性和较大的稳定性

2. 同人们职业活动联系的符合职业特点所要求的道德准则、道德情操及道德品质的总和称之为（　　　）。
    A. 职业道德　　　　B. 职业纪律　　　　C. 道德标准　　　　D. 道德规范

3. 职业道德是指从事一定职业劳动的人们，在长期的职业活动中形成的（　　　）。
    A. 行为规范　　　　B. 操作程序　　　　C. 劳动技能　　　　D. 思维习惯

4. 职业道德通过（　　　），起着增强企业凝聚力的作用。
    A. 协调员工之间的关系　　　　　　　　B. 增加职工福利
    C. 员工创造发展空间　　　　　　　　　D. 调节企业与社会的关系

5. 职业道德活动中，对客人做到（　　　）是符合语言规范具体要求的。
    A. 言语细致，反复介绍　　　　　　　　B. 语速要快，不浪费客人时间
    C. 用尊称，不用忌语　　　　　　　　　D. 语气严肃，维护自尊

6. 在商业活动中，不符合待人热情要求的是（　　　）。
    A. 严肃待客，表情冷漠　　　　　　　　B. 主动服务，细致周到
    C. 微笑大方，不厌其烦　　　　　　　　D. 亲切友好，宾至如归

7. 对于职业道德的特点，描述不正确的是（　　　）。
    A. 非职业性　　　B. 针对性　　　　C. 时代感　　　　D. 多样性

8. （　　　）的特点是具有职业性、针对性和多样性。
    A. 宗教道德　　　B. 道德认识　　　C. 职业道德　　　D. 社会主义道德

9. 职业纪律是企业的行为规范，职业纪律具有（　　　）的特点。
    A. 明确的规定性　　B. 高度的强制性　　C. 普适性　　　D. 自愿性

10. 职业纪律是从事这一职业的员工应该共同遵守的行为准则，其包括的内容有（　　　）。
    A. 交往规则　　　B. 操作程序　　　C. 群众观念　　　D. 外事纪律

11. （　　　）是在特定的事业活动范围内从事某种职业的人们必须共同遵守的行为准则。
    A. 组织纪律　　　B. 劳动纪律　　　C. 保密纪律　　　D. 职业纪律

12. （　　　）是指员工树立职业理想、强化职业责任、干一行爱一行、不断提高职业技能。
    A. 职业操守　　　B. 职业道德　　　C. 爱岗敬业　　　D. 职业素养

13. 强化职业责任是（　　　）职业道德规范的具体要求。
    A. 团结协作　　　B. 诚实守信　　　C. 勤劳节俭　　　D. 爱岗敬业

14. 爱岗敬业作为职业道德的重要内容，是指员工（　　）。
　　A. 热爱自己喜欢的岗位　　　　　　　B. 热爱有钱的岗位
　　C. 强化职业责任　　　　　　　　　　D. 不应多转行

15. 市场经济条件下，不符合爱岗敬业要求的是（　　）的观念。
　　A. 树立职业理想　　　　　　　　　　B. 强化职业责任
　　C. 干一行爱一行　　　　　　　　　　D. 多转行多受锻炼

16. 对待职业和岗位，（　　）并不是爱岗敬业所要求的。
　　A. 树立职业理想　　　　　　　　　　B. 干一行爱一行专一行
　　C. 遵守企业的规章制度　　　　　　　D. 一职定终身，不改行

17. 下列关于创新的论述，正确的是（　　）。
　　A. 创新与继承根本对立　　　　　　　B. 创新就是独立自主
　　C. 创新是企业进步的灵魂　　　　　　D. 创新不需要引进国外新技术

18. 关于创新的论述，不正确的说法是（　　）。
　　A. 创新需要"标新立异"　　　　　　　B. 服务也需要创新
　　C. 创新是企业进步的灵魂　　　　　　D. 引进别人的新技术不算创新

19. 关于创新的正确论述是（　　）。
　　A. 不墨守成规，但也不可标新立异　　B. 企业经不起折腾，大胆地闯早晚会出问题
　　C. 创新是企业发展的动力　　　　　　D. 创新需要灵感，但不需要情感

20. 企业创新要求员工努力做到（　　）。
　　A. 不能墨守成规，但也不能标新立异
　　B. 大胆地破除现有的结论，自创理论体系
　　C. 大胆地试大胆地闯，敢于提出新问题
　　D. 激发人的灵感，遏制冲动和情感

21. 创新对企（事）业和个人发展的作用体现在（　　）。
　　A. 创新对企（事）业和个人发展不会产生巨大动力
　　B. 创新对个人发展无关紧要
　　C. 创新是提高企业市场竞争力的重要途径
　　D. 创新对企事业和个人就是要独立自主

22. 要做到遵纪守法，对每个职工来说，必须做到（　　）。
　　A. 有法可依　　　　　　　　　　　　B. 反对"管"、"卡"、"压"
　　C. 反对自由主义　　　　　　　　　　D. 努力学法，知法、守法、用法

23. 对单位的规章制度，通常采取（　　）做法。
　　A. 自觉遵守，对不合理的地方提出建议　B. 自己认为合理就遵守
　　C. 有人监督就遵守　　　　　　　　　D. 不折不扣地遵守

24. 企业生产经营活动中，要求员工遵纪守法是（　　）。
　　A. 约束人的体现　　　　　　　　　　B. 由经济活动决定的
　　C. 人为的规定　　　　　　　　　　　D. 追求利益的体现

25. 以下关于诚实守信的认识和判断中，正确的选项是（　　）。
　　A. 诚实守信与经济发展相矛盾　　　　B. 诚实守信是市场经济应有的法则

C. 是否诚实守信要视具体对象而定　　　D. 诚实守信应以追求利益最大化为准则

26. 下列关于诚实守信的认识和判断中，正确的选项是（　　　）。
    A. 一贯地诚实守信是不明智的行为
    B. 诚实守信是维持市场经济秩序的基本法则
    C. 是否诚实守信要视具体对象而定
    D. 追求利益最大化原则高于诚实守信

27. （　　　）是企业诚实守信的内在要求。
    A. 维护企业信誉　　B. 增加职工福利　　C. 注重经济效益　　D. 注重环境效益

28. 关于诚实守信的认识中，正确的是（　　　）。
    A. 诚实守信与经济发展相矛盾
    B. 在激烈的市场竞争中，信守承诺者往往失败
    C. 是否诚实守信要视具体对象而定
    D. 诚实守信是市场经济应有的市场法则

29. （　　　）是党和政府保护劳动者身心健康的一项重要政策。
    A. 环境保护　　　　B. 安全生产　　　　C. 社会保障　　　　D. 劳动保护

30. 安全生产坚持（　　　）的方针，严格执行安全操作规程。
    A. 安全为了生产，生产必须安全　　　　B. 安全第一，预防为主
    C. 和谐社会，平安社会　　　　　　　　D. 安全始终如一

31. 在施工生产过程中，应树立（　　　）的思想。
    A. 安全为了生产，生产必须安全　　　　B. 安全第一，预防为主
    C. 和谐社会，平安社会　　　　　　　　D. 安全始终如一

32. 下列对安全员的职责描述正确的是（　　　）。
    A. 安全员应事前制定好安全管理规章制度
    B. 认真检查施工人员着装及各种安全设施是否符合规定
    C. 对违章施工生产的单位及个人不听劝阻者，应立即给予处罚
    D. 安全员没有义务对工地现场新工人进行安全培训

33. 下列对安全员的职责描述不正确的是（　　　）。
    A. 安全员应做好安全宣传、教育、检查工作
    B. 认真检查施工人员着装及各种安全设施是否符合规定
    C. 对违章施工、生产的单位及个人不听劝阻者，应立即给予处罚
    D. 定期或不定期对工地现场新工人进行安全培训和安全交底

34. 下列标志不属于施工现场安全标志的是（　　　）。

　A.　　　　　　　　B.　　　　　　　　C.　　　　　　　　D.

35. 以下对施工现场安全标志解释不正确的是（   ）。

小心滑倒
A.

非工作人员禁止入内
B.

禁止乱扔垃圾
C.

注意安全
D.

36. 以下对施工现场安全标志解释不正确的是（   ）。

禁止多人通行
A.

非工作车辆禁止入内
B.

注意防滑
C.

进入厂区注意车辆
D.

37. 以下对施工现场安全标志解释不正确的是（   ）。

禁止吸烟
A.

禁止通行
B.

必须系安全带
C.

小心火灾
D.

38. 下列标志不属于施工现场安全标志的是（   ）。

A.

B.

C.

D.

39. 以下对施工现场人身安全方面描述不正确的是（   ）。

   A. 特种工人员必须持证上岗，不准无证操作设备

   B. 一线作业人员有权拒绝违章作业指令

   C. 对施工现场管理人员的衣着不作严格要求，但应不影响作业

   D. 不在有可能坠落、坍塌等的危险场所停留

40. 下列对施工过程中的安全措施描述不正确的是（   ）。

A. 刚参加工作的工人，必须进行安全教育后才准入场操作

B. 施工现场的脚手架、防护设施、安全标志和警告牌不能擅自拆除

C. 在脚手架上砌砖，打砖时应面向外打

D. 物料堆放口附近作业时，应将堆放口引至距作业地点 2m 以外

41. 下列对高空作业的安全措施描述不正确的是（　　　）。

A. 严禁用卷扬机等各种升降设备上下载人

B. 严禁上下同时垂直作业

C. 任何情况下，不得在墙顶上工作

D. 铺板上不能同时站两人作业

42. 下列对高空作业的安全措施描述正确的是（　　　）。

A. 严禁用卷扬机等各种升降设备上下载人

B. 高空作业地区要在禁区以内，挂上"闲人免进"、"禁止通过"等警示牌

C. 在墙顶上工作时不得就地休息

D. 铺板上不能同时站两人作业

43. 建筑施工现场用电必须按（　　　）设置。

A. 三级配电二级保护　　　　　　　　B. 二级配电二级保护

C. TN-S 接零保护系统　　　　　　　　D. 一机、一闸、一漏、一箱

44. 下列对施工用电安全描述正确的是（　　　）。

A. 在宿舍工棚、仓库、办公室内限制使用电饭煲、电水壶

B. 严禁在高压线下方搭设临建、堆放材料和进行施工作业

C. 严禁在电线上晾衣服和悬挂其他东西等

D. 移动有电源线的机械设备必须先切断电源

45. 下列对施工用电安全描述不正确的是（　　　）。

A. 建筑施工现场的电工、电焊工属于特种作业工种

B. 在高压线一侧作业时，必须保持至少 10 m 的水平距离

C. 在临近输电线路的建筑物上作业时，不能随便往下扔金属类杂物

D. 在宿舍工棚或办公室允许安装可使用较高功率电器的电气线路和控制器

46. 在市区的施工现场，四周设置围挡的高度应为（　　　）。

A. 2 m　　　　　　　B. 3 m　　　　　　　C. 5 m　　　　　　　D. 2.2 m

47. 以下对文明施工描述不正确的是（　　　）。

A. 施工现场的四周应设置围挡　　　　B. 施工现场应实施封闭式管理

C. 施工工地地面保持平整即可　　　　D. 施工现场材料堆放应有序

48. 对文明施工描述不正确的是（　　　）。

A. 施工现场不允许吸烟　　　　　　　B. 施工现场大门处应悬挂"五牌一图"

C. 现场明火作业需办理审批手续　　　D. 夜间未经许可不得施工

49. 以下不属于施工现场"五牌"的是（　　　）。

A. 工程概况牌　　B. 监督电话牌　　　C. 安全用电警示牌　　D. 文明施工牌

二、多项选择题

1. 职业道德是指同人们职业活动联系的符合职业特点所要求的（　　　）的总和。

    A. 道德准则   B. 道德情操   C. 道德标准   D. 道德品质

2. 职业道德主要通过（　　　　）的关系，增强企业的凝聚力。

    A. 协调企业职工间   B. 调节领导与职工

    C. 协调职工与企业   D. 调节企业与市场

3. 职业道德活动中，不符合"仪表端庄"具体要求的有（　　　　）。

    A. 着装华贵   B. 鞋袜搭配合理   C. 饰品俏丽   D. 发型突出个性

4. 下列说法中，符合"语言规范"具体要求的是（　　　　）。

    A. 多说俏皮话   B. 用尊称，不用忌语

    C. 语速要快，节省客人时间   D. 不乱幽默，以免客人误解

5. 关于职业道德叙述正确的是（　　　　）。

    A. 职业道德是由经济活动决定的

    B. 职业道德是对各行业从业人员在本职工作中的行为要求

    C. 职业道德是各行业对社会所负的道德责任与义务

    D. 道德具有较强的针对性和较大的稳定性

6. 在商业活动中，符合待人热情要求的是（　　　　）。

    A. 严肃待客，表情冷漠   B. 主动服务，细致周到

    C. 微笑大方，不厌其烦   D. 亲切友好，宾至如归

7. 无论你从事的工作有多么特殊，它总是离不开（　　　　）的约束。

    A. 岗位责任   B. 家庭美德   C. 规章制度   D. 职业道德

8. 职业纪律具有的特点是（　　　　）。

    A. 明确的规定性   B. 一定的强制性   C. 一定的弹性   D. 一定的自我约束性

9. 下列说法中，正确的有（　　　　）。

    A. 岗位责任规定岗位的工作范围和工作性质

    B. 操作规则是职业活动具体而详细的秩序和动作要求

    C. 规章制度是职业活动中最基本的要求

    D. 职业规范是员工在工作中必须遵守和履行的职业行为要求

10. 爱岗敬业的具体要求是（　　　　）。

    A. 树立职业理想   B. 强化职业责任   C. 提高职业技能   D. 抓住择业机遇

11. 下列关于爱岗敬业的说法中，不正确的有（　　　　）。

    A. 市场经济鼓励人才流动，再提倡爱岗敬业已不合时宜

    B. 即便在市场经济时代，也要提倡"干一行、爱一行、专一行"

    C. 要做到爱岗敬业就应一辈子在岗位上无私奉献

    D. 在现实中，我们不得不承认，"爱岗敬业"的观念阻碍了人们的择业自由

12. 关于爱岗敬业的说法中，正确的是（　　　　）。

    A. 爱岗敬业是现代企业精神

    B. 现代社会提倡人才流动，爱岗敬业正逐步丧失它的价值

    C. 爱岗敬业要树立终生学习观念

    D. 发扬螺丝钉精神是爱岗敬业的重要表现

13. 市场经济条件下，符合爱岗敬业要求的是（　　　　）的观念。

A. 树立职业理想　　　　　　　　B. 强化职业责任

C. 干一行爱一行　　　　　　　　D. 多转行多受锻炼

14. 对待职业和岗位，（　　）是爱岗敬业所要求的。

A. 树立职业理想　　　　　　　　B. 干一行爱一行专一行

C. 遵守企业的规章制度　　　　　D. 一职定终身，不改行

15. 创新对企（事）业和个人发展的作用表现在（　　　）。

A. 是企事业持续、健康发展的巨大动力

B. 是企事业竞争取胜的重要手段

C. 是个人事业获得成功的关键因素

D. 是个人提高自身职业道德水平的重要条件

16. 创新对企（事）业和个人发展的作用表现在以（　　　）。

A. 对个人发展无关紧要

B. 是企（事）业持续、健康发展的巨大动力

C. 是企（事）业竞争取胜的重要手段

D. 是个人事业获得成功的关键因素

17. 关于诚实守信的说法，正确的是（　　　）。

A. 诚实守信是市场经济法则

B. 诚实守信是企业的无形资产

C. 诚实守信是为人之本

D. 奉行诚实守信的原则在市场经济中必定难以立足

18. 以下说法正确的是（　　　）。

A. 办事公道是对厂长、经理职业道德要求，与普通工人关系不大

B. 诚实守信是每一个劳动者都应具有的品质

C. 诚实守信可以带来经济效益

D. 在激烈的市场竞争中，信守承诺者往往失败

19. 下列违反了诚实守信要求有（　　　）。

A. 保守企业秘密

B. 派人打进竞争对手内部，增强竞争优势

C. 根据服务对象来决定是否遵守承诺

D. 凡有利于企业利益的行为

20. 劳动者的安全与健康，是（　　　）。

A. 保证正常生产的基本条件

B. 社会生产力发展的基本保证

C. 建设和谐社会、平安社会的保证

D. 有利于企业利益的行为

21. 下列属于"三宝"的有（　　　）。

A. 安全牌　　　　B. 安全帽　　　　C. 安全网　　　　D. 安全带

22. 以下对安全帽作用描述正确的是（　　　）。

A. 防止突然飞来的物体对头部造成伤害

B. 防止头部遭电击

C. 防止化学和高温液体从头顶浇下时头部受伤

D. 防止头发暴露在粉尘中

23. 下列对安全生产意义描述正确的是（　　　　）。

A. 安全生产是党和政府保护劳动者身心健康的一项重要政策

B. 每个工作人员在进入现场施工前，必须学习安全生产知识

C. 树立"安全为了生产、生产必须安全"的思想

D. 坚持预防为主的方针，严格执行安全操作规程

24. 下列对安全员的职责描述正确的是（　　　　）。

A. 做好安全宣传、教育、检查工作

B. 每天开工前进行安全检查

C. 参加安全会议，参与安全保证措施的制定

D. 对违章施工生产的单位及个人不听劝阻者限期整改

25. 以下对施工现场安全标志解释正确的是（　　　　）。

| 小心触电 | 进入厂区注意车辆 | 小心高空坠物 | 配戴安全帽 |
| A. | B. | C. | D. |

26. 以下对施工现场安全标志解释正确的是（　　　　）。

| 禁止攀爬 | 小心坑洞 | 小心触电 | 穿戴工作服 |
| A. | B. | C. | D. |

27. 以下对施工现场安全标志解释正确的是（　　　　）。

| 禁止多人通行 | 非工作车辆禁止入内 | 注意防滑 | 进入厂区注意车辆 |
| A. | B. | C. | D. |

28. 建筑施工现场临时用电工程专用的电源中性点直接接地的 220V/380 V 三相四线制低压电力系统，必须符合下列规定（　　　）。

    A. 采用三级配电系统　　　　　　　　B. 采用 TN-S 接零保护系统

    C. 采用防雷接地保护措施　　　　　　D. 采用两级漏电保护系统

29. （　　　）等危险区域必须用安全围栏和临时提示栏完全隔离。

    A. 安全通道　　　B. 重要设备保护　　　C. 电区　　　D. 高压试验

30. 下列属于施工现场"五牌一图"的有（　　　）。

    A. 安全生产牌　　　　　　　　　　　B. 管理人员名单及监督电话牌

    C. 施工现场平面图　　　　　　　　　D. 工程概况牌

31. 施工现场入口处须设置"五牌一图"：工程概况牌、管理人员名单及监督电话牌、安全生产牌、（　　　）和施工现场平面布置图。

    A. 施工组织机构牌　　　　　　　　　B. 晴雨表

    C. 消防保卫牌　　　　　　　　　　　D. 文明施工牌

32. 下列对高空作业的安全措施描述正确的是（　　　）。

    A. 严禁用卷扬机等各种升降设备上下载人　　B. 严禁上下同时作业

    C. 在任何情况，不得在墙顶上工作　　　　　D. 铺板上不能同时站两人作业

33. 下列对高空作业的安全措施描述不正确的是（　　　）。

    A. 严禁用卷扬机等各种升降设备上下载人

    B. 高空作业地区要在禁区以内，挂上"闲人免进"、"禁止通过"等警示牌

    C. 在墙顶上工作时不得就地休息

    D. 铺板上不能同时站两人作业

34. 以下对施工现场人身安全方面描述正确的是（　　　）。

    A. 特种人员必须持证上岗，不准无证操作设备

    B. 一线作业人员有权拒绝违章作业指令

    C. 对施工现场管理人员的衣着不作严格要求，但应不影响作业

    D. 不在有坠物、坍塌等危险场所停留

35. 对施工过程中的安全措施描述正确的是（　　　）。

    A. 刚参加工作的工人，必须经过安全教育后才可入场操作

    B. 施工现场的脚手架、防护设施、安全标志和警告牌不能擅自拆除

    C. 在脚手架上砌砖，打砖时应面向外打

    D. 物料堆放口附近作业时，应将堆放口引至距作业地点 2 m 以外

36. 我国安全生产的工作方针是（　　　）。

    A. 安全第一　　　B. 预防为主　　　C. 综合治理　　　D. 防消结合

37. 凡参加施工的人员必须经（　　　），方可从事生产。

    A. 安全教育培训　　　B. 考核合格　　　C. 严格训练　　　D. 体能考核

38. 下列符合现场文明施工基本要求的有（　　　）。

    A. 每人佩戴工作卡　　　　　　　　　B. 工完料尽场地清

    C. 全体人员戴好安全帽　　　　　　　D. 材料堆放整齐

39. 符合现场文明施工的有（　　　）。

    A. 按公司规定上岗作业　　　　　　　B. 材料按要求堆放整齐

    C. 不乱扔乱倒垃圾　　　　　　　　　D. 每班后做到工完、料尽、场地清

40. 对施工用电安全描述正确的是（　　　）。

    A. 施工现场的用电设备必须实行"一机、一闸、一漏、一箱"制

    B. 宿舍工棚、仓库、办公室内严禁使用电饭煲、电炉、电热杯等较大功率电器

    C. 严禁在电线上晾衣服和挂其他东西等

    D. 在地面或楼面上运送材料时，不要踏在电线上

41. 对高空作业描述正确的是（　　　）。

    A. 距地面 2 m 以上，工作斜面坡度大于 45°，工作地面没有平稳的立脚地方或有震动的地方，应视为高空作业

    B. 高空作业地区要划出禁区，挂上"闲人免进"、"禁止通过"等警示牌

    C. 严禁上下同时作业

    D. 严禁坐在高处无遮拦处休息，防止坠落

42. 下列对于施工安全描述正确的是（　　　）。

    A. 在物料堆放口附近作业时，应将堆放口引至距作业地点 10 m 以外

    B. 施工现场的脚手架、防护设施、安全标志和警告牌允许擅自拆除

    C. 在脚手架上砌砖、打砖时不得面向外打

    D. 非机电工人严禁擅自开动机器及接、拆机电设备

43. 下列属于安全生产投入的有（　　　）。

    A. 职工进行疗养的费用

    B. 办公室安装空调的费用

    C. 购买消防器材的费用

    D. 更新防护系统的费用

44. 施工现场中，严禁（　　　）。

    A. 赤膊　　　　B. 赤脚、穿拖鞋　　　C. 穿高跟鞋　　　D. 穿硬底鞋靴

45. 在高空作业时，严禁（　　　）。

    A. 休息　　　　B. 赤脚、穿拖鞋　　　C. 穿高跟鞋　　　D. 穿硬底鞋靴

46. 进入施工现场后不准（　　　）。

    A. 高空坠物

    B. 在吊篮内乘坐

    C. 在同一垂直面操作

    D. 随便进入建设单位的车间、仓库、办公室等重要场所

47. 下列选项说法正确的是（　　　）。

    A. 施工现场在市区的，周围应当设置遮挡围栏，一般地段可不设置

    B. 施工现场的用电线路、用电设施的安装和使用必须符合安装规范及安全操作规程，并按照施工组织设计进行架设，严禁任意拉线接电

    C. 在容易发生火灾的地区施工或者储存、使用易燃易爆器材时，施工单位应当采取特殊的消防安全措施

　　D. 施工现场应当设置各类必要的职工生活设施，并符合卫生、通风、照明等要求

48. 下列选项说法正确的是（　　　）。

　　A. 施工现场实施封闭式管理；设置大门，门头要设置企业标志

　　B. 工地地面要做硬化处理，道路要畅通

　　C. 施工现场在市区的，周围应当设置遮挡围栏，一般地段可不设置

　　D. 明火作业要办理审批手续，作业时要有专人监护

三、判断题（正确打√，错误打×）

1. 凡是设有仓库或生产车间的建筑内，不得设职工集体宿舍。　　　　　（　　）

2. 禁止在具有火灾、爆炸危险的场所使用明火；因特殊情况需要使用明火作业的，应当按照规定事先办理审批手续。　　　　　　　　　　　　　　　（　　）

3. 安全帽是用来遮挡阳光和雨水的。　　　　　　　　　　　　　　　（　　）

4. 安全纪律警示牌应该挂在领导办公室内。　　　　　　　　　　　　（　　）

5. 建筑工人安全帽和摩托车头盔可以通用。　　　　　　　　　　　　（　　）

6. 作业人员在安装柱、梁、板等结构的模板时，既可以站在脚手架或平台上操作，也可以站在墙上或登在模板的楞木上操作。　　　　　　　　　　　　　（　　）

7. 站内主干道路、办工区等路面必须做到硬地化。　　　　　　　　　（　　）

8. 施工现场必须设有保证施工安全要求的夜间照明。　　　　　　　　（　　）

9. 可以在完工的混凝土路面、地坪上进行作业、堆放材料。　　　　　（　　）

10. 高空作业允许从上往下抛掷任何物料、工具和施工垃圾等。　　　　（　　）

11. 安全标志的作用是提醒人员注意周围环境的主要措施。　　　　　　（　　）

12. 人工挖孔桩和深基坑开挖，只要认为安全的情况下，人可以随吊篮上下。（　　）

13. 非电工不准进行电工作业。　　　　　　　　　　　　　　　　　　（　　）

14. 施工现场职工宿舍未经许可，一律禁止使用电炉及其他用电加热器具。（　　）

15. 易燃、易爆物品可以与其他材料混放保管。　　　　　　　　　　　（　　）

16. 施工现场的警示标志和安全防护装置可以随意拆除挪动。　　　　　（　　）

17. 在高处及悬空部位作业时，操作人员应系好安全带。　　　　　　　（　　）

18. 施工现场不准私拉乱接动力、照明线和擅自拆除"安全防护装置"。（　　）

19. 生产工人应听从领导和安全人员的指挥，遵章守纪，并随时制止他人违章作业。

　　　　　　　　　　　　　　　　　　　　　　　　　　　　　　　（　　）

20. 在脚手架上砌砖、打砖时不得面向外打，或向脚手架下扔砖块杂物。高空作业应设置安全网。　　　　　　　　　　　　　　　　　　　　　　　　　（　　）

参考答案

一、单项选择题

1. A	2. A	3. A	4. A	5. C	6. A	7. A	8. C	9. A	10. D
11. D	12. C	13. D	14. C	15. D	16. D	17. C	18. D	19. C	20. C
21. C	22. D	23. A	24. B	25. B	26. A	27. D	28. D	29. B	30. B
31. A	32. B	33. C	34. C	35. A	36. A	37. B	38. A	39. C	40. C

41. D　　42. A　　43. A　　44. A　　45. B　　46. D　　47. C　　48. A　　49. C

二、多项选择题

1. ABD	2. ABC	3. ACD	4. BD	5. BCD
6. BCD	7. ACD	8. AB	9. ABCD	10. ABC
11. ACD	12. ACD	13. ABC	14. ABC	15. ABC
16. BCD	17. ABC	18. BC	19. BCD	20. BC
21. BCD	22. ABCD	23. ABCD	24. ABCD	25. ABC
26. BCD	27. ABC D	28. BCD	29. ABD	30. ABCD
31. ABCD	32. CD	33. ABC	34. BCD	35. ABD
36. ABD	37. ABC	38. AB	39. ABCD	40. ABCD
41. ABCD	42. ABCD	43. CD	44. ABC	45. BCD
46. ABCD	47. BCD	48. ABD		

三、判断题

1. √　　2. √　　3. ×　　4. ×　　5. ×　　6. ×　　7. √　　8. √　　9. ×　　10. ×

11. √　　12. ×　　13. √　　14. √　　15. ×　　16. ×　　17. √　　18. √　　19. √　　20. √

第3篇
钢筋工职业技能鉴定

第 1 章　钢筋工职业技能鉴定知识目录

鉴定范围				鉴定点		
一级		二级				
名称	鉴定比重/%	名称	鉴定比重/%	序号	名称	重要程度
基础知识	10	钢筋的分类与特点	4	1	钢筋的化学成分分类	Y
				2	按钢筋在构件中的作用分类	X
				3	按钢筋外形分类	X
				4	按生产工艺分类	X
		钢筋的技术性能	4	1	抗拉性能	X
				2	冷弯性能	X
		钢筋的鉴别与保管	2	1	钢筋的鉴别	X
				2	钢筋的保管	Y
施工准备	18	识图	18	1	钢筋的符号、图例及表示方法	X
				2	构件详图识读	X
				3	平法施工图识读	X
钢筋加工与配料	26	钢筋的加工	8	1	钢筋的除锈	Y
				2	钢筋的调直	Y
				3	钢筋的切断	Y
				4	钢筋的弯曲成型	Y
		钢筋的配料	18	1	钢筋的下料长度	X
				2	钢筋配料	X
钢筋的绑扎安装	18	钢筋的连接	4	1	钢筋焊接	X
				2	钢筋机械连接	X
		钢筋的绑扎	10	1	钢筋绑扎的准备工作	X
				2	钢筋绑扎的操作方法及要点	X
				3	独立柱基础钢筋绑扎	X
				4	柱钢筋绑扎	X
				5	梁钢筋绑扎	X
				6	板楼盖钢筋绑扎	X
				7	楼梯钢筋绑扎	X
				8	钢筋绑扎质量检查	X

续表

鉴定范围				鉴定点		
一级		二级				
名称	鉴定比重/%	名称	鉴定比重/%	序号	名称	重要程度
钢筋的绑扎安装	20	钢筋的安装	4	1	钢筋骨架的安装	X
预应力钢筋的张拉	12	先张法预应力钢筋施工	6	1	先张法施工的工艺流程	X
				2	先张法的承力结构	X
				3	先张法施工的工具和设备	X
				4	先张法施工的操作要点	X
		后张法预应力钢筋施工	6	1	后张法施工的工艺流程	X
				2	后张法施工的张拉设备	X
				3	后张法施工的操作要点	X

第 2 章　钢筋工职业技能鉴定复习要点

2.1　钢筋的分类与特点

1. 按钢筋的化学成分分

钢筋按化学成分的不同可分为碳素钢钢筋和普通低合金钢钢筋两种。

碳素钢钢筋是建筑工程中最常用的一种钢筋，由碳素钢轧制而成。其中，碳是决定钢强度的主要因素，当钢筋中含碳量增加时，钢的强度和硬度也相应增加，而塑性会降低，脆性增大，焊接性能也随之变差。

普通低合金钢钢筋是在低碳钢或中碳钢中加入少量的合金元素制成的钢筋，其含量一般不超过 3%。普通低合金钢的特点是强度高、综合性能好、易加工、具有较好的焊接性能等；另外，它与碳素钢相比，还可减小 20% 左右的用钢量。因此普通低合金钢在钢筋混凝土结构中应用较为广泛。

2. 按钢筋在结构中的作用分

钢筋按其在结构中的作用可分为受拉钢筋、受压钢筋、弯起钢筋、分布钢筋、箍筋和架立钢筋等。上述几种钢筋中，受拉钢筋、受压钢筋和弯起钢筋属于受力钢筋，又称为主筋，其受力特性是通过各种计算得出的。架立钢筋、箍筋和分布钢筋属于构造钢筋，是为了满足构件的构造要求和施工条件而配置的钢筋。

受拉钢筋配置在钢筋混凝土构件的受拉区域，主要承受拉力；受压钢筋一般都配置在构件的受压区内，主要用来承受压力；弯起钢筋又叫元宝筋，是受拉钢筋的一种变化形式。在简支梁或连续梁中，为了抵抗支座附近因受有或受剪而产生的斜向拉力，就将受拉钢筋的两端弯起来；分布钢筋配置在单向板或墙板结构中，其作用是使受力钢筋的位置固定，把作用在构件上的荷载均匀地传递给受力钢筋，并且还可抵抗混凝土因温度变化及凝固时收缩产生的拉力。箍筋又称为套箍或钢箍，一般配置在梁、柱、屋架等构件中，主要作用是固定受力钢筋在构件中的位置，并通过绑扎或焊接等方式使钢筋形成整体骨架。另外，箍筋还可承担部分剪力和拉力。箍筋的形式有开口式和闭口式两种，开口式箍筋主要应用于受力较为简单的梁中；闭口式箍筋在工程上应用较多，其形式也较多，一般有螺旋形、矩形、三角形、圆形等多种形式；架立钢筋一般只用于梁类构件，其作用是使钢筋的骨架成型，并保证受力钢筋和箍筋的位置正确。架立钢筋的直径一般为 8 ~ 12 mm。

3. 按钢筋的外形分

光面圆钢筋又称圆钢，Ⅰ 级钢筋均轧制为光面圆钢筋。

带肋钢筋指表面有突起的圆形钢筋，其肋纹形式有月牙形、螺旋纹形和人字纹形等。

钢丝可分为碳素钢丝和冷拔低碳钢丝两种。碳素钢丝又叫高强度钢丝或预应力钢丝，它是将热轧的大直径高碳钢加热后，然后经淬火，使之具有较高的塑性，再进行多次冷拔达到所需要的直径和强度。为了保证钢丝与混凝土可靠的黏结，钢丝的表面一般要进行刻痕处理，这种经过刻痕处理的钢丝称为刻痕钢丝。

钢绞线具有强度高、黏结性好、易于锚固等特点，多用于预应力钢筋混凝土结构中，特别适用于大跨度结构中。

2.2　钢筋的技术性能

钢筋的力学性能又称为钢筋的机械性能，指钢筋在外力作用下所表现出来的各种性能。这一性能是检验钢筋是否满足工程要求的重要指标，也是用来检验钢筋的重要依据。钢筋的力学性能主要包括拉伸、冷弯及冲击韧性等。

1. 拉伸性能

在钢筋在拉伸过程中，以试件产生的应力作纵坐标，应变作横坐标、可以得到如图 3.2.1 所示的应力-应变关系曲线（应力-应变图）。

图中将曲线分为 *OB* 阶段、*BC* 阶段、*CD* 阶段和 *DE* 阶段。

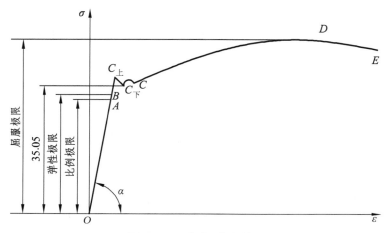

图 3.2.1　应力-应变关系

2. 冷弯性能

冷弯是钢筋试件在常温下表现出的弯曲的性能。将钢筋试件放在规定的弯心直径上，然后冷弯至 90°或 180°，此时检查钢筋试件表面有无裂缝、起层或断裂现象。若无上述现象，说明钢筋合格。

2.3　钢筋的检验与保管

1. 钢筋的检验

钢筋进场时，必须提交质量证明书或试验报告单，每捆（盘）钢筋都应有标牌。检查人员应按批号或直径进行分批验收，验收的内容一般包括查对标牌和外观检查；同时要按有关标准规定抽取试样进行力学性能试验，检验合格方可使用。如果在加工钢筋过程中发现有脆断、焊接性能不好或力学性能不正常等现象时，应进行钢筋的化学成分检验或其他专项检验。

2. 钢筋的保管

钢筋运入施工现场后，必须严格按要求保管，以减少不必要的弯曲和锈蚀。不同等级、不同批号、不同直径的钢筋应分别存放。经检验不合格的钢筋应严禁与其他钢筋混淆堆放在一起，以免误将不合格品当成合格品用于工程上而造成事故。另外，如果保管混乱，还会造成人力、物力的浪费，影响工程进度。

在钢筋的堆放过程中，一定要注意以下几点：

（1）钢筋进入施工现场时要认真进行验收。除了对其数量进行清点外，还要对钢筋的规格、等级、牌号认真进行核对。

（2）钢筋应尽量堆放于仓库或料棚内，如条件不具备时，应选择地势高、土质硬、地势平坦的露天场地存放。钢筋在堆放时下面要垫上垫木，钢筋离地不小于 200 mm。在存放钢筋的仓库或料棚四周应有一定的排水坡度，以利泄水。

（3）钢筋进入施工场地要与钢筋的加工能力和施工进度相适应，存放时间要尽量缩短，以免由于存放时间过长而发生锈蚀。

（4）凡进入施工现场的钢筋应附有出厂质量证明和试验报告单，应按不同等级、牌号、规格、炉号、直径等分别挂牌堆放，并在挂牌上标明钢筋数量。

（5）严禁钢筋与酸、盐、油等类物品放在一起，堆放地与能产生有害气体的车间保持一定距离，以避免钢筋污染或受到腐蚀。

2.4　识　图

1. 钢筋的符号及强度、构件代号及表示方法（见表 3.2.1～表 3.2.3）

表 3.2.1　钢筋符号及强度

牌　号	符　号	公称直径 d/mm	屈服强度标准值	极限强度标准值
HPB300	Φ	6～22	300	420
HRB335 HRBF335	Φ Φ^F	6～50	335	455
HRB400 HRBF400 RRB400	Φ Φ^F Φ^R	6～50	400	540
HRB500 HRBF500	Φ Φ^F	6～50	500	630

表 3.2.2　常用构件代号

名称	代号	名称	代号	名称	代号	名称	代号
板	B	天沟板	TGB	托架	TL	水平支承	SC
屋面板	WB	梁	L	天窗架	CJ	阳台	YT
空心板	KB	屋面梁	WL	框架	KJ	雨篷	YP
槽型板	CB	吊车梁	DL	刚架	GJ	阳台	YT

续表 3.2.2

名称	代号	名称	代号	名称	代号	名称	代号
折板	ZB	圈梁	QL	支架	ZJ	梁垫	LD
密肋板	MB	天梁	GL	柱	Z	预埋件	M
楼梯板	TB	连系梁	LL	基础	J	天窗端壁	TD
盖板或沟盖板	GB	基础梁	JL	设备基础	SJ	钢筋网	W
挡雨板或檐口板	YB	天梁	TL	桩	ZH	钢筋骨架	G
吊车安全走道板	DB	檩条	LT	柱间支承	ZC		
墙板	QB	屋架	WJ	垂直支承	CC		

注：预应力钢筋混凝土构件代号，应在构件代号前加注 "Y-"，如 Y-L 表示预应力钢筋混凝土梁。

表 3.2.3　钢筋表示方法

	序号	名称	图例	说明
一般钢筋	1	钢筋断面图		
	2	无弯钩的钢筋端部		下图表示长短钢筋投影重叠时可在短钢筋的端部用 45° 短面线表示
	3	带半圆形弯钩的钢筋的端部		
	4	带直钩的钢筋端部		
	5	带丝扣的钢筋端部		
	6	弯钩的钢筋端部		
	7	带半圆弯钩的钢筋搭接		
	8	带直钩的钢筋搭接		

2. 构件详图识读

楼层结构平面图只能表示建筑物各承重构件的布置情况，对于梁、板、柱等构件的形状、大小、构造及连接情况等，需要分别画出各种构件的结构详图来表示。

（1）钢筋混凝土梁的配筋详图

如图 3.2.2 所示，从梁的纵剖面图可以看出该梁的立面轮廓、长度尺寸和梁内钢筋的上下、左右配置情况。断面图表示梁的断面形状、宽度、高度尺寸，以及钢筋在梁中的上下、前后的位置情况。将梁的纵剖面图和断面图相对照可以看出，该梁的长度为 6 500 mm，其中混凝土保护层的厚度为每边 20 mm；梁的高度为 550 mm，宽度为 200 mm。通过对照可以看出：①号钢筋为两根直径为 10 mm 的Ⅰ级架立筋；②号钢筋为两根直径为 16 mm、级别为Ⅰ级的弯起钢筋，钢筋两端的弯起角度为 45°，弯钩为 200 mm 的直弯钩；③号钢筋设置在下部，共有 4 根，其中两根直径为 18 mm 的Ⅰ级钢筋设置在两边，另外两根直径为 16 mm 的钢筋设置在中间，4 根钢筋等距分开；④号钢筋是箍筋，标注有"6@250"表示直径为 6 mm 的Ⅰ级光圆钢筋，按相邻两箍筋中心距 250 mm 等距离布置。

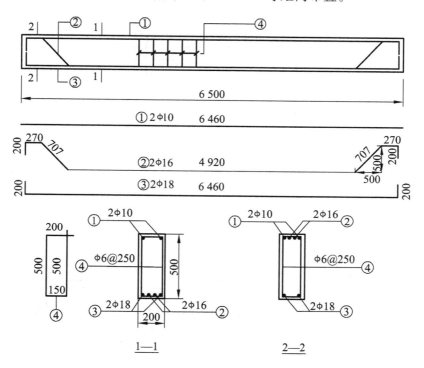

图 3.2.2　钢筋混凝土梁结构详图

（2）钢筋混凝土板内配筋

钢筋混凝土板多为受弯构件，其弯曲变形因支撑方式的不同，一般将板分为单向板、双向板、悬臂板和连续板等，如图 3.2.3 所示。

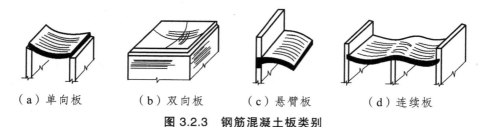

（a）单向板　　　　（b）双向板　　　　（c）悬臂板　　　　（d）连续板

图 3.2.3　钢筋混凝土板类别

钢筋混凝土板内的钢筋有受力筋和分布钢筋两种。

受力筋主要用来承受拉力。板为简支板（单向板）时，受力筋平行于跨度方向，并布置在板的底部。板为四边支撑时有两种情况：长短边之比大于 2 时为单向受力；长短边之比不大于 2 时为双向受力，受力筋在底层应沿纵横两个方向铺设。悬臂板的受力筋配置在板的上部。光圆钢筋用作受力筋时，其端部应做成弯钩状。

分布钢筋是在受力钢筋的内侧与受力筋垂直铺设的钢筋，在分布钢筋的端部一般不设弯钩。图 3.2.4 所示为某楼房卫生间屋顶现浇板配筋情况。

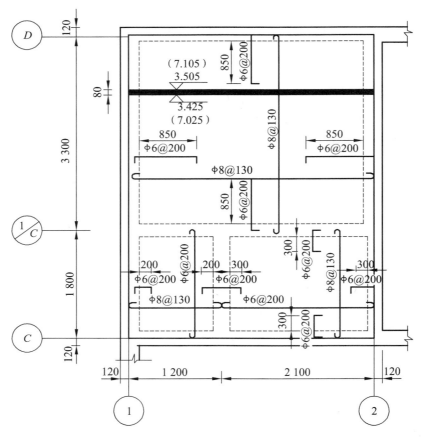

图 3.2.4　某楼房卫生间屋顶现浇板配筋图

由图 3.2.4 可以看出，在 1/C—D 轴之间为一块正方形双向板，板的长和宽均为 3 300 mm，在纵横两方向分别配置了直径为 8 mm、中心间距为 130 mm 的 I 级受力钢筋，它们形成了方格网片。受力钢筋通长进行布置，钢筋的两端设有半圆弯钩。板的上部配有直径为 6 mm、中心间距为 200 mm、长度为 850 mm 的构造钢筋，构造钢筋的两端做成弯钩。

在 1/C—C 轴之间有两块较小的现浇板，两板都是沿短边方向配置了直径为 8 mm、中心距为 130 mm 的受力筋，受力筋的端部也有半圆弯钩，且沿着长边方向配置了直径为 6 mm、中心间距为 200 mm 的分布钢筋；支座处的构造钢筋直径为 6 mm、中心间距为 200 mm。

3. 平法施工图识读

（1）平法简介

① 平法含义

建筑结构施工图平面整体设计方法（简称平法）对我国混凝土结构施工图的设计表示方法作了重大改革，被国家科委列为"'九五'国家级科技成果重点推广计划"项目，被建设部列为"1996 年科技成果推广项目"。平法的表达形式，概括地讲，是把结构构件的尺寸和配筋等按照平面整体表示方法制图规则，整体直接表达在各类构件的结构平面布置图上，再与标准构造详图相配合，即构成一套新型完整的结构设计。平法改变了传统的那种将构件从结构平面布置图中索引出来，再逐个绘制配筋详图的繁琐方法。

② 平法的优点

通过平面布置图把所有构件一次性表达清楚，使结构设计方便、表达准确、全面、数值唯一、易随机修正，提高设计效率；使施工看图、记忆、查找方便，表达顺序与施工一致，利于质检以及编制预、决算。运用平法制图规则，通过施工人员的识图会审，对平法设计图纸全面熟悉、掌握，并对结构层面构件与标准构造部分翻样，为编制施工预算和施工组织设计提供依据、数据及加工大样。

③ 平法图集的种类

平法图集种类有 11G101-1（现浇混凝土框架、剪力墙、梁、板）、11G101-2（现浇混凝土板式楼梯）、11G101-3（独立基础、条形基础、筏形基础及桩基承台）、11G329-1 建筑物抗震构造详图（多层和高层钢筋混凝土房屋）、11G329-2 建筑物抗震构造详图（多层砌体房屋和底部框架砌体房屋）等。

（2）梁平法施工图制图规则

梁平法施工图在平面布置图上采用平面注写方式或截面注写方式表达。

① 平面注写方式

平面注写方式（见图 3.2.5）是在梁平面布置图上，分别在不同编号的梁中各选一根梁，在其上注写截面尺寸和配筋具体数值的方式来表达梁平法施工图。平面注写包括集中标准与原位标注，集中标注表达梁的通用数值，原位标注表达梁的特殊数值。当集中标注中的某项数值不适用于梁的某部位时，则将该数值原位标注，施工时，原位标注取值优先。各构件代号见表 3.2.4。

表 3.2.4　构件代号

构件		代号	构件	代号
柱	框架柱	KZ	楼层框架梁	KL
	框支柱	KZZ	屋面框架梁	WKL
	芯柱	XZ	框支梁	KZL
	梁上柱	LZ	非框架梁	L
	剪力墙上柱	QZ	悬挑梁	XL
			井字梁	JZL

a. 梁编号。梁编号由梁类型代号、序号、跨数及有无悬挑代号几项按顺序排列组成。例如，KL7（5A）表示第 7 号框架梁，5 跨，一端有悬挑，其中（XXA）表示梁一端有悬挑，（XXB）表示梁两端有悬挑，悬挑不计入跨数。

b. 集中标注。梁集中标注的内容有以下六项内容：前五项为必注值，最后一项为选注值（集中标注可以从梁的任意一跨引出）。具体规定如下：

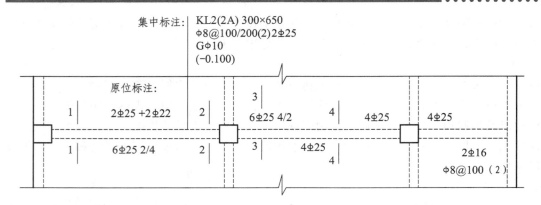

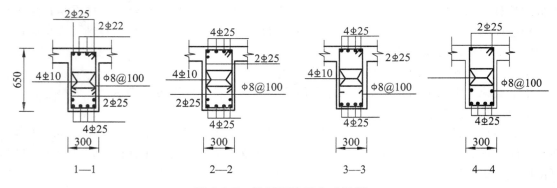

图 3.2.5　梁平面注写方式示例

● 梁编号。按前述规定编号。

● 梁截面尺寸。当为等截面梁时，用 $b \times h$ 表示（b 为梁截面宽度，h 为梁截面高度）；当有悬挑梁且根部和端部的高度不同时，用斜线分隔根部与端部的高度值，即 $b \times h_1 / h_2$（h_1 为悬挑梁根部的截面高度，h_2 为悬挑梁端部的截面高度）。

● 梁箍筋。包括钢筋级别、直径、加密区与非加密区间距及肢数。箍筋加密区与非加密区的不同间距及肢数需用斜线"/"分隔；当梁箍筋为同一种间距及肢数时，则不需用斜线；当加密区与非加密区的箍筋肢数相同时，则将肢数注写一次。箍筋肢数应写在括号内。加密区范围见相应抗震级别的标准构造详图。例如，$\Phi10@100/200$（4），表示箍筋为 HPB235 级钢筋，直径为 10 mm，加密区间距为 100，非加密区间距为 200，均为四肢箍。

● 梁上部通长筋或架立筋配置，当同排纵筋中既有通长筋又有架立筋时，应用加号"＋"将通长筋和架立筋相连。注写时须将角部纵筋写在加号的前面，架立筋写在加号后面的括号内，以示不同直径与通长筋的区别。当全部采用架立筋时，则将其写入括号内。

例如，2Φ22 用于双肢箍；2Φ22 ＋（4Φ12）用于六肢箍，其中 2Φ22 为通长筋，4Φ12 为架立筋。

当梁的上部纵筋和下部纵筋均为通长筋，且多数跨配筋相同时，此项可加注下部纵筋的配筋值，用分号"；"将上部与下部纵筋的配筋值分隔开来。例如，3Φ22 表示梁的上部配置 3Φ22 的通长筋，梁的下部配置 3Φ22 的通长筋。

● 梁侧面纵向构造钢筋或受扭钢筋配置中，当梁腹板高度大于 450 mm 时，梁侧面须配置纵向构造钢筋，用大写字母 G 打头，接续注明总的配筋值。同样，梁侧面须配置受扭钢筋时，用大写字母 N 打头，接续注明总的配筋值。例如，G4Φ16 表示梁的两个侧面共配置 4Φ16 的纵向构造钢筋。

● 梁顶面标高高差：当某梁的顶面高于所在结构层的楼面标高时，其标高高差为正值；反之为负值，高差值必须将写入括号内。

c. 原位标注。主要是集中标注中的梁支座上部纵筋和梁下部纵筋数值不适用于梁的该部位时，则将该数值原位标注。梁支座上部纵筋，该部位含通长筋在内的所有纵筋，对其标注的规定如下：

● 当上部纵筋多于一排时，用斜线"/"将各排纵筋自上而下分开。例如，梁支座上部纵筋注写为 6Φ25 4/2，则表示上一排纵筋为 4Φ25，下一排纵筋为 2Φ25。

● 当同排纵筋有两种直径时，用加号将两种直径的纵筋相连，注写时将角部纵筋写在前面。例如，梁支座上部有四根纵筋，2Φ25 放在角部，2Φ22 放在中部，在梁支座上部应注写为 2Φ25 + 2Φ22。

● 当梁中间支座两边的上部纵筋不同时，必须在支座两边分别标注；当梁中间支座两边的上部纵筋相同时，可仅在支座的一边标注配筋值，另一边省去不标注。

当梁下部纵筋多于一排或同排纵筋有两种直径时，标注规则同梁支座上部纵筋。另外，当梁下部纵筋不全部伸入支座时，将梁支座下部纵筋减少的数量写在括号内。

对于附加箍筋或吊筋，将其直径画在平面图中的主梁上，用线引注总配筋值（附加箍筋的肢数注在括号内），如图 3.2.6 所示。

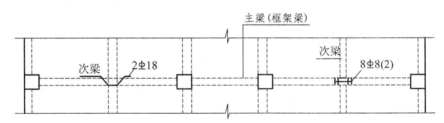

图 3.2.6　附加箍筋或吊筋的画法示例

② 截面注写方式

在分标准层绘制的梁平面布置图上，分别在不同编号的梁上选择一根梁用剖面号引出配筋图，并在其上注写截面尺寸和配筋具体数值来表达梁平法施工图，如图 3.2.7 所示。具体规定如下：

a. 对梁进行编号，从相同编号的梁中选择一根梁，先将"单边截面号"画在该梁上，再将截面配筋详图画在本图或其他图上。当某梁的顶面标高与结构层的楼面标高不同时，还应在梁编号后注写梁顶面标高高差（注写规定同平面注写方式）。

b. 在截面配筋详图上要注明截面尺寸、上部筋、下部筋、侧面构造筋或受扭筋及箍筋的具体数值，其表达方式与平面注写方式相同。

截面注写方式既可单独使用，也可与平面注写方式结合使用。

（3）柱平法施工图制图规则

柱平法施工图在平面布置图上采用列表注写方式或截面注写方式表达。

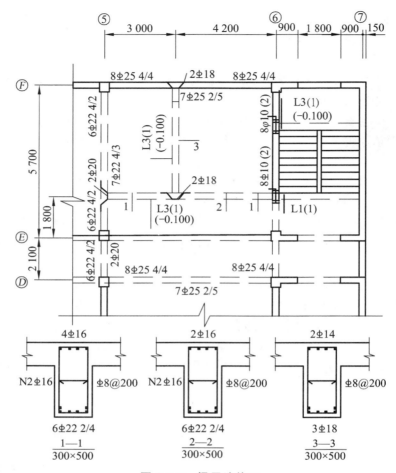

图 3.2.7　梁平法施工

① 列表注写方式

列表注写方式（见图 3.2.8）就是在柱平面布置图上，分别在同一编号的柱中选择一个截面标注几何参数代号，然后在柱表中注写柱号、柱段起止标高、几何尺寸与配筋的具体数值，并配以各种柱截面形状及箍筋类型图的方式来表达柱平法施工图。

a. 柱表中注写内容及相应的规定如下：

• 柱编号。由类型代号和序号组成。

• 各段柱的起止标高。自柱根部往上以变截面位置或截面未变但配筋改变处为界分段注写。框架柱和框支柱的根部标高是指基础顶面标高；芯柱的根部标高是指根据结构实际需要而定的起始位置标高；梁上柱的根部标高是指梁顶面标高。此外，剪力墙的根部标高分两种：当柱纵筋锚固在墙顶部时，其根部标高为墙顶面标高；当柱与剪力墙重叠一层时，其根部标高为墙顶面往下一层的结构层楼面标高。

• 几何尺寸。不仅要标明柱截面尺寸，而且还要说明柱截面对轴线的偏心情况。

• 柱纵筋。当柱纵筋直径相同，各边根数也相同时，将柱纵筋注写在"全部纵筋"一栏中；除此之外，柱纵筋分角筋、截面 b 边中部筋和 h 边中部筋三项分别注写（对称配筋的矩形截面柱，可仅注写一侧中部筋）。

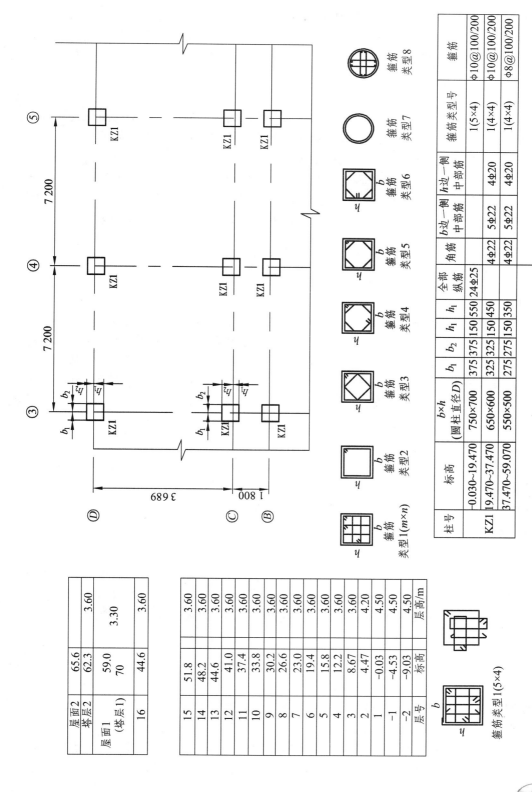

图 3.2.8　柱列表注写方式示例（类型 1 的箍筋肢数可有多种组合，右图为 5×4 的组合其余类型为固定形式，在图中只注类型号即可）

- 箍筋类型号和箍筋肢数。选择对应的箍筋类型号（在此之前要对绘制的箍筋分类图编号），在类型号后续注写箍筋肢数（注写在括号内）。
- 柱箍筋。包括钢筋级别、直径与间距，其表达方式与梁箍筋注写方式相同。

b. 箍筋类型图以及箍筋复合的具体方式，需要画在柱表的上部或图中的适当位置，并在其上标注与柱表中相对应的截面尺寸并编上类型号。

② 截面注写方式

柱截面注写方式，是在分标准层绘制的柱平面布置图的柱截面上，分别在同一编号的柱中选择一个截面，直接在该截面上注写截面尺寸和配筋具体数值。具体做法如下：

对所有柱体进行编号，从相同编号的柱中选择一个截面，按另一种比例原位放大绘制柱截面配筋图，并在配筋图上依次注明编号、截面尺寸、角筋或全部纵筋（当纵筋采用一种直径且能够图示清楚时）及箍筋的具体数值（与梁箍筋注写方式相同）。当纵筋采用两种直径时，必须再注写截面各边中部筋的具体数值（对称配筋的矩形截面柱，可仅注写一侧中部筋）。

2.5　钢筋的加工

1. 钢筋除锈

钢筋运入工地后应妥善保管，否则会与空气中的氧产生化学反应，在其表面产生一层氧化铁，这就是铁锈。铁锈根据锈蚀程度可分为黄褐色的水锈和红褐色的陈锈。水锈的锈蚀较轻可用麻袋布擦拭，也可不予处理；陈锈的锈蚀较重，会影响到钢筋与混凝土间的黏结，所以这种锈一定要清理干净。除了上述两种外，还有一种老锈，锈斑明显，有麻坑，并在钢筋的表面出现颗粒状或片状分离物，颜色呈褐色或黑色，带有这种老锈的钢筋不能使用。

钢筋除锈的方法有多种，常用的方法有人工除锈、钢筋除锈机除锈和酸洗除锈。

（1）人工除锈

人工除锈是用钢丝刷、破麻袋、沙盘等轻擦钢筋或将钢筋在沙堆上来回拉动进行除锈。

（2）钢筋除锈机除锈

对于直径较细的盘条钢筋，通过冷拉和调直过程可自动去锈；而粗钢筋则采用圆盘钢丝刷除锈机进行除锈。

2. 钢筋调直

钢筋在供应时，为便于运输、存放和施工，对于直径在 10 mm 以下的，一般均轧制成圆盘状（称为盘圆钢筋），在使用前，必须经过放盘调直工序。对于直径在 10 mm 以上的钢筋，在轧制过程中切成 8~9 m 长的直条。经过运输或存放，直条状钢筋会发生局部曲折，在使用前也需要进行平直处理。

钢筋调直常采用的方法有人工调直和机械调直。

3. 钢筋切断

钢筋经调直后，即可按钢筋配料单中的钢筋下料长度进行切断。

钢筋切断前的准备工作如下：

① 复核断料前，要根据配料单复核料牌上所标注的钢筋种类、直径、尺寸、根数是否正确。

② 确定下料方案。根据工地的钢筋库存情况做好下料方案，长短搭配，尽量减少损耗。

③ 量度准确。断料时，应避免用短尺量长料，防止在量料中产生累计误差。

④ 试切钢筋。用机械切断钢筋时，在操作前要调试好设备，试切 1~2 根，确定尺寸无误后再成批加工。

4. 钢筋的弯曲成型

钢筋的弯曲成型是将已切断的钢筋按照图纸的要求弯曲成规定的尺寸和形状，这是一项技术性较强的工作。钢筋弯曲成型的程序为：画线→试弯→弯曲成型。钢筋弯曲成型的方法分为手工弯曲和机械弯曲两种。

2.6　钢筋的配料

1. 钢筋下料长度的计算

钢筋下料长度计算是钢筋配料的关键。在实际工程中，钢筋的形状有多种，是其在弯曲或弯钩时长度会发生变化，所以在配料时不能按图中尺寸下料，应考虑混凝土保护层、钢筋弯曲、弯钩等的规定，再按图样尺寸计算其下料长度。各种形式钢筋的下料长度计算公式如下：

直钢筋下料长度＝构件长度－混凝土保护层厚度＋弯钩增加的长度

弯起钢筋下料长度＝直段长度＋斜段长度－弯曲调整值＋弯钩增加的长度

箍筋的下料长度＝直段长度－弯曲调整值＋弯钩增加的长度

2. 钢筋弯曲量度差值（见表 3.2.5）

表 3.2.5

钢筋弯曲角度	30°	45°	60°	90°	135°
钢筋弯曲调整值	$0.35d$	$0.5d$	$0.85d$	$2d$	$2.5d$

3. 钢筋的弯钩增加长度

当弯弧内直径为 $2.5d$（Ⅱ、Ⅲ级钢筋为 $4d$）、平直部分为 $3d$ 时，其弯钩增加长度的计算值为：半圆弯钩为 $6.25d$，直弯钩为 $3.5d$、斜弯钩为 $4.9d$，如图 3.2.9 所示。

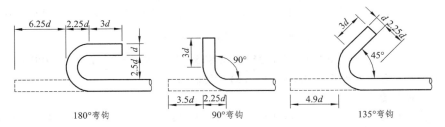

180°弯钩　　90°弯钩　　135°弯钩

图 3.2.9

4. 箍筋调整值（见表 3.2.6）

表 3.2.6

箍筋量度方法	箍筋直径/mm			
	4~5	6	8	10~12
量外包尺寸	40	50	60	70
量内皮尺寸	80	100	120	150~170

5. 钢筋下料长度计算实例

某教学楼钢筋混凝土简支梁 L1 如图 3.2.10 所示，试计算各种钢筋的下料长度。

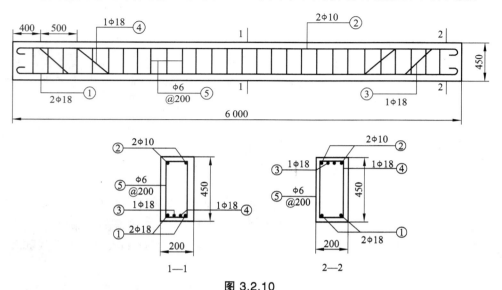

图 3.2.10

解：①号钢筋（2Φ18）：钢筋下料长度 = 构件长 − 两端混凝土保护层厚度 + 两端弯钩增加的长度。即

$$下料长度 = 6\ 000 − 2 × 25 + 2 × 6.25 × 18 = 6\ 175（mm）$$

②号钢筋：下料长度 = 6 000 − 2 × 25 + 2 × 6.25 × 10 = 6 075（mm）

③号钢筋：下料长度 = 直段长度 + 斜段长度 − 弯曲调整值 + 两端弯钩增加的长度

其中，端部直段长度 = 400 − 25 = 375（mm）

中间直段长度 = [6 000 − 2 × 25 − 2 × 375 − 2 × (450 − 2 × 25)] = 4 400（mm）

斜段长度 = 1.414 × (450 − 2 × 25) = 566（mm）

弯曲调整值 = (2 × 0.67 × 18) = 24.12（mm）

下料长度 = (2 × 375 + 4 400 + 2 × 566 − 24.22 + 2 × 6.25 × 18) = 6 483(mm)

④号钢筋：端部直段长度 = (400 + 500) − 25 = 875（mm）

中间直段长度 = 6 000 − 2 × 25 − 2 × 875 − 2 × (450 − 2 × 25) = 3 400（mm）

斜段长度 = 1.414 × (4.50 − 2 × 25) = 566（mm）

弯曲调整值 = 2 × 0.67 × 18 = 24.12（mm）

下料长度 = 2 × 875 + 3 400 + 2 × 566 − 24.12 + 2 × 6.25 × 18 = 6 483（mm）

⑤号钢筋：下料长度 = 2($a + b$) + 25.1d = 2(150 + 400) + 25.1 × 6 = 1 250（mm）

箍筋数量 = (6 000 − 2 × 25)/200 + 1 = 31（个）

2.7　钢筋的连接

1. 钢筋的焊接连接

钢筋焊接常用的方法有闪光对焊、电阻点焊、电弧焊、电渣压力焊、气压焊等。

（1）闪光对焊

闪光对焊的工作原理是利用对焊机使两段钢筋接触，通过低电压强电流将钢筋加热到一定温度变软后，再进行轴向加压顶锻，形成接头。闪光对焊是目前建筑工程中大量采用的接头焊接方法，它具有成本低、质量好、效率高的优点，常用于钢筋接长及预应力钢筋与螺钉端杆的焊接，是电阻焊的一种。

（2）电阻点焊（接触点焊）

电阻点焊主要用于钢筋的交叉连接，如用来焊接钢筋网片钢筋骨架等。它生产效率高，节约材料，应用广泛。其工作原理是，当钢筋交叉点焊时，接触点小，接触处的电阻很大，接触瞬间产生的巨大热量使金属溶化，在电极压力下使焊点的金属得到焊合。

（3）电弧焊

电弧焊是利用电焊机使焊条和焊件之间产生高温电弧，熔化焊条和焊件金属，熔化的金属凝固后形成焊缝或焊接接头。电弧焊的主要设备弧焊机，分为交流弧焊机和直流弧焊机。焊条的种类很多，常用型号有 E4303、E5003、E4316、E5016、E6016 等。电弧焊的接头形式有搭接焊、帮条焊、坡口焊等。

2. 钢筋的机械连接

钢筋机械连接是通过连接件的机械咬合作用或钢筋端面的承压作用，使两根钢筋能够传递力的连接方法。钢筋机械连接的接头质量可靠，现场操作简单，施工速度快，无明火作业，不受气候影响，适应性强，而且可用于可焊性较差的钢筋。常用的钢筋机械连接有挤压连接和螺纹套管连接，径向挤压连接是近年来大直径钢筋现场连接的主要方法。

钢筋挤压套筒连接是在常温下采用特别钢筋连接机，通过挤压力使连接用的钢套筒发生塑性变形，与带肋钢筋紧密咬合在一起，从而形成连接接头，如图 3.2.11 所示。

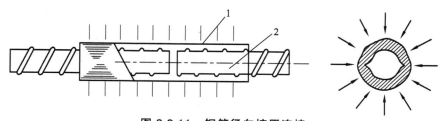

图 3.2.11　钢筋径向挤压连接

1—钢套筒；2—被连接的钢筋

（1）特　点

强度高、速度快、准确、安全、不受环境限制。

（2）适用范围（带肋粗筋）

HRB335，HRB400、RRB400 级直径 18～40 mm 的钢筋。

（3）操作方法

径向挤压，轴向挤压。

（4）要　求

套管材料、规格合格，屈服、极限强度比钢筋大 10% 以上；钢筋无污、肋纹无损；压痕道数符合要求（3～8×2 道），压痕外径为 0.85～0.9 mm 套管圆外径；接头无裂纹。

3．钢筋螺纹套管连接

螺纹套管连接分直螺纹套筒连接与锥螺纹套筒连接。

钢筋直螺纹套筒连接是通过钢筋端头特制的直螺纹和直螺纹套管，将两根钢筋咬合在一起。钢筋锥形螺纹连接是通过钢筋端头特制的锥形螺纹和锥螺纹套管，按规定的力矩值将两根钢筋咬合在一起的连接方法，如图 3.2.12 所示。

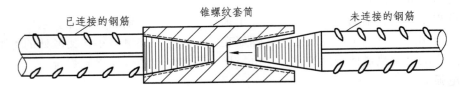

已连接的钢筋　　锥螺纹套筒　　未连接的钢筋

图 3.2.12　锥螺纹钢筋连接

（1）特　点

速度快、准确、安全、工艺简单、不受环境、钢筋种类限制。

（2）适用范围

HPB235 ～ HRB400 级直径 16 ～ 40 mm 的竖向、水平、斜向钢筋。

（3）要　求

套筒材料、尺寸、丝扣合格（塞规检查、盖帽）；钢筋丝扣合格（卡规、牙规检查）、洁净、无锈，套保护帽；锥螺纹连接需用力矩扳手拧紧至出声；外露少于 1 个完整丝扣。

2.8　钢筋的绑扎

1．绑扎前的准备工作

（1）熟悉图纸。结构施工图中的平面布置图和构件配筋图是钢筋绑扎安装的依据，在绑扎安装前必须看懂，要明确各种构件的安装位置、相互关系和施工顺序。如发现图中有误或不合理的地方，应及时通知技术部门负责人会同设计人员研究解决，以免造成施工返工。

（2）核对钢筋配料单和配料牌。对已加工好的钢筋，应按照配料单和配料牌核对构件编号、钢筋规格、形状、数量等是否相符。如有差错，应及时纠正或增补，以免绑扎安装时束手不及，影响施工进度。

（3）做好机具、材料准备。根据劳动人数，准备必要数量的扳手、扎丝钩、撬杠、划线尺、扎丝、绑扎架等操作工具，以及钢筋运输车、固定支架、水泥砂浆垫块等。

（4）绑扎工具。钢筋绑扎所需工具是比较简单的，主要有扎丝钩（见图 3.2.13）、带扳口的小撬杠（见图 3.2.14）和绑扎支架等。

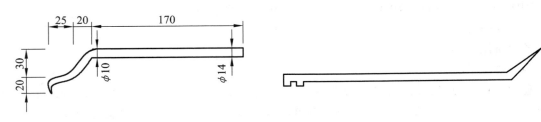

图 3.2.13　扎丝钩　　　　　　　　　　**图 3.2.14　小撬棍**

2. 钢筋绑扎的操作方法及要点

（1）钢筋绑扎的操作方法

钢筋绑扎就是将两根钢筋的交叉点用扎丝扎牢的方法，最常用的是一面顺扣绑扎法，如图 3.2.15 所示。这绑扎法的特点：操作简便、工效高、通用性强、扎点比较牢靠，适于钢筋网、架各部位的绑扎。一面顺扣操作法的步骤：先将已切断的小股扎丝在中间弯折 180°，以左手便握为宜。在绑扎时，右手抽出一根扎丝，将弯折处扳弯 90° 后，左手将弯折部分穿过钢筋扎点的底部，手拿扎丝钩钩住扎丝扣，食指压在钩前部，紧靠扎丝开口端，顺时针旋转 2~3 圈，即完成一个结点的绑扎。在操作时，要注意扎丝扣伸过钢筋扎点底部的部分不要过长，并用扎丝钩扣紧，这样不但扎点扣得紧，而且绑扎速度也快。采用一面顺扣法绑扎钢筋网、架时，每个扎点的丝扣力不能一直顺着一个方向，应交叉进行。这样才能使绑扎的钢筋网、架整体性好，不易变形。钢筋绑扎方法除一面顺扣法外，还有十字花扣、反十字扣、兜扣（见图 3.2.16）、反十字缠扣、兜扣加缠、套扣等。

图 3.2.15　一面顺扣绑扎法

图 3.2.16　兜扣绑扎法

（2）钢筋绑扎的操作要点

① 画线时，应画出主筋的间距及数量，并标明箍筋的加密位置。

② 梁内钢筋应先排主筋，后排构造筋；板的钢筋一般先摆纵向钢筋，再摆横向钢筋。摆钢筋时，应注意按规定将受力钢筋的接头错开。

③ 受力钢筋接头在连接区段（35d，d 为钢筋直径，且不小于 500 mm）内，有接头的受力钢筋截面面积占受力钢筋总截面面积的百分比应符合规范规定。

④ 箍筋的转角与其他钢筋的交叉点处均应绑扎,但箍筋的平直钢筋的安装部分与钢筋的交叉点可呈梅花式交错绑扎。箍筋的弯钩叠合处应错开绑扎，且交错绑扎在不同的钢筋上。

⑤ 绑扎钢筋网片采用一面顺扣绑扎法，相邻两个绑点应呈"八"字形绑扎，不要互相平行以防骨架歪斜变形，如图 3.2.17 所示。

⑥ 预制钢筋骨架绑扎时要注意保持外形尺寸正确，避免入模安装困难。

⑦ 在保证质量、提高工效、减轻劳动强度的原则下，研究加工方案。

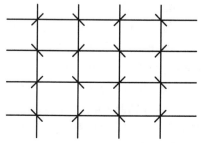

图 3.2.17　绑扎钢筋网片

3．独立柱基础钢筋

绑扎顺序：

基础钢筋网片→插筋→柱受力钢筋→柱箍筋。

施工要点如下：

（1）独立柱基础钢筋为双向弯曲钢筋，其底面短向与长向钢筋的布置，应按设计图纸要求进行。

（2）钢筋网片绑扎时，要将钢筋的弯钩朝上，不要倒向一边，绑扎时，应先绑扎底面钢筋的两端，以便固定底面钢筋的位置。

（3）柱钢筋与插筋绑扎接头，绑扣要向里，便于箍筋向上移动。

（4）在绑扎柱钢筋时，其纵向筋应使弯钩朝向柱心。

（5）箍筋弯钩叠合处需错开。

（6）插筋需用术条井字架固定在外模板上。

（7）现浇柱与基础连接用的插筋应比柱的箍筋缩小一个柱主筋直径，以便连接。

4．柱钢筋绑扎

绑扎顺序：

套柱箍筋→搭接绑扎竖向受力筋→画箍筋间距线→绑箍筋。

（1）套柱箍筋：按图纸要求间距计算好每根柱箍筋数量，先将箍筋套在伸出基础或底板顶面、楼板面的竖向钢筋上，然后立柱钢筋。

（2）柱竖向受力筋绑扎：柱竖向受力筋绑扎接头时，在绑扎接头搭接长度内，绑扣不少于3个，绑扎要向柱中心方向；绑扎接头的搭接长度及接头面积百分比应符合设计、规范要求。

（3）箍筋绑扎：在立好的柱竖向钢筋上，按图纸要求划箍筋间距线，然后将箍筋向上移动，由上而下采用缠扣绑扎；推筋与主筋要垂直，箍筋转角处与主筋均要绑扎；箍筋弯钩叠合处应沿柱竖筋交错布置，并绑扎牢固。

5．梁钢筋绑扎

（1）模内绑扎时，具体步骤如下：

画主次梁箍筋间距→放主梁次梁箍筋→穿主梁底层纵筋及弯起筋→穿次梁底层纵筋并与箍筋固定→穿主梁上层纵向架立筋→按箍筋间距绑扎→穿次梁上层纵向钢筋→按箍筋间距绑扎。

① 在梁侧模上画好箍筋间距或在已摆放的主筋上画出箍筋间距。

② 先穿主梁的下部纵向受力钢筋及弯起钢筋，将箍筋按已画好的间距逐一分开；穿次梁的下部纵向钢筋及弯起钢筋并套好箍筋；放主次梁的架立筋；隔一定间距将架立筋与箍筋绑扎牢固；调整好箍筋间距；绑架立筋，再绑主筋，主次梁同时配合进行。

③ 框架梁上部纵向钢筋应贯穿中间节点,梁下部纵向钢筋伸入中间节点锚尚长度及伸过中心线的长度要符合设计要求。框架梁纵向钢筋在端节点内的锚固长度也要符合设计要求。

（2）模外绑扎时，具体步骤如下：

画钢筋间距→在主次梁模板上口铺横杆数根→在横杆上面放箍筋→穿主梁下层纵筋→穿次梁下层钢筋→穿主梁上层钢筋→按箍筋间距绑扎→穿次梁上层纵筋→按箍筋间距绑扎→抽出横杆落骨架于模板内。

① 主梁钢筋也可先在模板上绑扎，然后入模。其方法是把主梁需穿次梁的部位抬高，在主、次梁梁口搁横杆数根，把次梁上部纵筋铺在横杆上，按箍筋间距套箍筋；再将次梁下部纵筋穿入箍筋内，按架立筋、弯起筋、受力筋的顺序与箍筋绑扎，抽出横杆使骨架落入模板内。

② 梁的受力筋为双排时，可用短钢筋垫在两层钢筋之间，钢筋排距应符合设计要求，梁上部两层钢筋可用 U 形钢筋及 S 形钢筋固定。

6. 板钢筋绑扎

具体步骤如下：

清理模板→模板上画线→绑板下受力筋→绑扎负弯矩钢筋。

（1）清理模板上面的杂物，调整梁钢筋的保护层，用粉笔在模板上标出钢筋的规格、尺寸、间距。

（2）按画好的间距，先摆放受力主筋，后放分布筋，分布筋应设于受力筋内侧。预埋件、电线管、预留孔等及时配合安装。

（3）在现浇板中有带梁钢筋时，应先绑扎带梁钢筋，再摆放板钢筋。

（4）板、次梁、主梁交叉处，板钢筋在上，次梁钢筋居中，主梁钢筋在下；当有圈梁或垫梁时主梁钢筋在上。

（5）绑扎板筋时一般用顺扣或八字扣，除外围两根钢筋的相交点应全部绑扎外，其余各点可交错绑扎（双向板相交点需全部绑扎）。如板为双层钢筋，两层钢筋之间须加钢筋马凳，以确保上层钢筋的位置。负弯矩钢筋每个相交点均要绑扎。

（6）在钢筋的下面垫好砂浆垫块（或塑料卡），间距 1.5 mm 垫块的厚度为保护层厚度。

（7）钢筋搭接接头的长度和位置，要求与梁相同。

7. 楼梯钢筋绑扎

具体步骤如下：

画位置线→绑主筋→绑分布筋→绑踏步筋。

（1）在楼梯段底模上按设计要求画主筋和分布筋的位置线，先绑扎主筋后，绑扎分布筋，再绑扎负弯矩筋，每个交叉点均应绑扎。如有楼梯梁时，先绑梁后绑板筋，且板筋要锚固到梁内（楼梯梁为插筋时，梁钢筋应与插筋焊接）。

（2）钢筋保护层厚度应符合设计或规范要求，在钢筋的下面垫好砂浆垫块（或塑料卡），弯矩筋下面加钢筋马凳。

8. 钢筋质量检查

（1）质量规范。

钢筋绑扎安装必须符合设计要求，并符合《混凝土结构设计规范》（GB 50010—2010）和《混凝土结构施工质量验收规范》（GB 50204—2002）（2011 版）相关规定。

（2）一般项目。

① 钢筋接头宜设置在受力较小处。同一纵向受力钢筋不宜设置两个或两个以上的接头。接头末端至钢筋弯起点的距离不应小于钢筋直径的 10 倍。

检验方法：观察和钢尺检查。

② 同一构件中相邻纵向受力钢筋的绑扎搭接接头宜相互错开，绑扎搭接接头中钢筋的横

向净距不应小于钢筋直径，且不应小于 25 mm。

③ 钢筋绑扎搭接接头连接区段的长度为 1.3 倍搭接长度，同一连接区段内，纵向受力钢筋搭接接头面积百分比应符合设计要求；当设计无其体要求时，应符合如下要求：

a. 对梁、板、墙，不宜大于 25%；

b. 对柱，不宜大于 50%。

检验方法：观察和钢尺检查。

④ 纵向受力钢筋绑扎搭接接头的最小搭接长度应符合规范规定。

⑤ 在梁、柱纵向受力钢筋搭接长度范围内，应按设计要求配置箍筋。当设计无其体要求时，应符合：

a. 箍筋直径不应小于搭接钢筋较大直径的 25 倍；

b. 受拉搭接区段的箍筋间距不应大于搭接钢筋较小直径的 5 倍，且不应大于 100 mm；

c. 受压搭接区段的箍筋间距不应大于搭接钢筋较小直径的 10 倍，且不应大于 200 mm；

d. 当柱中纵向受力钢筋直径大于 25 mm 时，应在搭接接头两个端面外 100 mm 范围内各设置两个箍筋，其间距宜为 50 mm。

检验方法：钢尺检查。

⑥ 钢筋安装位置的偏差和检验方法应符合表 3.2.7 的规定。

表 3.2.7　钢筋安装位置的允许偏差和检验方法

项　目			允许偏差/mm	检验方法
绑扎钢筋网	长、宽		±10	钢尺检查
	网眼尺寸		±20	钢尺量连续 3 档，取最大值
绑扎钢筋骨架	长		±10	钢尺检查
	宽、高		±5	钢尺检查
受力钢筋	间距		±10	钢尺量两端、中间各一点取最大值
	排距		±5	
	保护层厚度	基础	±10	钢尺检查
		柱、梁	±5	钢尺检查
		板、墙、壳	±3	钢尺检查
绑扎箍筋、横向钢筋间距			±20	钢尺量连续 3 档，取最大值
钢筋弯起点位置			20	钢尺检查
预埋件	中心线位置		5	钢尺检查
	水平高差		+3, 0	钢尺和塞尺检查

2.9　钢筋的安装

安装钢筋骨架时，应注意以下几点：

（1）按图施工，对号入座，要特别注意节点组合处的交错、搭接符合规定。

（2）为防止钢筋网、钢筋架在运输及安装过程中发生歪斜变形，应采取可靠的临时加固措施，如图 3.2.18 所示。

（3）在安装预制钢筋网、钢筋架时，应正确选择吊点和吊装方法，确保吊装过程中的钢筋网、钢筋架不歪斜变形。

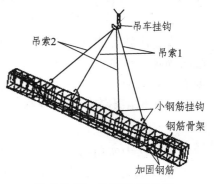

图 3.2.18　钢筋骨架起吊

2.10　先张法预应力钢筋施工

指在浇灌混凝土前对预应力钢筋加以张拉，当混凝土养护一段时间并达到一定的强度（一般不低于混凝土设计强度的 70%），放松张拉力，使钢筋回弹，对混凝土施加压力，这种方法称为先张法。预应力是靠钢筋与混凝土之间的黏结力来传递的。

1. 先张法施工的工艺流程（见图 3.2.19）

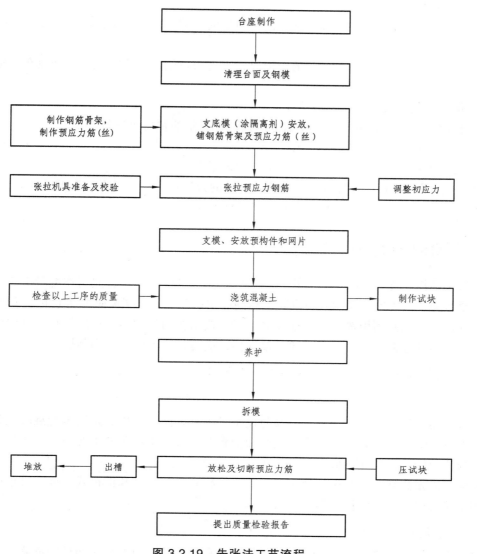

图 3.2.19　先张法工艺流程

2．先张法施工的承力结构

先张法施工的承力结构是台座。台座承受着全部预应力筋的张拉力，预应力钢筋的张拉、临时固定、混凝土构件的浇筑和养护等工序均在台座上进行，因此，用于张拉钢筋用的台座要有足够的强度、刚度和稳定性。

台座根据承力结构的形式分为墩式台座和槽式台座两种。

3．先张法施工的工具和设备

先张法中所用的夹具按用途不同分为两类：一类是张拉夹具，在张拉时夹持预应力筋用；另一类是锚固夹具，作用是将预应力钢筋固定在台座上。

4．先张法施工操作要点

（1）用钢或混凝土制作传力架，要求传力架有一定的刚度和承载力，将预制构件用的模板支在传力架内。

（2）将预应力钢筋穿过模板，并引向传力架的两端，在一端加以固定，在另一端利用张拉机械进行张拉。

（3）将预应力钢筋张拉到一定的应力时，固定张拉端，然后将混凝土浇灌在模板内。混凝土在浇灌时应注意：

① 每一条生产线应一次性浇筑完成。

② 台面上有缝时，可在缝上先铺薄钢板，也可垫油毡后再进行浇筑。

③ 振捣过程中，振动器不得触碰钢丝。

④ 混凝土在达到一定的强度前，不得碰撞或踩动钢丝。

（4）将混凝土养护一段时间，使其达到要求的强度后，方可切断外露于模板的钢筋端部。

（5）对所制的构件进行脱模，并吊至传力架以外。

2.11　后张法预应力钢筋施工

后张法是指先浇捣混凝土、后张拉钢筋的方法。具体做法是：先制作混凝土构件，并在构件上预留穿预应力筋的孔道；当混凝土达到一定的强度后，穿预应力筋（束），用张拉机或千斤顶进行张拉，并利用锚具将预应力筋（束）锚团在构件的两端；然后在孔道内灌浆，使预应力筋与构件连接成一个整体，通过锚具传递应力，使混凝土受到预压应力。

1．后张法（整体式构件）的施工工艺流程（见图 3.2.20）

2．张拉设备

后张法施工选用好配套的张拉机具与设备是很重要的，采用后张法进行混凝土张拉工作所用的设备主要是液压千斤顶、高压油泵和油管等。液压千斤顶的主要作用在于控制张拉应力值和预应力筋的张拉伸长值。

目前，后张法施工中常用的液压千斤顶有拉杆式、掌心式和锥锚式三种，可根据预应力钢筋的张拉力以及采用的锚具形式进行选择。

3．后张法施工操作要点

（1）按设计要求制作钢筋混凝土结构构件，利用管芯材料在结构构件中欲施应力的部位留出直径较预应力筋稍大的孔道。

（2）当结构构件的混凝土达到混凝土设计强度的 75%时，将预应力钢筋穿过预留孔道，并在结构构件的一端加以固定。

（3）在结构构件的另一端采用张拉机械对钢筋进行张拉，此时张拉的反作用力直接传给结构构件的混凝土，使混凝土建立预压应力。有时为减轻预应力钢筋混凝土与预留孔道壁之间的摩擦程度，当预留孔道采用弯曲形状时，预应力钢筋也可从两端先后张拉或同时张拉。

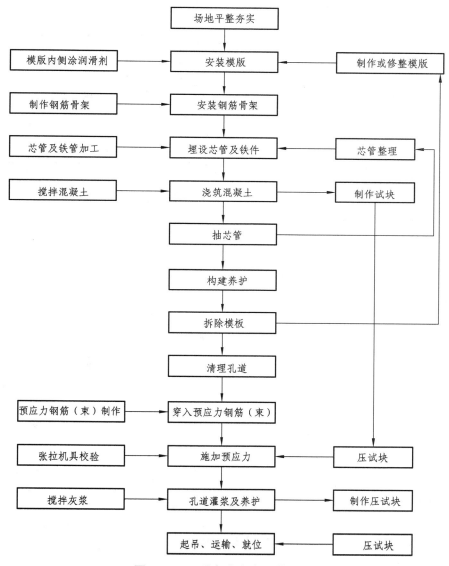

图 3.2.20　后张法生产工艺流程

（4）使用锚固夹具在张拉端固定住预应力钢筋，使它始终处于张拉状态。

（5）对预留孔道用压力水冲洗干净后，用水泥浆对预留孔道进行压力灌注。灌浆顺序一般是先下层孔道，后上层孔道；灌浆应缓慢而均匀地进行，不得中断，直至最后排出浓浆为止；封闭排气孔后，用木塞将灌浆孔堵塞；当灌注的水泥浆强度达到 150 MPa 时，方可移动构件。

第 3 章　钢筋工职业技能鉴定理论复习题

一、单项选择题

1. （　　）是一种最常用的一种弯钩。

　　A. 圆弯钩　　　　　　B. 直弯钩　　　　　　C. 半圆弯钩　　　　　D. 斜弯钩

2. HRB500 钢筋的屈服强度为（　　）MPa。

　　A. 300　　　　　　　B. 400　　　　　　　C. 500　　　　　　　D. 600

3. 高强度钢丝代号 JK 的意义是（　　）。

　　A. 冷拉　　　　　　　B. 矫直回火　　　　　C. 矫直回火刻痕　　D. 矫直回火冷拉

4. 冷拉 HPB235 级钢筋用（　　）符号表示。

　　A. ϕ　　　　　　　B. ϕ^l　　　　　　　C. ϕ^h　　　　　　　D. ϕ^k

5. TL 表示构件的名称（　　）。

　　A. 圈梁　　　　　　　B. 基础梁　　　　　　C. 楼梯梁　　　　　D. 过梁

6. M 表示构件的名称（　　）

　　A. 密肋板　　　　　　B. 预埋件　　　　　　C. 天窗端壁　　　　D. 阳台

7. WB 表示构件的名称（　　）。

　　A. 板　　　　　　　　B. 空心板　　　　　　C. 折板　　　　　　D. 屋面板

8. ϕ12@200 中 200 表示（　　）。

　　A. 钢筋牌号　　　　　B. 钢筋直径　　　　　C. 钢筋长度　　　　D. 钢筋中心间距

9. （　　）只用在柱钢筋的下部、箍筋和附加钢箍中。

　　A. 圆弯钩　　　　　　B. 直弯钩　　　　　　C. 半圆弯钩　　　　D. 斜弯钩

10. （　　）只用在直径较小的钢筋中。

　　A. 圆弯钩　　　　　　B. 直弯钩　　　　　　C. 半圆弯钩　　　　D. 斜弯钩

11. 对半圆钩，光圈钢筋的弯钩增加长度（　　）。

　　A. 6.25d　　　　　　B. 3.5d　　　　　　C. 4.9d　　　　　　D. 5.6d

12. 对弯钩，光圈钢筋的弯钩增加长度（　　）。

　　A. 6.25d　　　　　　B. 3.5d　　　　　　C. 4.9d　　　　　　D. 5.6d

13. 对斜弯钩，光圈钢筋的弯钩增加长度（　　）。

　　A. 6.25d　　　　　　B. 3.5d　　　　　　C. 4.9d　　　　　　D. 5.6d

14. 室内正常环境，板、墙、壳的混凝土保护层最小厚度为（　　）。

　　A. 15 mm　　　　　　B. 25 mm　　　　　　C. 35 mm　　　　　D. 45 mm

15. 露天或室内高湿度环境，混凝土强度等级为不大于 C25，板、墙、壳的混凝土保护层最小厚度为（　　）。

　　A. 15 mm　　　　　　B. 25 mm　　　　　　C. 35 mm　　　　　D. 45 mm

16. 在任何情况下，纵向受拉钢筋的锚固长度不应小于（　　）。

　　A. 200 mm　　　　　　B. 250 mm　　　　　　C. 180 mm　　　　　　D. 300 mm

17. 纵向受压钢筋在跨中的截面，伸出的锚固长度 l_a 应不小于（　　　）。

　　A. 5d　　　　　　　B. 10d　　　　　　　C. 15d　　　　　　　D. 25d

18. 对绑扎骨架中末端无弯钩的光圈钢筋，l_a 不应小于（　　　）。

　　A. 10d　　　　　　B. 15d　　　　　　C. 20d　　　　　　D. 20d

19. 绑扎骨架与绑扎网中的受力钢筋，当接头采用搭接而不加焊时，其受拉钢筋的搭接长度 l_d 不应小于 1.2l_a，且不小于（　　　）。

　　A. 200 mm　　　　　　B. 250 mm　　　　　　C. 300 mm　　　　　　D. 350 mm

20. 绑扎骨架与绑扎网中的受力钢筋，当接头采用搭接而不加焊时，其受压钢筋的搭接长度不应小于 0.85l_d，且不小于（　　　）。

　　A. 200 mm　　　　　　B. 250 mm　　　　　　C. 300 mm　　　　　　D. 350 mm

21. 焊接骨架与焊接网在受力方向的接头，可采用非焊接的搭接接头，其受拉钢筋搭接长度 l_d 不应小于 l_a，受压钢筋的搭接长度不应小于（　　　）。

　　A. 0.7l_a　　　　　　B. 0.85l_a　　　　　　C. 0.9l_a　　　　　　D. 1.0l_a

22. 绑扎骨架和绑扎网中钢筋的接头，受拉区接头面积的允许百分比为（　　　）。

　　A. 25%　　　　　　B. 35%　　　　　　C. 50%　　　　　　D. 不限

23. 直径在 10mm 以上的钢筋，应优先采用焊接接头，尤其是（　　　）接头。

　　A. 闪光对焊　　　　B. 电弧焊　　　　C. 电渣压力焊　　　D. 气压焊

24. （　　　）的接头，不得采用焊接。

　　A. HPB235 级钢筋　　B. HRB335 级钢筋　　C. HRB400 级钢筋　　D. 冷拔低碳钢丝

25. 长度在（　　　）以内的短料，不能直接用手送料切断。

　　A. 300 mm　　　　　　B. 400 mm　　　　　　C. 500 mm　　　　　　D. 600 mm

26. 钢筋冷拉的操作程序应为（　　　）。

　　A. 钢筋上盘→放圈→切断→夹紧夹具→冷拉→放松夹具→分批验收→捆扎堆放

　　B. 钢筋上盘→放圈→切断→夹紧夹具→冷拉→放松夹具→捆扎堆放→分批验收

　　C. 钢筋上盘→切断→放圈→夹紧夹具→冷拉→放松夹具→分批验收→捆扎堆放

　　D. 钢筋上盘→放圈→切断→放松夹具→冷拉→夹紧夹具→分批验收→捆扎堆放

27. 冷拉调直钢筋加工的允许偏差为（　　　）。

　　A. 2 mm　　　　　　B. 3 mm　　　　　　C. 4 mm　　　　　　D. 5 mm

28. 弯起钢筋弯折点位置切断钢筋加工允许偏差为（　　　）。

　　A. ±2 mm　　　　　　B. ±3 mm　　　　　　C. ±4 mm　　　　　　D. ±5 mm

29. 钢筋弯曲全长得允许误差为（　　　）。

　　A. ±5mm　　　　　　B. ±10mm　　　　　　C. ±20mm　　　　　　D. ±30mm

30. 在钢筋的预制加工和现场施工过程中，（　　　）是钢筋连接中最常用的一种方法。

　　A. 搭接　　　　　　B. 焊接　　　　　　C. 绑扎　　　　　　D. 机械连接

31. 重庆地方规定，（　　　）不允许用于水平钢筋和倾斜钢筋（斜度大于 4 : 1）以及直径 28 mm 以上的竖向钢筋的连接。

　　A. 闪光对焊　　　　B. 电弧焊　　　　C. 电渣压力焊　　　D. 电阻点焊

32. 电渣压力焊轴线偏移的原因是（　　　）。

　　A. 钢筋端部不直或安放不正　　　　　　B. 夹具放松过早

　　C. 焊接电流过大　　　　　　　　　　　D. 通电时间过长

33. 当点焊机功率超过 75 kW 时，不得焊接直径大于（　　）的钢筋。

　　A. 8 mm　　　　　　B. 6 mm　　　　　　C. 10 mm　　　　　　D. 12 mm

34. 锥螺纹连接，要求所连接的钢筋直径偏差不得超过（　　）。

　　A. 8 mm　　　　　　B. 9 mm　　　　　　C. 10 mm　　　　　　D. 11 mm

35. （　　）连接，在连接时不受钢筋种类和含碳量的限制，可连接各种等级的钢筋。

　　A. 电渣压力焊接　　　B. 闪光对焊　　　C. 带肋钢筋套管挤压　　　D. 锥螺纹套管

36. 钢筋锥螺纹的连接工艺可分解为（　　）。

　　A. 钢筋准备→钢筋平头→丝头质量检查→钢筋套丝→钢筋连接→质量检查

　　B. 钢筋准备→钢筋平头→钢筋套丝→丝头质量检查→钢筋连接→质量检查

　　C. 钢筋准备→钢筋平头→钢筋连接→钢筋套丝→丝头质量检查→质量检查

　　D. 钢筋准备→钢筋平头→钢筋套丝→钢筋连接→丝头质量检查→质量检查

37. （　　）是形成钢筋混凝土结构构件的钢筋骨架，是钢筋工程施工的最后工序。

　　A. 钢筋的加工　　　B. 钢筋的连接　　　C. 钢筋的焊接　　　D. 钢筋的绑扎

38. 当钢筋的直径（　　）时，不宜采用绑扎接头。

　　A. $d > 10$ mm　　　B. $d < 10$ mm　　　C. $d > 16$ mm　　　D. $d < 16$ mm

39. 钢筋加工弯起钢筋的弯折位置允许偏差为（　　）。

　　A. ±5 mm　　　　　B. ±10 mm　　　　　C. ±15 mm　　　　　D. ±20 mm

40. 钢筋绑扎中绑扎缺扣、松扣的数量不得超过（　　）且不应集中。

　　A. 5%　　　　　　　B. 8%　　　　　　　C. 10%　　　　　　　D. 12%

41. 焊接钢筋网眼的尺寸允许误差为（　　）。

　　A. ±8 mm　　　　　B. ±20 mm　　　　　C. ±10 mm　　　　　D. ±12 mm

42. 绑扎钢筋网网眼的尺寸允许偏差为（　　）。

　　A. ±8 mm　　　　　B. ±20 mm　　　　　C. ±10 mm　　　　　D. ±12 mm

43. 焊接箍筋、构造筋间距允许误差为（　　）。

　　A. ±8 mm　　　　　B. ±20 mm　　　　　C. ±10 mm　　　　　D. ±12 mm

44. 绑扎箍筋、构造筋间距允许误差为（　　）。

　　A. ±8 mm　　　　　B. ±20 mm　　　　　C. ±10 mm　　　　　D. ±12 mm

45. 热轧钢筋按强度可分为（　　）级。

　　A. 六　　　　　　　　B. 五　　　　　　　C. 七　　　　　　　　D. 四

46. HPB235 钢筋涂（　　）色。

　　A. 红　　　　　　　　B. 黄　　　　　　　C. 绿　　　　　　　　D. 白

47. 混凝土强度等级为 C25 时，冷轧带肋钢筋焊接网在受拉方向最小搭接长度为（　　），
且不应小于 200 mm。

　　A. 36d　　　　　　　B. 30d　　　　　　C. 24d　　　　　　D. 20d

注：d 为纵向受力钢筋直径（mm）。

48. 钢筋焊接网在受压方向的搭接长度，应取受拉钢筋搭接长度的（　　）倍。

　　A. 0.5　　　　　　　　B. 0.6　　　　　　　C. 0.7　　　　　　　　D. 0.8

49. 一般钢筋骨架的分段为（　　　）。

  A. 2 ~ 8 m   B. 4 ~ 10 m   C. 6 ~ 12 m   D. 8 ~ 14 m

二、多项选择题

1. 按钢筋在构件中的作用可以分为（　　　）。

  A. 光面钢筋   B. 变形钢筋   C. 受力钢筋   D. 构造钢筋

2. 按直径大小的不同，钢筋可分为（　　　）。

  A. 钢丝   B. 细钢筋   C. 中粗钢筋   D. 粗钢筋

3. 钢筋的力学性能主要包括（　　　）。

  A. 抗拉性能   B. 冲击韧性   C. 耐疲劳   D. 硬度

4. 钢筋的工艺性能主要包括（　　　）。

  A. 抗拉性能   B. 冷弯性   C. 耐疲劳   D. 可焊接性

5. 由于专业分工的不同，建筑工程施工图一般分为（　　　）。

  A. 建筑施工图 B. 结构施工图 C. 设备施工图 D. 初步设计图

6. 建筑施工图的一般排序为（　　　）。

  A. 图纸目录、总说明、建筑施工图、结构施工图、设备（水、暖、电）施工图

  B. 总说明、图纸目录、建筑施工图、结构施工图、设备（水、暖、电）施工图

  C. 图纸目录、总说明、建施、结施、设施

  D. 图纸目录、总说明、建施、设施、结施

7. 在平面布置图上表示各构件尺寸和配筋的注写方式有（　　　）。

  A. 平面注写方式   B. 列表注写方式

  C. 截面注写方式   D. 立面注写方式

8. 钢筋弯钩的形式有（　　　）。

  A. 半圆弯钩   B. 直弯钩   C. 圆弯钩   D. 斜弯钩

9. 钢筋弯曲后的特点有（　　　）。

  A. 弯曲处内皮收缩   B. 弯曲处外皮延伸

  C. 轴线长度不变   D. 轴线长度变长

10. 施工现场钢筋调直分为（　　　）。

  A. 人工调直 B. 卷扬机调直 C. 机械调直 D. 电力调直

11. 钢筋除锈的目的是（　　　）。

  A. 整洁 B. 美观 C. 保证钢筋与混凝土之间黏接力 D. 提高构件耐久性

12. 钢筋除锈的方法有（　　　）。

  A. 调直除锈   B. 钢丝刷除锈 C. 沙盘除锈 D. 电动机除锈

13. 钢筋切断前的准备工作有（　　　）。

  A. 搞好复核工作 B. 确定下料方案 C. 量度要准确 D. 试切

14. 钢筋人工切断的方法有（　　　）。

  A. 断线钳切断   B. 手动液压切断机切断

  C. 受压切断机切断   D. 无锯齿切断

15. 目前普遍采用的焊接方法有（　　　）。

  A. 闪光对焊 B. 电弧焊   C. 电渣压力焊 D. 电阻点焊

16. 闪光对焊的主要参数包括（　　　）。
 　　A. 调伸长度　　　B. 烧化留量　　　C. 预热留量　　　D. 冷却留量

17. 消除闪光对焊中闪光不稳定现象的措施有（　　　）。
 　　A. 消除电极底部和表面的氧化物　　　B. 提高变压器级数
 　　C. 加快烧化速度　　　　　　　　　　D. 加快顶锻速度

18. 消除闪光对焊接头中有缩孔的措施有（　　　）。
 　　A. 减少余热程度　　　　　　　　　　B. 降低变压器级数
 　　C. 避免烧化过程过分激烈　　　　　　D. 适当增大顶锻留量及顶锻压力

19. 重庆地方规定，电弧焊不允许用于（　　　）。
 　　A. 市属及以上重点工程中直径 16 mm 及以上的 Ⅱ、Ⅲ 级钢筋的连接
 　　B. 市属及以上重点工程中直径 12 mm 及以上的 Ⅱ、Ⅲ 级钢筋的连接
 　　C. 主城六区直径 22 mm 及以上的 HRB335 钢筋连接
 　　D. 主城六区直径 20 mm 及以上的 HRB235 钢筋连接

20. 电渣压力焊的特点有（　　　）。
 　　A. 成本较高　　　B. 工效高　　　C. 施工方便　　　D. 接头质量一般

21. 消除电渣压力焊的钢筋弯折的措施有（　　　）。
 　　A. 钢筋端部安放正直　　　　　　　　B. 注意安装和扶持上不钢筋
 　　C. 避免焊后过快卸掉夹具　　　　　　D. 减小焊接电流

22. 电阻点焊的特点是（　　　）。
 　　A. 增加了劳动强度　　　　　　　　　B. 提高了构件的刚度
 　　C. 提高了构件的抗裂性　　　　　　　D. 可降低钢材消耗

23. 钢筋电阻点焊适用于（　　　）。
 　　A. 热轧 Ⅰ 级且直径为 6~14 mm 的钢筋
 　　B. 直径为 3~5 mm 的冷拉低碳钢丝
 　　C. 直径为 4~12 mm 的冷轧带肋钢筋
 　　D. 热轧 Ⅱ 级且直径为 6~14 mm 的钢筋

24. 电阻点焊出现焊点过烧的原因有（　　　）。
 　　A. 变压器级数过高　　　　　　　　　B. 通电时间过长
 　　C. 上下电极不对中心　　　　　　　　D. 继电器接触失灵

25. 防治电阻点焊焊点过烧的措施有（　　　）。
 　　A. 降低变压器级数　　　　　　　　　B. 缩短通电时间
 　　C. 切断电源，校正电极　　　　　　　D. 清理触点，调节间隙

26. 电阻点焊出现焊点脱落缺陷的原因有（　　　）。
 　　A. 电流过小　　　B. 压力不够　　　C. 压入深度不足　　D. 通电时间太短

27. 防治电阻点焊焊点脱落的措施有（　　　）。
 　　A. 提高变压器级数　　　　　　　　　B. 加大弹簧压力或调大气压
 　　C. 调整两电极间距离　　　　　　　　D. 保证预压过程和适当的预压力

28. 电阻点焊产生钢筋表面烧伤的原因有（　　　）。
 　　A. 钢筋与电极接触面未清理干净　　　B. 焊接时没有预压过程或预压力过小

　　　C. 电流过大　　　　　　　　　　　　D. 电极变形

29. 防治电阻点焊钢筋表面烧伤的措施有（　　　　）。
　　　A. 将钢筋和电极表面的铁锈清理干净　　B. 保证预压过程和适当的预压力
　　　C. 降低变压器级数　　　　　　　　　　D. 修理或更换电极

30. 与其他钢筋连接形式相比，钢筋机械连接具有下列优点（　　　　）。
　　　A. 操作简单，施工速度快，在连接时不受环境的影响
　　　B. 钢筋接头处的质量牢固可靠，利于施工中的质量检验
　　　C. 不受工人技术水平的影响，节约钢材
　　　D. 对环境不会造成污染，实现了文明施工

三、填空题

1. 进入施工现场的作业人员，必须先参加_____，作业人员必须经安全技术培训，掌握本工种安全生产知识和_____，考核合格后方可上岗。

2. 不满_____周岁的未成年人员，不得从事建筑工程施工。

3. 服从领导和安全检查人员的指挥，工作时思想集中，坚守作业岗位，未经许可，_____从事非本工种作业，_____酒后作业。

4. 抬运钢筋人员应协调配合，_____。

5. 在高处（2 m 或 2 m 以上）、深坑绑扎钢筋和安装钢筋骨架，必须搭设_____或者_____，临边应搭设_____。

6. 绑扎立柱和墙体钢筋时，_____站在钢筋骨架上或攀登骨架上下。

7. 绑扎在建筑施工工程的圈梁、挑梁、挑檐、外墙和边柱等钢筋时，应站在_____或_____上作业。无脚手架必须搭设_____。

8. 绑扎基础钢筋，应按规定安放_____或_____，深基础或夜间施工应使用_____照明工具。

9. 安装钢筋骨架时，下方严禁站人，必须待骨架降落至地面_____以内方准靠近，就位支撑好，方可_____，吊装较长的钢筋骨架时，应设_____。

10. 在高处楼层上拉钢筋或钢筋调向时，必须事先观察运行上方或周围附近是否有_____，严防触碰。

11. 绑扎钢筋的绑丝头，应弯回至_____内侧。暂停绑扎时，应检查所绑扎的钢筋或骨架，确认连接_____后方可离开现场。

12. 按直径大小的不同，钢筋可分为_____、_____、_____、_____。

13. 钢筋的力学性能主要包括_____、_____、_____和_____等，工艺性能主要包括_____和_____性。

14. 在钢筋的预制加工和现场施工过程中，_____是钢筋连接中最常用的一种方法，目前普遍采用的焊接方法有_____、_____、_____、_____。

15. 钢筋的绑扎可分为_____、_____。

16. 钢筋加工的工艺流程一般为_____、_____、_____、_____。

17. 钢筋经过调直除锈后，即可按_____进行切断。

18. 钢筋切断方法有两种，分别是_____、_____。

19. 钢筋除锈的目的是保证钢筋与混凝土之间的_____，提高构件的耐久性。

20. 为使钢筋免受外界气、汽、水等所污染侵蚀，钢筋应被混凝土有效地覆盖包裹，这个覆盖层叫作_____。

21. 经过热轧而成的光圆钢筋或变形钢筋称为_____，按其屈服强度可分为_____、_____、_____、_____、_____。

四、判断题（正确打√，错误打×）

1. 带有颗粒状或片状老锈后的留有麻点的钢筋，可以按原规格使用。　　　（　　）

2. 施工前应熟悉施工图纸，除提出配筋表外，还应核对加工厂送来的成型钢筋钢号、直径、形状、尺寸、数量是否与料牌相符。　　　（　　）

3. 钢号越大，含碳量也越高，强度及硬度也越高，但塑性、韧性、冷弯及焊接性能均降低。　　　（　　）

4. HPB 是热轧光圆钢筋的代号。　　　（　　）

5. HRB400 级变形钢筋具有较高的强度，可直接在普通钢筋混凝土结构中使用，也可经冷拉后用作预应力钢筋。　　　（　　）

6. 弯起钢筋的弯弧内直径 HPB235 级钢筋应为 $5d$，HRB335 级钢筋为 $4d$。　　　（　　）

7. 箍筋弯后平直部分长度对有抗震等要求的结构，不应小于箍筋直径的 5 倍。　　　（　　）

8. 柱子纵向受力钢筋可在同一截面上连接。　　　（　　）

9. 受力钢筋接头位置不宜位于最大弯矩处，并应相互错开。　　　（　　）

10. 绑扎接头在搭接长度区内，搭接受力筋占总受力钢筋的截面积不得超过 25%，受压区内不得超过 50%。　　　（　　）

11. 钢筋保护层的作用是防止钢筋生锈，保证钢筋与混凝土之间有足够的黏结力。
　　　（　　）

12. 楼板钢筋绑扎，应先摆分布筋，后摆受力筋。　　　（　　）

13. 预埋件的锚固筋必须位于构件主筋的内侧。　　　（　　）

14. 预埋件的锚固筋应设在保护层内。　　　（　　）

15. 配置双层钢筋时，底层钢筋弯钩应向下或向右，顶层钢筋则向上或向左。　　　（　　）

16. 所谓的配筋率，即纵向受力钢筋的有效面积与构件的截面面积的比值，用百分比表示。　　　（　　）

17. 钢筋机械性能试验包括拉伸试验和弯曲试验。　　　（　　）

18. 对焊接头作拉伸试验时，三个试件的抗拉强度均不得低于该级别钢筋的规定抗拉强度值。　　　（　　）

19. 钢筋对焊接头弯曲试验指标是：HPB235 级钢筋，其弯心直径为 $2d$，弯曲角度 90° 时不出现断裂，在接头外侧不出现宽度大于 0.5 mm 的横向裂纹为合格。　　　（　　）

20. 热轧钢筋试验的取样方法：在每批钢筋中取任选两根钢筋，去掉钢筋端头 500 mm。
　　　（　　）

21. 对热轧钢筋试验的取样数量：从每批钢筋中抽出两根试样钢筋，一根做拉力试验，测定其屈服点、抗拉强度及伸长率；另一根做冷弯试验。　　　（　　）

22. 钢筋弯曲试验结构如有两个试件未达到规定要求，应取双倍数量的试件进行复验。
　　　（　　）

23. 热轧钢筋试样的规程是：拉力试验的试样为：$5d_0 + 200$ mm；冷弯试验试样为 $5d_0 +$

150 mm（d_0 为标距部分的钢筋直径）。　　　　　　　　　　　　（　　）

24. 钢筋必须严格分类、分级、分牌号堆放，不合格的钢筋另做标志，分开堆放。（　　）

25. 焊接制品钢筋表面烧伤，已检查出是钢筋和电极接触面太脏，处理办法是：清刷电极与钢筋表面的铁锈和油污。　　　　　　　　　　　　　　　　　　（　　）

26. 堆放钢筋的场地要干燥，一般要应枕垫搁起，离地面 200 mm 以上。非急用的钢筋宜放在有棚盖的仓库内。　　　　　　　　　　　　　　　　　　　　（　　）

27. 受力钢筋的焊接接头，在构件的受拉区不宜大于 50%。　　　　　（　　）

28. 钢筋对焊的质量检查，每批检查 10% 接头，并不得少于 10 个。　（　　）

29. HPB235 级钢筋采用双面搭接电弧焊时，其搭接长度为 4d。　　（　　）

30. 钢筋接头末端至钢筋弯起点距离不应小于钢筋直径的 10 倍。　　（　　）

31. 焊接时零件熔接不好，焊不牢并有粘点现象，其原因可能是电流太小，需要改变接触组插头位置、调整电压。　　　　　　　　　　　　　　　　　　　　（　　）

32. 钢筋下料长度应为各段外包尺寸之和减去各弯曲处的量度差值，再加上端部弯钩的增加值。　　　　　　　　　　　　　　　　　　　　　　　　　　（　　）

33. 弯曲调整值是一个在钢筋下料时应扣除的数值。　　　　　　　　（　　）

34. 直钢筋的下料长度 = 构件长度 - 混凝土保护层厚度 + 弯钩增加值。（　　）

35. 钢筋用料计划等于钢筋净用量加上加工损耗率。　　　　　　　　（　　）

36. 钢筋的代换的原则有等面积代换和等强度代换两种。　　　　　　（　　）

37. 用几种直径的钢筋代换一种直径的钢筋时，较粗的钢筋应放在构件的内侧。（　　）

38. 有抗震要求的框架，宜以强度等级较高的钢筋代替原设计中的钢筋。（　　）

39. 绑扎双层钢筋时，先绑扎立模板一侧的钢筋。　　　　　　　　　（　　）

40. 钢筋除锈，是为了保证钢筋与混凝土的黏结力。　　　　　　　　（　　）

41. 柱子纵向受力钢筋直径不宜小于 12 mm，全部纵向钢筋配筋率不宜超过 5%。
　　　　　　　　　　　　　　　　　　　　　　　　　　　　　　（　　）

42. 伸入梁支座范围内的纵向受力钢筋，当梁宽为 150 mm 及以上时，不应少于两根。
　　　　　　　　　　　　　　　　　　　　　　　　　　　　　　（　　）

43. 构造柱纵向受力钢筋可在同一截面上连接。　　　　　　　　　　（　　）

五、名词解释

1. 钢绞线

2. 构造钢筋

3. HPB235 级钢筋

4. HRB335 级钢筋

5. RRB400 级钢筋

6. 钢筋混凝土用热轧光圆钢筋

7. 冷轧带肋钢筋

8. 冷轧扭钢筋

9. 钢筋混凝土用余热处理钢筋

10. 热处理钢筋

11. 钢筋焊接网

12. 混凝土保护层

13. 钢筋镦粗

14. 钢筋冷拉

15. 闪光对焊

16. 电弧焊

17. 钢筋电渣压力焊

18. 钢筋电阻点焊

19. 钢筋气压焊接

20. 钢筋机械连接

六、计算题

1. 已知某构件长 12 m，保护层厚度为 50 mm，两端弯钩长度为 450 mm，求该直钢筋下料长度。

2. 某工程的墙面设计配筋为 A12@150，现拟用 A14 等面积代用，求代换后的钢筋根数及间距（墙面取 1 m）。

3. 某梁主筋原设计为 4A18，因工地上没有 A18 的 II 级钢筋，拟用 A20 的 I 级钢筋代换，问需要几根 A20 的钢筋方可代换。（I 级钢筋的强度设计值为 210 MPa，II 级钢筋的强度设计值为 310 MPa）。

4. 某基础底板配筋为 HRB335 级，A12@150（按最小配筋率），由于施工现场该型号钢筋数量不足，现拟用 HRB335 级，A14 钢筋等面积代换，计算代换后的配筋。

5. 某框架主筋原设计用 4 根直径为 20 mm 的 HRB335 级钢筋，由于施工现场没有该型号，故采用直径为 25 mm 的 HPB235 级钢筋代换，求代换钢筋的根数。

七、简答题

1. 简述钢筋的力学性能。

2. 钢筋原材料如何进行保管？

3. 钢筋混凝土构件的保护层作用是什么？

4. 为什么要编制钢筋配料单？

5. 切断钢筋前应做哪些准备工作？

6. 钢筋的手工弯曲有哪些操作要点？

7. 闪光对焊的主要参数有哪些？

8. 钢筋电阻点焊有哪些特点？

9. 焊点过烧产生的原因有哪些？应该采取哪些防治措施？

10. 钢筋的机械连接同其他形式的连接相比，有哪些优点？

八、论述题

1. 钢筋工程质量保证措施有哪些？

2. 试比较各种钢筋机械连接方法的优缺点。

3. 钢筋绑扎的操作要点有哪些？

4. 使用钢筋切断机应遵守哪些规定？

5. 使用钢筋弯曲机应遵守哪些规定？

参考答案

一、单项选择题

1. C	2. C	3. C	4. B	5. C	6. B	7. D	8. D	9. B	10. D
11. A	12. B	13. C	14. A	15. C	16. B	17. C	18. C	19. C	20. A
21. C	22. A	23. A	24. D	25. A	26. B	27. C	28. A	29. B	30. B
31. C	32. A	33. C	34. B	35. D	36. B	37. D	38. C	39. D	40. C
41. C	42. B	43. C	44. B	45. C	46. A	47. B	48. C	49. C	

二、多项选择题

1. CD	2. ABCD	3. ABCD	4. BD	5. ABC
6. AC	7. ABC	8. ABD	9. ABC	10. ABC
11. CD	12. ABCD	13. ABCD	14. ABC	15. ABC
16. ABC	17. ABC	18. BCD	19. AC	20. BD
21. ABC	22. BCD	23. ABCD	24. ABCD	25. ABCD
26. ABCD	27. ABC	28. ABCD	29. ABCD	30. ABCD

三、填空题

1. 安全教育培训　　技能

2. 18

3. 不得　　严禁

4. 互相呼应

5. 脚手架　　操作平台　　防护栏杆

6. 不得

7. 脚手架　　操作平台　　水平安全网

8. 钢筋支架　　马凳　　低压

9. 1 m　　摘钩　　控制缆绳

10. 高压线

11. 骨架　　牢固

12. 钢丝　　细钢筋　　中粗钢筋　　粗钢筋

13. 抗拉性能　　冲击韧性　　耐疲劳　　硬度　　冷弯性　　可焊（接）

14. 焊接　　闪光对焊　　电弧焊　　电渣压力焊　　电阻电焊

15. 预先绑扎　　现场模板内绑扎

16. 钢筋的调直与除锈　　钢筋切断　　弯曲成型

17. 下料长度

18. 人工切断　　机械切断

19. 黏结力

20. 保护层

21. 热轧钢筋　　HPB235 级　　HRB335 级　　HRB400 级　　HRB500 级　　RRB400 级

四、判断题

1. ×	2. √	3. √	4. √	5. √	6. ×	7. ×	8. √	9. √	10. √

11. √　12. ×　13. √　14. ×　15. ×　16. ×　17. √　18. √　19. √　20. √

21. √　22. √　23. √　24. √　25. √　26. √　27. √　28. √　29. √　30. √

31. √　32. √　33. √　34. √　35. √　36. √　37. ×　38. ×　39. √　40. √

41. √　42. √　43. √

五、名词解释

1. 将 2 根、3 根或 7 根 φ2.5～φ5 的碳素钢丝在绞线机上进行螺旋形绞绕而成的钢丝束，再经热处理而成。

2. 为了满足钢筋混凝土构件要求而配置的钢筋。

3. 屈服强度为 235 MPa，抗拉强度为 370 MPa。

4. 屈服强度为 335 MPa，抗拉强度为 490 MPa。

5. 屈服强度为 400 MPa，抗拉强度为 570 MPa。

6. 适用于钢筋混凝土中经热轧成型并自然冷却的成品光圆钢筋，其截面形状为圆形，且表面光滑。

7. 热轧圆盘条经冷轧或冷拔减径后在其表面冷轧成三面有肋的钢筋。

8. 以低碳钢热轧圆盘条，经专用钢筋冷轧扭机调直、冷轧并冷扭一次成型，具有规定截面形状和节距的螺旋状钢筋。

9. 钢筋热轧后立即穿水，进行表面控制冷却，然后利用芯部余热自身完成回火处理所得的成品钢筋。

10. 用热轧的螺纹钢筋经淬火和回火的调质热处理而成的。

11. 以冷轧带肋钢筋或冷拔光面钢筋为母材，在工厂的专用焊接设备上生产和加工而成的网片或网卷，用于钢筋混凝土结构，以取代传统的人工绑扎。

12. 为使钢筋免受外界气、汽、水等所污染侵蚀，钢筋应被混凝土有效地覆盖包裹，这个覆盖层就叫做混凝土保护层。

13. 把钢筋或钢丝的端头通过机械冷镦或电阻热镦的方法加工成为灯笼形的圆头，作为预应力钢筋的锚固头。

14. 在常温下对钢筋进行强力拉伸，使拉应力超过钢筋的屈服强度，以达到调直钢筋、除锈、提高强度的目的。

15. 接触对焊的一种，它将两根钢筋安放成对接的形式，利用焊接电流，通过两根钢筋接触点产生的电阻热，使两根钢筋接头熔化，适当时进行轴向加力顶锻来完成的一种焊接方法。

16. 利用电弧产生的高温，集中热量熔化钢筋端面和焊接末端，使焊条金属过渡到熔化的焊缝内，在金属冷却凝固后，便形成焊接接头。

17. 将两根钢筋安放成竖向对接的形式，利用焊接电流，通过两钢筋端面间隙产生的电阻热，将钢筋的端面熔化，然后施加压力使钢筋焊合。

18. 将两钢筋安放成交叉叠接的形式，压紧于两电极之间，利用电阻热熔化母材金属，加压后形成焊点的一种压焊方法。

19. 利用乙炔-氧混合气体燃烧的高温火焰对已有初始压力的两根钢筋端部接合处加热，使钢筋端部产生塑性变形，并促使钢筋端部的金属原子互相扩散，当钢筋加热到 1 250～1 350 ℃时进行加压顶锻，使钢筋内的原子得以再结晶而焊接在一起。

20. 采用专用的钢筋连接机械，通过连接件的机械咬合作用或钢筋端面的承压作用，将一根钢筋中的力传递至另一根钢筋的连接方法。

六、计算题

1. 12.8 m。

2. 5 根 φ14 的钢筋代换，其间距为 200 mm。

3. 5 根 φ20 的钢筋即可代换。

4. 基础底板每米配 φ14 的钢筋 5 根，其间距为 200 mm。

5. 4 根。

七、简答题

1. 钢筋的力学性能主要包括抗拉性能、冲击韧性、耐疲劳的硬度等。

2. ① 放入仓库或棚内保管；② 分别挂牌堆放；③ 垛间流出通道；④ 防止钢筋锈蚀；⑤ 专人管理。

3. 钢筋混凝土构件的保护层有两个方面的作用：

（1）保护钢筋，防止钢筋生锈。

（2）保证钢筋与混凝土之间有足够的黏结力，使钢筋和混凝土共同工作。

4. 钢筋配料单是钢筋下料加工以及提出材料计划、签发任务单和限额领料单的依据，故编制配料单是钢筋施工的重要工序。合理的配料单，能节约材料、简化施工操作。

5.（1）搞好复核工作：根据钢筋配料单，复核料牌上所标注的钢筋级别、直径、尺寸、根数是否正确。

（2）确定下料方案：根据工地的库存钢筋情况做好下料方案，长短搭配，尽量减少损耗。

（3）量度要准确：应避免使用短尺量长料，以防止产生累计误差。

（4）试切：调试好切断设备，先切断 1 或 2 根，尺寸无误，设备运行正常以后再成批加工。

6.（1）弯起钢筋时，扳子一定要托平，不能上下摆动，以免弯出的钢筋产生翘曲。

（2）操作时要注意放正弯曲点，搭好扳手，注意扳距。

（3）不允许在高空或脚手板上弯制粗钢筋，避免因弯制钢筋时脱板而造成坠落事故。

（4）在弯曲配筋较密的构件钢筋时，要严格控制钢筋各段尺寸及起弯角度，并试弯一个。

7. 闪光电焊的主要参数包括调伸长度、烧化留量、预锻留量、预热留量、闪光速度、变压器级数等。

8.（1）采用点焊代替绑扎，可提高工程质量和生产效率，减轻劳动强度。

（2）采用焊接骨架或焊接网时，钢筋在混凝土中能更好地锚固，可以提高构件的刚度及抗裂性。

（3）钢筋端部不需要弯钩，可降低钢材消耗和工程成本。

9. 焊点过烧的产生原因：变压器级数过高、通电时间过长、上下电极不对中心、继电器接触失灵。

防治措施：降低变压器级数；缩短通电时间；切断电源，校正电极；清理触点，调节间隙。

10. 钢筋的机械连接通其他形式的连接相比，具有以下优点：

操作简单，施工速度快，在连接时不受环境的影响；钢筋接头处的质量牢固可靠，利于施工中的质量检验；不受工人技术水平的影响，节省钢材；对环境不会造成污染，实现了文明施工。

八、论述题

1. （1）钢筋进场必须具有出厂合格证明，并应及时对钢筋进行复检，不合格的钢材严谨用于工程。

（2）钢筋表面应清洁。

（3）钢筋的尺寸、规格、质量必须满足设计的要求。

（4）钢筋焊接应由专业培训合格的熟练工人持证上岗操作，且必须严格按照要求进行操作，焊接接头应经试验合格后方可大规模施焊。

（5）钢筋接头的位置应设置符合施工规范要求，宜设置在受力较小处。

（6）钢筋代换必须经设计人员同意。

（7）利用砂浆垫块严格控制好钢筋保护层厚度。

（8）钢筋接头位置和搭接长度必须符合设计要求和施工质量验收规范的有关规定。

（9）梁柱交点处的混凝土核心区的关键部位，必须按照设计要求设置加密箍筋，不得漏设。

2. 常用的钢筋机械连接方法有套筒冷挤压连接、锥螺纹连接和镦粗切削直螺纹连接。它们各自的优缺点分析如下：

（1）套筒冷挤压连接。

用高压油泵作动力源，通过挤压机将连接套筒沿径向挤压，使套筒产生塑性变形，与钢筋相互咬合，形成一个整体来传递力。由于设备笨重，工人劳动强度大，设备保养不好易产生漏油污染钢筋，影响效力正常发挥，给使用维修带来不便，连接速度不如螺纹连接，套筒较大，成本比螺纹连接高。

（2）锥螺纹连接。

用锥螺纹套丝机将钢筋端头先加工成锥螺纹，然后把带锥螺纹的套筒与待对接钢筋连接在一起。钢筋与套筒连接时必须施加一定的拧紧力矩才能保证连接质量，若工人一时疏忽拧不紧，钢筋受力后易产生滑脱，锥螺纹底径小于钢筋母材基圆直径，接头强度会被削弱，影响接头性能，虽然锥螺纹连接对中性好，但对钢筋要求较严，钢筋不能弯曲或有马蹄形切口，否则易产生丝扣不全，给连接质量留下隐患。所以，现场管理应要求较严。

（3）镦粗切削直螺纹连接。

先将钢筋的马蹄形端头切掉，再用钢筋镦头机将钢筋端头镦粗，用直螺纹套丝机将其切削成直螺纹，通过直螺纹套筒将待对接的钢筋连接在一起。镦粗直螺纹连接不仅工序繁琐，而且镦粗后的钢筋头部金相组织发生变化，不经回火处理，会产生应力集中，延性降低，对改善接头受力是不利的。

3. （1）画线时应画出主筋的间距及数量，并标明箍筋的加密位置。

（2）梁内钢筋应先排主筋后排构造筋；板得钢筋一般先摆纵向钢筋然后摆横向钢筋。

（3）受力钢筋接头在连接区段内，有接头的受力钢筋截面面积占受力钢筋总截面面积的百分比应符合规范规定。

（4）箍筋的转角与其他钢筋的交叉点均应绑扎，但箍筋的平直部分与钢筋的交叉点可呈梅花式交错绑扎，箍筋的弯钩叠合处应错开绑扎，应交错绑扎在不同的钢筋上。

（5）绑扎钢筋网片采用一面顺扣绑扎法，在相邻两个绑点应呈"八"字形，不要互相平行以防骨架歪斜变形。

（6）预制钢筋骨架绑扎时要注意保持外形尺寸正确，避免入模安装困难。

（7）在保证质量、提高工效、减轻劳动强度的原则下，研究加工方案。

4.（1）操作前必须检查切断机刀口，确定安装正确，刀片无裂纹，刀架螺栓紧固，防护罩牢固，然后用手扳动皮带轮检查齿轮间隙，调整刀刃间隙，空运转正常后再进行操作。

（2）钢筋切断应在调直后进行，断料时要握紧钢筋。多根钢筋一次切断时，总截面积应在规定范围内。

（3）切钢筋时，手与刀口的距离不得小于 15 cm。在断短料手握端小于 40 cm 时，应用套管或夹具将钢筋短头压住或夹住，严禁用手直接送料。

（4）机器运转中严禁用手直接清除刀口附近的断头和杂物。在钢筋摆动范围内和刀口附近，非操作人员不得停留。

（5）发现机器运转异常、刀片歪斜等，应立即停止检修。

（6）作业时应摆直、紧握钢筋，在活动切刀向后退时送料入刀口，并在固定切刀一侧压住钢筋。严禁在切刀向前运动时送料，以及两手同时在切刀两侧握住钢筋俯身送料。

（7）切长料时应设置送料工作台，并设专人扶稳钢筋，操作时动作应一致。手握端的钢筋长度不得短于 40 cm。手与切口的距离不得小于 15 cm。切断小于 40 cm 长的钢筋时，应用钢导管或钳子夹牢，严禁直接用手送料。

（8）作业中严禁用手清楚铁屑、断头等杂物。作业中严禁进行检修、加油、更换部件。

5.（1）工作台和弯曲工作盘台应保持水平，操作前应检查芯轴、成型轴、挡铁轴、可变挡架有无裂纹或损坏，以及防护罩是否牢固可靠，经空运转确认正常后，方可作业。

（2）操作时要熟悉倒顺开关控制工作盘旋转方向，钢筋放置要和挡架、工作盘旋转方向相配合，不得放反。

（3）改变工作盘旋转方向时必须在停机后进行，即从正转—停—反转，不得直接从正转—反转或从反转—正转。

（4）弯曲机运转中严禁更换芯轴、成型轴和变更角度及调速，严禁在运转时加油或清扫。

（5）弯曲钢筋时，严禁超过该机对钢筋直径、根数及机械转速的规定。

（6）严禁在弯曲钢筋的作业半径内和机身不设固定销的一侧站人。弯曲好的钢筋应堆放整齐，弯钩不得朝上。

（7）弯曲折点较多或钢筋较长时，应设置工作架，设专人指挥，操作人员应与辅助人员协同配合，互相呼应。

（8）弯曲未经冷拉或有锈皮的钢筋时，必须戴护目镜及口罩。

（9）作业中不得用手清除金属屑。清理工作必须在机械停稳后进行。

第 4 章　钢筋工职业技能鉴定实作复习题

1. 用 φ6 钢筋制作 460 mm × 210 mm（外皮尺寸）的箍筋 4 只，箍筋弯钩平直段长 5d，要求独立完成下料和制作，操作时间为 1 h。

考核项目及评分标准

序号	考核项目	评分要求	分值分配	检查记录	得分
1	下料长度尺寸	正确	20		
2	箍筋外形尺寸	偏差符合规范要求	20		
3	钢筋方正度	符合要求	20		
4	箍口	平直尺寸准确	10		
5	安全施工	无事故	5		
6	文明施工	工完场清	5		
7	工效	规定时间内完成	20		

2. 在施工现场计算一根长度为 4 m 左右的简支梁的下料尺寸，根据计算填写配料单，并填写配料牌，要求 1 h 完成。

考核项目及评分标准

序号	考核项目	考核要求	分值	检测记录	得分
1	简图正确	符合规定	25		
2	下料计算正确	无误差	20		
3	构造处理，计算总用料量	计算准确	20		
4	制作料牌	符合要求	15		
5	按时完工	在规定时间内完成操作	20		

3. 现浇板钢筋绑扎

（1）钢筋混凝土板尺寸为 1 200 mm × 3 000 mm。

（2）配筋受力钢筋：8@100；分布钢筋：6@150；弯钩：180°弯钩。

（3）技术要求：

下料长度偏差不大于 30 mm；钢筋间距偏差 ± 10 mm。

时间为 60 min，人员要求：4 人/组。

考核项目及评分标准

序号	考核项目	评分要求	分值	检查记录	得分
1	下料长度尺寸	正确	20		
2	钢筋位置	正确	15		
3	钢筋间距	符合要求	20		
4	钢筋绑扎质量	符合要求	15		
5	安全施工	无事故	10		
6	文明施工	工完场清	10		
7	工效	规定时间内完成	10		

4. 框架柱钢筋绑扎

（1）框架柱尺寸 300×300、高度 3 000 mm。

（2）配筋。纵筋：4@18；箍筋：8@100/200（底部 500 mm 为加密区）；弯钩：180°弯钩。

（3）技术要求：

主筋底部为弯折段长度 12d；柱钢筋混凝土保护层为 25 mm。

时间为 90 min，人员要求：6 人/组。

考核项目及评分标准

序号	考核项目	评分要求	分值分配	检查记录	得分
1	下料长度尺寸	正确	20		
2	钢筋位置	正确	15		
3	箍筋间距	符合要求	20		
4	钢筋绑扎质量	符合要求	15		
5	安全施工	无事故	10		
6	文明施工	工完场清	10		
7	工效	规定时间内完成	10		

5. 悬挑梁钢筋绑扎

（1）悬挑梁断面及尺寸：300 mm（宽）、400 mm（高）、长度 3 000 mm；支座宽度为 400 mm。

（2）配筋。上部纵筋：3@18；

下部纵筋：2@12；

箍筋：8@100（2）。

（3）技术要求：

上部纵筋左端弯折长度 15d，右端弯折长度 12d，下部纵筋直径 15d；悬挑梁箍筋全长加密；梁钢筋混凝土保护层为 25 mm。

时间为 60 min，人员要求：4 人/组。

考核项目及评分标准

序号	考核项目	评分要求	分值	检查记录	得分
1	下料长度尺寸	正确	20		
2	钢筋位置	正确	15		
3	箍筋间距	符合要求	20		
4	钢筋绑扎质量	符合要求	15		
5	安全施工	无事故	10		
6	文明施工	工完场清	10		
7	工效	规定时间内完成	10		

第4篇
砌筑工职业技能鉴定

第1章 砌筑工职业技能鉴定知识目录

鉴定范围				鉴定点	
一级		二级			
名称	鉴定比重/%	名称	鉴定比重/%	序号	名 称
基础知识	15	砌筑工劳动保护用品准备及安全检查	5	1	劳动保护用品的准备方法及其步骤
				2	施工场地及设备安全检查的方法及其步骤
				3	常用砌筑工量具及设备的安全检查方法
		砌筑材料的准备	5	1	砌筑材料和屋面材料的种类、规格、质量要求、性能及使用方法
				2	砌筑砂浆的配合比和技术性能的基本知识
		工（量）具准备	5	1	砌筑工常用工量具种类及性能的基本知识
专业知识	75	砌筑砖石基础	5	1	建筑工程施工图的识读知识
				2	砖石基础的构造知识
				3	基础大放脚砌筑工艺及操作要点
				4	基础大放脚的质量要求
		砌清水墙角及细部	5	1	砖墙的组砌形式
				2	6 m以下清水墙及细部的砌筑工艺和操作要点
				3	清水墙墙角及细部的质量要求
		砌清水墙、砌块墙	5	1	砌筑脚手架和安全操作规程的基本知识
				2	砌筑清水墙、砌块墙的工艺知识及操作要点
				3	清水墙、砌块墙的质量标准
		砌毛石墙	3	1	毛石墙构造及材料的基本知识
		砌毛石墙	3	2	毛石墙的砌筑工艺及操作要点
				3	毛石墙的质量要求
		铺砌地面砖	5	1	楼地面的构造知识
				2	地砖及块材的种类、规格、性能及质量要求
				3	地砖及块材地面的砌筑工艺及操作要点
		铺瓦屋面	3	1	屋面瓦的种类及规格
				2	瓦屋面的构造知识
				3	瓦屋面的铺筑工艺及操作要点
		常用检测工具的使用与维护	3	1	检测工具的种类
				2	检测工具的规格构造
				3	检测工具的使用方法及适用范围

续表

鉴定范围				鉴定点	
一级		二级			
名称	鉴定比重/%	名称	鉴定比重/%	序号	名 称
专业知识	75	砌复杂砖石基础	5	1	较复杂建筑工程施工图的识读
				2	砖、石基础的构造知识与材料要求
		砌复杂清水墙角及细部	5	1	6 m以上清水墙及细部的砌筑工艺和操作要点
				2	清水墙的材料要求
				3	各种材料及规格墙体的组砌方式
				4	清水墙角、清水方柱及细部的砌筑工艺及操作要点
				5	清水墙角、清水方柱的质量要求
		砌混水圆柱和异形墙	4	1	混水圆柱的砌筑工艺及操作要点
				2	多角形墙的砌筑工艺及操作要点
				3	弧形墙的砌筑工艺及操作要点
				4	混水圆柱、多角形墙、弧形墙的质量要求
		砌空斗墙、空心砖墙和各种块墙	5	1	各种新型砌体材料的性能、特点、使用方法
				2	各种类型空斗墙、空心砖墙、块墙的组砌方式与构造知识
				3	空斗墙、空心砖墙、块墙的砌筑工艺及操作要点
				4	砌筑工程冬、雨季施工的有关知识
				5	空斗墙、空心砖墙、砌块墙的质量要求
		砌复杂毛石墙	3	1	毛石墙角构造与材料要求
				2	毛石墙角的质量要求
		异型砖的加工及清水墙的勾缝	3	1	异型砖的放样及计算知识
				2	异型砖砍、磨的操作要点
				3	清水墙的勾缝的工艺顺序及质量要求
		铺砌地面和乱石路面	5	1	地面砖的种类、规格性能及质量要求
				2	楼地面的构造知识
				3	各种砖地面的铺筑工艺知识及操作要点
				4	乱石路面的铺筑工艺及操作要点
				5	地砖地面的质量要求
		铺筑复杂瓦屋面	3	1	屋面瓦的种类、规格性能及质量标准
				2	瓦屋面的构造和施工知识
				3	瓦屋面的铺筑工艺及操作要点
		砌筑砖拱	3	1	拱的力学知识简介
				2	拱屋面的构造知识
				3	拱体的砌筑工艺、操作要点及质量要求

续表

鉴定范围				鉴定点	
一级		二级		序号	名　　称
名称	鉴定比重/%	名称	鉴定比重/%		
专业知识	75	砖砌锅炉座、烟道、大炉灶	3	1	大炉灶及一般工业炉灶的材料及构造知识
				2	工业炉灶、大炉灶施工图的识读
				3	大炉灶、一般工业炉灶的砌筑工艺及操作要点
				4	大炉灶、一般工业炉灶的质量标准
		砖砌烟囱、烟道和水塔	3	1	烟囱、烟道及水塔的构造、做法与材料要求
				2	烟囱、烟道及水塔施工图的识读
				3	烟囱、烟道的砌筑工艺及操作要点
				4	水塔的砌筑工艺及操作要点
				5	烟囱、烟道及水塔的质量要求
		检测工具的使用与维护	3	1	水准仪、水准尺等工具的使用方法和适应范围
				2	大线锤、方尺等工具使用方法和适应范围

第 2 章　砌筑工职业技能鉴定复习要点

2.1　砌筑工劳动保护用品准备及安全检查

1. 劳动保护用品的准备方法及其步骤

（1）进入施工区域的人员要戴好安全帽，并且要系好安全帽的带子，防止高处坠落物体砸在头部或其他物体碰触头部造成伤害。

（2）防护用品要穿戴整齐，裤角要扎紧。

（3）施工区域杂物多，光脚、穿拖鞋容易扎破脚，行走不方便容易摔倒，因此施工区禁止光脚以及穿拖鞋、高跟鞋或带钉易滑鞋。

（4）若要进行高空作业，应佩戴足够强的安全带，并应将绳子牢牢系在坚固的建筑结构上或金属构架上，不准系在活动的物件上。

（5）检查所用工具（安全帽、安全带、梯子跳板、脚手架、防护板、安全网等）的安全可靠性，严禁冒险作业。

2. 施工场地及设备安全检查的方法及其步骤

（1）工作前应认真检查砌筑工程所涉及的固定支架、脚手架、安全网、防护板等，如存有塌方和其他隐患，应排除后方能施工。

（2）施工现场的脚手架、防护设施、安全标志和警告牌，不能擅自拆除，需要拆除移动的要经现场负责人同意，由专人进行处理。

（3）在脚手架上砌砖、打砖时不得面向外打，或向脚手架下扔砖块杂物。高空作业应设安全网。

（4）在同一垂直面内遇有上下交叉作业时，必须设置防护隔层，避免物体坠落伤人。

3. 常用砌筑工量具及设备的安全检查方法

（1）砌筑中，如采用里脚手架，必须在墙外支搭安全网；若采用外脚手架时，应设护身栏和挡脚板，方可进行砌筑。如利用原脚手架做外檐抹灰或勾缝时，应对脚手架重新进行检查和加固。

（2）使用台灵架吊装时，应加好压重或拴好缆风绳，角度应合理选择并拴牢。吊装时禁止走出回转半径范围去拉吊构件或材料，以免引起倾覆现象。吊装用的夹钳、钢丝绳等要经常检查和维修，发现不牢固或断丝过多时应停吊更换。

（3）垂直运输中使用的吊笼、滑车、绳索、刹车及滚杠等，必须满足负荷要求，牢固可靠，在吊运时不得超载，发现问题及时检修。

（4）以运送人员为主及砌筑等材料、设备的施工电梯，为了安全运行防止意外，均须设置限速制动装置，超过限速即自动切断电源而平稳制动，并宜专线专供，以防万一。

2.2　砌筑材料的准备

2.2.1　砌筑材料的种类、规格、质量要求、性能

1. 种类及规格

砌筑工常用的砌筑材料包括烧结普通砖、烧结多孔砖、烧结空心砖、蒸压灰砂砖、耐火砖、小型砌块、石材和砌筑砂浆等。

砌筑工程中常用的标准砖是普通烧结实心砖的一种。它是以黏土、页岩、煤矸石、粉煤灰为主要原料，经焙烧而成，广泛使用于以砖承重的墙体中，也用于非承重的填充墙。标准实心砖的尺寸为 240 mm×115 mm×53 mm，每块砖重为干燥时约 2.5 kg，吸水后约 3 kg，排列组成 1 m³ 体积时约重 1 700 kg。

空心砖和多孔砖目前在房屋建筑中得到大量采用，它们能够更好地保温、隔热及隔声。空心砖的规格一般为 190 mm×190 mm×90 mm，多孔砖的规格一般为 240 mm×115 mm×90 mm。

异型砖在砌筑拱壳、花格、炉灶等部件时，往往由于几何形状复杂、砍凿加工困难而被采用。异型砖目前尚无统一的规格尺寸，常见异型砖的形状如图 4.2.1 所示。

花砖　　　　　　　　异型空心砖　　　　　　拱壳空心砖

图 4.2.1　异型砖

普通烧结砖的强度等级用符号"MU××"表示。

2. 特性及质量要求

烧结砖都有一定的吸水性，能吸附一定量的水分，吸水的多少可以用吸水率来表示。吸水率高的砖容易遭受冻害的侵袭，一般不宜用在基础和外墙。黏土砖的吸水率一般允许在 8% ~ 10%。

烧结砖的外形应该平整、方正，外观应无明显的弯曲、缺棱、掉角、裂缝等缺陷，敲击时发出清脆的金属声，色泽均匀一致。

2.2.2　砌筑砂浆的技术性能和配合比的基本知识

1. 砌筑砂浆的主要技术性能

（1）流动性。砂浆的流动性又称稠度，是指砂浆的稀稠程度。

（2）保水性。砂浆的保水性是指砂浆从搅拌机出料后到使用在砌体上，砂浆中的水和胶结料以及集料之间分离的快慢程度。

（3）强度。砂浆强度足以边长为 70.7 mm×70.7 mm×70.7 mm 的砂浆立方体试块，在温度为（20±3）℃，一定湿度（水泥砂浆需相对湿度 90%以上，混合砂浆需相对湿度 60% ~ 80%）的标准养护条件下，龄期为 28 d 的抗压强度平均值。

砂浆强度分为 M20、M15、M10、M7.5、M5.0、M2.5。

2. 砌筑砂浆的配合比

砌筑砂浆是把砖等砌筑材料黏结成砌体的主要材料。砌筑砂浆主要由水泥、石灰膏、砂和水组成。砌筑砂浆一般采用水泥混合砂浆，原材料由水泥、砂、掺和料和水等组成。

砂浆中各种原材料的比例称为砂浆的配合比。砂浆的配合比应经实验确定。

2.3　工量具的准备

常用工具可以分为两大类：一类是属于个人使用和保管的，称为小型工具；另一类是搅拌、运输及存放砂浆的工具，由作业班组集体使用和保管，称之为共用工具。

1. 小型工具

（1）瓦刀。又叫泥刀，作涂抹、摊铺砂浆、砍创砖块、打灰条及发镫用。操作时也可用它轻击砖块，使之与准线吻合。

（2）大铲。用于铲灰、铺灰和刮浆，也可以在操作中用它随时调和砂浆。大铲以桃形居多，也有长三角形和长方形的，是实施"三一"砌筑法的关键工具。

（3）刨锛。用以打砍砖块，也可当做小锤与大铲配合使用。为了便于打"七分头"（3/4砖），在刨锛手柄上刻一凹槽线为记号，使凹口到刨锛刃口的距离为 3/4 砖长。

（4）手锤。俗称小榔头，作敲凿石料和开凿异型砖之用。

（5）钢凿。又叫錾子，可用 45 号或 60 号钢锻造，一般直径为 20 ~ 28 mm，长 150 ~ 250 mm，与小锤配合用于打凿石料、开剖异形砖等。其端部有尖头和肩头两种形状。

（6）摊灰尺。用不易变形的木材制成。操作时放在墙上为控制灰缝及铺刮砂浆使用。

（7）溜子。又叫灰匙、勾缝刀，以 φ8 钢筋打扁制成，并装上木柄，通常用于清水墙勾缝。

（8）灰扳。又叫托灰板，用不易变形的木材制成。在勾缝时，用它承托砂浆。

（9）抿子。用 0.8 ~ 1 mm 厚的钢板制成，并铆上执手安装木柄成为工具，可用于石培的抹缝、勾缝。

2. 共用工具

（1）筛子：主要用来筛砂。筛孔直径有 4 mm、6 mm、8 mm 等数种。勾缝需用细砂时，可利用铁窗纱钉在小木框上支撑小筛子使用。

（2）铁锨。又称煤锨，市场上有成品出售，分为尖头和方头两种，用于挖土、装车、筛砂等工作。

（3）工具车。又称"元宝车"，容量约 0.12 m³，轮轴总宽度小于 900 mm，以便通过内门槛。其主要用于运输砂浆和其他散装材料。

（4）运砖车。施工单位用来运输砖块的自制专用车，使用它可以方便砖跺多次转运，减少破损。运砖时要把砖先码成跺，将砖车插入跺底，刹住车轮，将车子竖起来，放下砖跺推出砖车。

（5）砖夹。施工单位自制的夹砖工具，可用 φ6 钢筋锻造，一次可以夹起四块标准砖。

（6）砖笼。当施工采用塔吊时，为吊运砖块的安全而罩在砖堆外部的笼罩。

（7）料斗。料斗是采用塔吊施工时砂浆的吊运工具。料斗的大小是根据砂浆搅拌机每次的出机容量和塔吊的起重重量确定。

（8）灰斗。用 1.2 mm 厚的黑铁皮制成，也可将大的柴油桶切成两半，供砖瓦工存放砂浆用，适用于"三一"砌筑法储存砂浆。

（9）灰桶。又叫泥桶，有木制、铁制和橡胶制三种，供短距离的传递砂浆以及砖瓦工临时储存砂浆用。

2.4　砌筑砖石基础

2.4.1　建筑工程施工图识读知识

建筑工程施工图是在建筑工程上使用的能够十分准确表达建筑物外形轮廓、大小尺寸、结构构造、材料种类及施工方法的图样。

1. 总平面图

它是说明建筑物所在地理位置和周围环境的平面图。一般在总平面团上标有建筑物的外形、建筑物周围的地物、原有建筑和道路，还要表示出拟建道路、水暖、电通等地下管网和地上管线，以及测绘用的坐标方格网、坐标点位置和拟建建筑的坐标、水准点、等高线、指北针、风玫瑰等。该类图纸一般以"总施××"编号。

2. 建筑施工图

建筑施工图包括建筑物的平面图、立面图、剖面图和建筑详图，用以表示房屋的规模、层数、构造方法和细部做法等。该类图纸一般以"建施××"编号。

3. 建筑结构施工图

建筑结构施工图（也称结构施工图）包括基础平面图及详图，各楼层及屋面结构的平面图，柱、梁详图和其他结构大样图，用以表示房屋承受荷重的结构构造方法、尺寸、材料和构件的详细构造方式。该类图纸一般以"结施××"编号。

4. 水暖电道施工图

该类图纸包括给水、排水、卫生设备、暖气管道及装置、电气线路和电器安装及通风管道等的平面图、远视图、系统图和安装大样图，用以表示各种管线的走向、规格、材料和做法。该类图纸分别以"水施施××"、"电施××"、"暖施××"、"通施××"等编号。

5. 设备安装施工图

该类图纸包括位置图、总装图、各部件安装图等，用以表示机器设备的安装位置、生产工艺流程、组装方法、调试程序等。一般用于工业建筑和实验用房，民用建筑的锅炉房也应给出设备安装图。该类图纸一般以"设施××"编号。

2.4.2　砖石基础的构造知识

1. 砖石基础的砌筑工艺

准备工作→拌制砂浆→确定组砌方法→排砖摆底→收退（放脚）→正墙→检查→抹防潮层（找平层）→勾缝。

2. 砖石基础的构造

砖石基础由大放脚和基础墙组成。剖面砌成台阶形式的，称为大放脚，有等高式和间隔式两种。等高式是每两皮砖一收，每边收进 60 mm（1/4 砖长），即高为 120 mm，宽为 60 mm；间隔式是二皮一收与一皮一收相间隔，第一个台阶两皮一收，每边收进 60 mm，高为 120 mm，第二个台阶一皮一收，每边也收进 60 mm，高为 60 mm。大放脚的收台形式如图 4.2.2 所示。

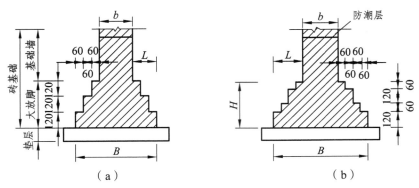

（a）　　　　　　　　　　（b）

图 4.2.2　大放脚的收台形式

2.4.3　基础大放脚砌筑工艺及操作要点

1. 砖基础砌筑

基础墙及大放脚一般采用一顺一丁的组砌方式，由于它有收台的操作过程，组砌时比墙身复杂一些。实际应用中，还要考虑灰缝的宽度。

2. 常见砖基础的组砌方式

（1）一砖墙身六皮三收等高式大放脚的组砌。

（2）一砖墙身六皮四收间隔式大放脚的组砌。

（3）壁柱基础大放脚的组砌。

（4）独立方柱基础大放脚的组砌。

3. 基础大放脚操作要点

（1）砌筑不同深度的基础时，应先砌深处，后砌浅处。基础高低相连处要砌成踏步槎，踏步的长度应不小于 1 m，其高度不大于 0.5 m。

（2）如有抗震缝、沉降缝时，缝的两侧应按弹线要求分开砌筑。砌筑时缝隙内落入的砂浆要随时清理干净。

（3）基础分段砌筑必须留踏步槎，分段砌筑的高度相差不得超过 1.2 m。

（4）基础大放脚应错缝，利用碎砖和断砖填心时，应分散填放在受力较小的、不重要的部位。

（5）基础灰缝必须密实，以防止地下水的侵入。

（6）各层砖与皮数杆要保持一致，偏差不得大于 ± 10 mm。

2.4.4　基础大放脚的质量要求

1. 主控项目

（1）砖石的品种、强度等级必须符合设计要求，并应规格一致。

（2）砂浆的品种必须符合设计要求，强度必须符合规定。

2．一般项目

（1）砌体上下错缝，每间（处）3～5 m 的通缝不超过 3 处；混水墙中长度大于等于 300 mm 的通缝每间不超过 3 处，且不得在同一墙面上。

（2）砌体接槎处砂浆密实，缝、砖平直。水平灰缝厚度应为 10 mm，不小于 8 mm，也不应大于 12 mm。

（3）拉结筋的数量、长度均应符合设计要求和施工验收规范规定。

（4）构造柱位置应正确，大马牙槎要先退后进，残留砂浆要清理干净。

3．允许偏差项目

（1）轴线位置偏移：用经纬仪或拉线检查，其偏差不得超过±10 mm。

（2）基础顶面标高：用水准仪和尺量检查，其偏差不得超过±15 mm。

（3）预留构造柱的截面：允许偏差不得超过±15 mm，用尺量检查。

（4）表面平整度和水平灰缝平直度均应符合规范要求。

2.5　砌清水墙角及细部

2.5.1　砖墙的组砌形式

用普通砖砌筑的砖墙，依其墙面组砌形式不同，常用以下三种：

（1）一顺一丁。

（2）三顺一丁。

（3）梅花丁。

2.5.2　清水墙墙角及细部的砌筑工艺和操作要点

1．清水墙墙角及细部的砌筑工艺

清水墙墙角砌筑的工艺顺序：准备工作→拌制砂浆→确定组砌方式→排砖撂底→砌筑墙身→砌筑墙身→砌筑窗台和供镟→构造柱边的边理→梁底和板底砖的处理→楼层砌筑→封山和投檐→清水墙勾缝。

2．操作要点

（1）材料合格，砂浆按配比搅拌，需阴水的砖必须阴水，否则会影响强度。

（2）灰缝要饱满、水平，宽、厚度要符合规定，竖缝千万不要有通缝，游丁走缝在允许范围内，相邻两层竖缝错开尺寸要符合规定。

（3）墙面平整竖直。

（4）框架下的隔墙必须在隔墙顶部斜砌一层砖，以防梁变形压裂砖墙。

2.5.3　清水墙墙角及细部的质量要求

清水墙砌筑时要求选用规格正确、色泽一致的砖，必要时要进行挑砖。在砌筑过程中，要严格控制水平灰逢的平直皮，更要认真注意头缝的竖向一致，避免游丁走缝，砌筑完毕要及时抠缝，可以用小钢皮或竹棍抠划，也可以用钢丝刷踢刷。抠缝深度应根据勾缝形式来确定，一般深度为 1 cm 左右。

2.6　砌清水墙、砌块墙

2.6.1　砌筑脚手架和安全操作规程的基本知识

1. 脚手架分类

按其搭设位置分为外脚手架和里脚手架两大类。

按其所用材料分为木脚手架、竹脚手架与金属脚手架。

按其构造形式分为多立杆式、框式、桥式、吊式、挂式、升降式等。

按其搭设位置分为外脚手架、里脚手架。

（1）外脚手架按搭设安装的方式有四种基本形式，即落地式脚手架、悬挑式脚手架、吊挂式脚手架及升降式脚手架。

（2）里脚手架如搭设高度不大时一般用小型工具式的脚手架，如搭设高度较大时可用移动式里脚手架或满堂搭设的脚手架。

2. 脚手架要求

对脚手架的基本要求：工作面满足工人操作、材料堆置和运输的需要；结构有足够的强度、稳定性，变形满足要求；装拆简便，便于周转使用。目前脚手架的发展趋势是采用高强度金属材料制作、具有多种功用的组合式脚手架，可以适用不同情况作业的要求。

3. 脚手架安全操作规程

（1）用于垂直运输的吊笼、滑车、绳索、刹车灯，必须满足负荷要求，牢固无损；吊运时不得超载，并需经常检查，发现问题及时修理。

（2）用起重机吊砖要用砖笼；吊砂浆的料都不能装得过满。调杆回转范围内不得有人停留，吊件落到架子上时，砌筑人员要暂停操作，并避到一边。

（3）砖、石运输车辆两车前后距离平道上不小于 2 m，坡道上不小于 10 m；装砖时要先取高处后取低处，防止垛堆倒下砸人。

（4）砌筑高度超过 1.2 m，应搭设脚手架作业。在一层以上或高度超过 4 m 时，采用里脚手架必须支搭安全网，采用外脚手架应设护身栏杆和挡脚板后方可砌筑。

（5）脚手架上堆料量不得超过规定荷载（匀布荷载不得超过 3 kN/m²，集中荷载不超过 1.5 kN/m²）。脚手架上堆砖高度不得超过 3 块侧砖，同一块脚手板上的操作人员不应超过 2 人。

（6）不得在墙上行走、不准勉强在超过胸部以上的墙体上进行砌筑，以免将墙体碰撞倒塌或上料时失手掉下造成安全事故。

2.6.2　砌筑清水墙、砌块墙的工艺知识及操作要点

准备工作→拌制砂浆→排砖摆底→盘角→确定砌筑样式→留槎和预留洞→砌筑构造柱。

2.6.3　清水墙、砌块墙的质量标准

为了保证砌块墙体的受力性能和加强其整体性，应使墙体的灰缝横平竖直、砂浆饱满、

密实，上下层砌块相互错缝搭砌。墙体的转角和纵、横墙交接处要彼此搭砌；如搭砌有困难，则设置一定数量的钢筋网或拉结条予以拉结。必要时在房屋的转角和内、外墙交接处也可采用多孔砌块，以便设置构造柱（见墙板结构），这样既加强了房屋的整体刚度，也有利于抗震。构造柱应与圈梁或房屋的其他水平构件连接。

2.7 砌毛石墙

2.7.1 毛石墙构造及材料的基本知识

1. 构 造

毛石墙是用形状不规整的石块砌筑的墙体。石料尺度约为 300 mm 或再大些，毛石墙厚度一般在 400 mm 以上，常用石灰或水泥砂浆砌筑。墙表面灰缝常加以勾勒，门窗上部需用整块长条石料作过梁或用较规则石料砌成拱券。毛石墙可作承重墙、围护墙以及勒脚和基础等。

毛石墙在构造上一般由基础、砂浆层、毛石撂底、砖墙封顶、找平层等几个部分组成。

2. 材 料

毛石墙所用材料主要包括石料、砂、水泥、水拉结筋、预埋件及其他材料。

2.7.2 毛石墙的砌筑工艺及操作要点

1. 砌筑工艺

毛石墙的砌筑工艺如图 4.2.3 所示。

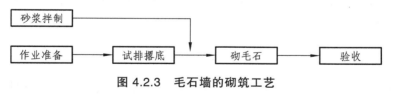

图 4.2.3 毛石墙的砌筑工艺

2. 操作要点

（1）毛石墙砌筑前，应先清扫基础面，再在基础面上弹出墙体中心线和边线。在墙体两端竖立皮数杆，在皮数杆之间拉准线，以控制每皮毛石进出位置，挂线分皮卧砌，每皮高度为 300～400 mm。

（2）砌筑时，避免出现通缝、干缝、空缝和孔洞。

（3）如果砌筑时毛石的形状和大小不一，可采用每隔一定高度大体砌平。

（4）在转角及两端交接处应用较大和较规整的垛石相互搭砌，并同时砌筑，必要时设置拉结筋。

（5）在毛石和实心砖的组合墙中，毛石墙体与砖砌体应同时砌筑，并每隔 4～6 块砖用 2～3 块丁砖与毛石墙体拉结砌合。

（6）毛石墙和砖墙相接的转角处和交接处应同时砌筑。

3. 毛石墙的质量要求

（1）毛石墙体的灰缝厚度不宜大于 20 mm。

（2）砌体的第一皮及转角处、交接处和洞口处，应用较大的平毛石砌筑。

（3）石材及砂浆强度等级必须符合设计要求。

（4）砂浆饱满度不应小于 80%。

（5）内外搭砌，上下错缝，拉结石、丁砌石交错设置。

（6）毛石墙拉结石每 0.7 m² 墙面不应少于 1 块。

2.8　铺砌地面砖

2.8.1　楼地面的构造知识

（1）楼板层：用来分隔建筑空间的水平承重构件，它在竖向将建筑物分成许多个楼层。楼板层一般由面层、结构层和顶棚层等几个基本层次组成。

（2）地面层：分隔建筑物最底层房间与下部土壤的水平构件，它承受着作用在上面的各种荷载，并将这些荷载安全地传给地基。地面层由素土夯实层、垫层和面层等基本层次组成。

楼地面的构造组成上，主要包括面层、附加层、结构层、顶棚层。

2.8.2　地砖及块材的种类、规格、性能及质量要求

1. 地砖的种类

地板砖大体分两种：室内砖和室外砖。

室内地板砖包括玻化砖、抛光砖、亚光砖、釉面砖、印花砖、防滑砖、特种防酸地砖（用于化验室等腐蚀较大的地面）。

室外地板砖包括广场砖、草坪砖。

2. 地砖的性能

（1）尺寸偏差：用游标卡尺（或直钢尺）测砖的长度、宽度及厚度（国标：指每块砖 4 个边长平均尺寸与工作尺寸的偏差）国标要求为不大于±0.6%。

（2）表面质量：将不小于 1 m² 的砖正面向上平铺好，并使其各部分光线达到一定标准，然后在规定距离内用眼目测。

3. 块材的种类

建筑工程用块材主要包括砌块、石块等。

（1）砌块是利用半机械化机具进行砌筑的一种墙体材料。

砌块可分为加气混凝土砌块、硅酸盐类的粉煤灰砌块、混凝土小型空心砌块三种。

（2）石材

从天然岩层中开采而得的毛料和加工成块状的石料统称为石块。

石材按其质地可分为火成岩、水成岩和变质岩三种。建筑工程中用的石材种类很多，常用的有天然成材和人工成材两大类。人工成材又按加工程度分为细加工胚料、粗加工毛料、一般砌筑荒料三类。

由于产地不同，石材的性能有很大的差异，一般应经过试验才能用于承重结构上。

2.8.3　地砖及块材地面的砌筑工艺及操作要点

1. 地砖及块材地面的砌筑工艺

主要包括砖铺砌地面、乱石墁地面、水泥砖/预制混凝土块的地面铺砌。

2. 操作要点

（1）砌前应将垫层清扫干净，并浇水湿润。水泥面砖须提前湿润。

（2）铺砌的顺序在室内由里向外退或从房间的中间向四周铺砌。

（3）砂浆可用 1 : 3 的水泥砂浆或混合砂浆，稠度以手捏成团不散为宜。

（4）人行道、散水处应先铺好边角处的陡砖，再铺砌中间的砖，铺砖应按排水方向留出泛水。

2.9　铺瓦屋面

2.9.1　屋面瓦的种类及规格

瓦屋面用瓦主要包括陶土瓦、水泥瓦、沥青瓦等几种。

（1）陶土瓦：根据国标《粘土瓦》（GB1170—89）规定，平瓦有Ⅰ、Ⅱ、Ⅲ三个型号，各型号的尺寸分别为 400 mm × 240 mm、380 mm × 225 mm、360 mm × 220 mm。

（2）沥青瓦：油毡瓦的规格为长 × 宽：1 000 mm × 333 mm，厚度不小于 2.8 mm。油毡瓦按规格尺寸允许偏差和物理性能分为优等品（A）、合格品（C）。

2.9.2　瓦屋面的构造知识

瓦屋面构造及防水作法历史久远，是成熟的技术。瓦屋面防水依据屋面坡度大、水向下流的道理，采取以排为主、以防为副的原则。瓦块上下、左右互为搭压，并不封闭，故为构造防水。与传统瓦屋面相比，其材料发生了变化，现在对琉璃瓦屋面一般是采用钢筋混凝土望板和轻质松软的保温层。在构造上应注意以下问题：

（1）瓦下必须作一道柔性防水层。

（2）应设防滑条。防滑条宜用薄铁弯成"L"形，上下两道防滑条相距 80 ~ 100 cm。

（3）保温层上抹水泥砂浆找平层，作柔性防水层。要求柔性防水层表面与水泥砂浆牢固连接不滑动，宜用改性沥青卷材，并有砾岩片覆面，与基层热熔满黏；也可选用丙烯酸类涂料防水。如果固定防滑条或挂瓦条穿过防水层，其防水层必须采用 4 mm 厚的改性沥青卷材。

（4）保温层设在望板下，采用硬质喷涂发泡聚氨酯，也可利用下弦吊顶板作保温设计。

（5）瓦屋面屋脊施工时，脊瓦水平搭接，瓦缝易渗水，故传统作法垒脊墙最低也要一尺高，以封盖两边瓦的收头。

2.9.3　瓦屋面的铺筑工艺及操作要点

1. 瓦屋面的铺筑工艺

基层检查合格后上瓦→挂屋面瓦→挂斜沟、斜脊→山边脊瓦→做平、斜屋脊→屋面泛水→屋面验收。

2. 平瓦屋面的操作要点

（1）挂坡面瓦挂坡面瓦时，从檐口向屋脊铺挂，从一端山墙向另一端山墙铺设。

（2）天沟、斜脊挂瓦。

（3）扣脊瓦屋脊和斜脊部位扣脊瓦的时间是在挂完平瓦之后。

（4）封檐檐口是指屋盖的下边缘。檐口的做法习惯称之为封檐。封檐的做法有两种：对于檐口挑出墙面的采用封檐板封檐；对于墙体超出屋面将檐口包住的采用女儿墙封檐。

2.10　常用检测工具的使用与维护

2.10.1　检测工具的种类

（1）钢卷尺。用于测量墙体尺寸和构配件的尺寸等。

（2）托线板和线坠。托线板和线坠用于检查墙面的垂直度。

（3）靠尺。用于检查墙体与构件的平整度。

（4）塞尺。与靠尺配合使用，可检查测定墙、柱平整度的数值偏差。

（5）水平尺。用以检查砌体水平位置的偏差。

（6）方尺。用于检查砌体转角和砖柱四角的方正程度。

（7）准线。是砌墙时拉的细线，用于检测墙体水平灰缝的平直度。

（8）百格网。用于检查砖墙灰缝砂浆的饱满程度。

（9）皮数杆。分为基础皮数杆和墙身皮数杆两种，用于控制砌体的竖向高度。

2.10.2　检测工具的规格构造

（1）钢卷尺。有 1 m、2 m、3 m、5 m、20 m、30 m、50 m 等规格。

（2）托线板，常用规格为 15 mm×120 mm×1 500 mm，板中间有一条标准墨线。

（3）靠尺。常用规格为 2～4 m 长。

（4）塞尺。其外形如图 3.3 所示，尺上的每一格表示厚度方向 1 mm。

（5）水平尺。用铁或铝合金制成，中间镶有玻璃水准管。

（6）方尺。用木材或铝合金制作，为长 200 mm 直角尺，有阴角和阳角两种。

（7）百格网。其总面积为 240 mm×115 mm，长、宽方向各切分为 10 格，共 100 个格子，一般用铁丝编制锡焊而成，也可以在有机玻璃上画格而成，如图 3.6 所示。

（8）皮数杆。

基础皮数杆用 30 mm×30 mm 的杉木制作，杆顶高出防潮层，上面划有砖的块数、地圈梁、防潮层的位置。墙身皮数杆一般用 50 mm×70 mm 大小、长 3.2～3.6 m 杉木制作，上面划有砖的块数、灰缝厚度、门窗、楼板、圈梁等的位置高度。

2.10.3　检测工具的使用方法及适用范围

1. 皮数杆

（1）基础皮数杆

一般设置在墙的转角处、内外墙交接处、楼梯间及墙面变化较大的部位，皮数杆的间距不宜超过 20 m。

皮数杆的固定：当采用混凝土垫层时，可在立皮数杆处预埋一根小木桩，再将皮数杆钉在小木桩上，如图 4.2.4 所示。另一种方法是将皮数杆砌入基础内，使其具有一定的刚度，不易变形与倾斜，如图 4.2.5 所示。

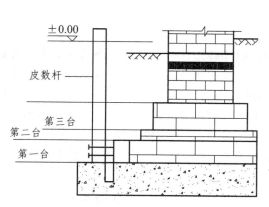

图 4.2.4　立基础皮数杆

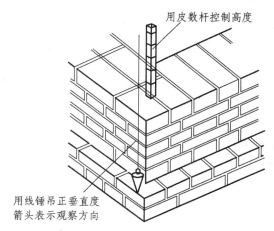

图 4.2.5　将皮数杆砌入基础

（2）墙身皮数杆

墙身皮数杆的固定方式：当采用外脚手架时，墙身皮数杆应立在墙的内侧，反之应立在墙的外侧，用线杆卡子或大铁钉固定在墙上。

2. 挂　线

砌筑工砌墙时主要依靠准线来控制墙体的平直度，所以挂线工作十分重要。

（1）外墙大角挂线

用线拴上半截砖头，挂在大角的砖缝里，然后用别线棍把线别住。别线棍的直径约为 1 mm，放在离开大角 2 ~ 4 cm 处，如图 4.2.6 所示。

（2）内墙挂线

先挂立线，再将准线挂在立线上，如图 4.2.7 所示。

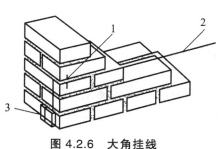

图 4.2.6　大角挂线

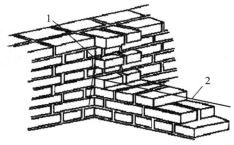

图 4.2.7　内墙挂线

（3）挑　线

当墙面较长，挂线长度超过 20 m 时，线会因自重下垂而影响线的平直度，这时要在墙身的中间砌上一块挑出 3 ~ 4 cm 的腰线砖，托住准线，然后从一端穿看线的平直，调整好后再用砖将线压住，如图 4.2.8 所示。

（4）靠尺板（托线板、弹子板）

使用时将靠尺板的一侧垂直紧靠墙面进行检测。当线锤与靠尺板上的竖直墨线重合时，表示墙面垂直；当线锤

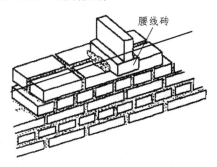

图 4.2.8　挑线

向外离开墙偏离墨线时，表示墙面向外倾斜；线锤向里靠近墙面有偏离墨线时，表示墙面向里倾斜。

（5）盘角挂线法

"三层一吊"：砌第一块砖时，铺灰摆好角砖，边揉砖边检查丁面与条面是否垂直，再砌其他砖。首层砖砌完后检查一下砖的外面是否与角砖外边顺齐，必须保证盘角成直角。砌第二和第三块砖时，按照组砌规则循环铺灰→摆揉角砖→检查（穿看）→摆揉其他砖→检查（穿看），砌好第二块和第三块砖。吊线检查：手持线锤，用视线先、后穿看垂线与三块砖形成的两个砖面是否平行、重合（即检查三皮砖是否垂直），同时用方尺检查内角是否方正。

挂准线：将线绳挂在第一块砖上。挂线后要按前述方法做好紧线、穿线、固定线和安别线棍等工作，其操作要点如前述。

留槎：准线挂好后可以按线砌中间墙，当砌完二块砖墙后，继续往上盘砌两块砖，此时应在另一方向的墙上留槎，如图 4.2.9 所示。

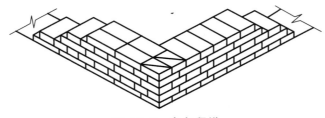

图 4.2.9　盘角留槎

"五层一靠"：盘角到五块砖后用靠尺板检查大角的垂直度（方法看前述靠尺板内容），某个面如有凹凸不平，可用刨锛柄轻击找正。

2.11　砌复杂砖石基础

2.11.1　较复杂建筑工程施工图的识读

建筑工程施工图是用来指导施工的一整套图纸，它将拟建房屋的内外形状、大小以及各部分的构造、结构、装饰、设备等，按照建筑工程制图的规定，用投影方法详细准确的表示出来。建筑工程施工图按照专业分工不同，可分为建筑施工图、结构施工图、设备施工图和电气施工图。

建筑施工图包括建筑总面积图、各层平面图、各个方向的立面图、剖面图和建筑施工详图。

建筑施工图（简称"建施"）主要表示建筑物的总体布局、外部构造、内部布置、细部构造、装修和施工要求等。

1. 总平面布置图

该图在地形图上用较小的比例画出拟建房屋和原有房屋外轮廓的水平投影、红线范围、总体布置。它反映出拟建房屋的位置及朝向、室外场地、道路、绿化等布置。其中，主要入口及新建筑 ± 0.000 标高相当于绝对标高的数值。

2. 建筑总说明图

该图反映了工程的性质、建筑面积、设计依据、本工程需要说明的各个部位的构造做法和装修做法，所引用的标准图集，对施工提出的要求，以及门窗表等。

3. 各层平面图

建筑平面图是假想用以水平剖切面沿房屋门窗洞口位置将房屋剖开，画出一个按照国家标准规定图例表示的房屋水平投影全剖图。识读方法如下：

（1）看图名、比例、指北针，了解是哪一层平面图，房屋的朝向如何。

（2）房屋平面外形和内部强的分割情况，了解房屋总长度、总宽度、房间的开间、进深尺寸、房间分布、用途、数量及相互间的联系，入口、楼梯的位置，室外台阶、花池、散水的位置。

（3）细看图中定位轴线编号及间距尺寸、墙柱与轴线的关系、内外墙上开动位置及尺寸、门的开启方向、各房间开间进深尺寸、楼里面标高。

（4）查看平面图上所给剖面的剖切符号、部位及编号，以便于剖面图对照着读；查看平面图中的索引符号、详图的位置以及选用的图集。

4. 立面图

建筑立面图是平行于建筑物个方向外表里面的正投影图。它表现出主要立面的艺术处理、造型、装修及门窗、雨棚、屋顶、地面等标高等。识读方法如下：

（1）查看图名、比例、立面外形、外墙表面装修做法与分割形式、粉刷材料的类型及颜色。

（2）查看立面图中各标高，通常著有室外标高、出入口地面、勒脚、窗门、大门、檐口、女儿墙顶标高。

（3）查看图上的索引符号。

5. 剖面图

建筑剖面图是用一个假想的竖直剖切平面垂直于外墙将房屋剖开，作出的正投影图，以表示房屋内部的楼层分层、垂直方向高度、简要的结构形式、构造及材料情况。剖面图大多剖能显露房屋内部结构和构造比较复杂、有变化、有代表性的主要入口和楼梯间出口。识读方法如下：

（1）看图名、周线编号、绘图比例。房屋各部位高度应与平面、立面图对照着读、注意各标高的位置。

（2）看楼屋面构造做法。住一个层做法的上下顺序、厚度和所用材料。

（3）查看索引剖面图中不能标示清楚的地方，如檐口、泛水、栏杆等处都注有详图索引，应该查明出处。

6. 建筑详图

建筑详图使用比较小比例绘制的建筑细部施工图，又称为大样图。它主要表现某些建筑剖面节点（如檐口、楼梯踏步、阳台、雨棚）、卫生间、楼梯平面放大图，以达到详细说明的目的。识读方法如下：

（1）看大样名称、比例、各部位尺寸。

（2）看构造做法所用材料、规格。

（3）看建筑详图时应该注意以下问题：

① 阅读外墙剖面详图时，先应该找到图所表示的建筑部位，与平面图、剖面图及立面图对照来看。看图时应该由下到上或由上而下阅读。了解各部位的详细做法和构造尺寸，并应与总说明中的材料制法表核对。

② 阅读楼梯解图时，各层平面图上所画的每一分割，表示楼段的一级。但因为楼段最高

一级的台面与平台面或楼面重合，所以平面图中每一楼段画出的踏面数，就比踏面数少一个。

2.11.2　砖、石基础的构造知识与材料要求

1. 砖基础构造

基础是建筑物埋在地面以下的承重构件，是建筑物的重要组成部分，其作用是承受上部建筑物传递下来的全部荷载，并将这些荷载连同自重传给下面的地基。

（1）砖基础的组成

砖基础由垫层、大放脚和基础墙组成。垫层可用灰土、三合土、砂浆或混凝土等做成。

基础下部扩大部分称为大放脚，有等高和不等高两种。等高式大放脚两皮一收，两边各收进 1/4 砖长；不等高式大放脚是两块一收或一块一收相间，两边各收进 1/4 砖长。

（2）墙身防潮层

为了阻断地下水沿墙身上升，保持墙身的干燥，在基础应设水平防潮层和垂直防潮层。

水平防潮层的做法有抹防水砂浆和干铺油毡（地震多发地区不宜用）两种；垂直防潮层一般先抹水泥砂浆找平墙面，再涂冷底子油一道，热沥青两道。

2. 砖基础施工技术要求

（1）砖基础的下部为大放脚、上部为基础墙。

（2）大放脚有等高式和间隔式。等高式大放脚是每砌两皮砖，两边各收进 1/4 砖长。间隔式大放脚是每砌两块砖及一块砖，轮流两边各收进 1/4 砖长，最下面应为两块砖。

（3）砖基础大放脚一般采用一顺一丁砌筑形式，即一块顺砖与一块丁砖相间，上下块垂直灰缝相互错开 60 mm。

（4）砖基础的转角处、交接处，为错缝需要应加砌配砖（3/4 砖、半砖或 1/4 砖）。

（5）砖基础的水平灰缝厚度和垂直灰缝宽度宜为 10 mm。水平灰缝的砂浆饱满度不得小于 80%。

（6）砖基础底标高不同时，应从低处砌起，并应由高处向低处搭砌。当设计无要求时，搭砌长度不应小于砖基础大放脚的高度。

（7）砖基础的转角处和交接处应同时砌筑，当不能同时砌筑时，应留置斜槎。

（8）基础墙的防潮层，当设计无具体要求，宜用 1:2 水泥砂浆加适量防水剂铺设，其厚度宜为 20 mm。防潮层位置宜在室内地面标高以下一块砖处。

3. 石基础施工技术要求

根据石材加工后的外形规则程度，石基础分为毛石基础、料石（毛料石、粗料石、细料石）基础。

（1）毛石基础截面形状有矩形、阶梯形、梯形等。基础上部宽一般比墙厚大 20 cm 以上。为保证毛石基础的整体刚度和传力均匀，每一台阶应不少于 2~3 块毛石，每阶宽度应不小于 20 cm，每阶高度不小于 40 cm。

（2）砌筑时应双挂线，分层砌筑，每层高度为 30~40 cm，大体砌平。

（3）大、中、小毛石应搭配使用，使砌体平稳。形状不规则的石块，应将其棱角适当加工后使用，灰缝要饱满密实，厚度一般控制在 30~40 mm，石块上下皮竖缝必须错开（不少于 10 cm，角石不少于 15 cm），做到丁顺交错排列。

（4）毛石基础必须设置拉结石。

（5）墙基需留槎时，不得留在外墙转角或纵墙与横墙的交接处，应离开 1.0 ~ 1.5 m 的距离。接槎应作成阶梯式，不得留直槎或斜槎。沉降缝应分成两段砌筑，不得搭接。

2.12　各种新型砌体材料的性能、特点、使用方法

新型砌体材料又被称为"绿色建材"，主要有四类：第一类是各类烧结砖产品，包括以黏土、页岩、煤矸石和粉煤灰等原料为主的烧结普通砖、多孔砖、空心砖和空心砌块；第二类是指建筑砌块、包括普通混凝土砌块、石膏砌块，轻质砌块；第三类是加气混凝土；第四类是各种轻质墙板。

其特点是：① 生产所用材料尽可能的少用天然资源，大量使用尾矿、废渣、垃圾等废弃物；② 采用低能耗制造工艺和无污染的生产技术；③ 不含汞及其化合物，不含铅，镉等化合物的颜料和添加剂；④ 产品不仅不损害健康而且有利于人体（如抗菌、灭菌、防霉、防臭、阻燃、防火、调温、放射线、抗静电等）。

2.13　砌复杂毛石墙

1. 毛石墙角构造与材料要求

毛石墙的转角处应用料石或修整的平毛石砌筑，墙角部分纵横宽度至少为 0.8 m。

在转角处，应自纵横（或横墙）每隔 4 ~ 6 块砖高度引出不小于 120 mm 的阳槎与横墙相接。在丁字交接处，应自纵横每隔 4 ~ 6 块砖高度引出不小于 120 mm 与横墙相接。

2. 毛石墙角的质量要求

（1）工作面清理：将砌筑面浮浆、残渣及其他杂物彻底清理，工作面冲洗干净并保持湿润。

（2）胶结材料铺填：保证足够的铺浆厚度，摊铺水泥砂浆应保证面石有一定的下沉幅度。

2.14　异型砖的加工及清水墙的勾缝

1. 异型砖

异型砖指产品结构体系中，非长方体形状的配砖。因异型砖具有装饰作用，建筑的外墙景观效果便可发生很大的变化。

通过生产线一次成型的异型砖从模数上讲与标砖是一致的，没有砌筑工艺上的冲突，所以在设计时，墙体的砌筑工艺无需改变，而只需要在某个结构或线条上改变效果就可以了。

常见异型砖的有双驼峰砖块、大单弧砖块、小单弧砖块等。

2. 清水墙的勾缝的工艺顺序及质量要求

清水墙勾缝的工艺流程：弹线、找规矩→开缝、补缝→门窗四周塞缝→墙面浇水→勾缝→清扫墙面→找补漏缝→清理墙面。

质量标准如下：

（1）黏结牢固，压实抹光，无开裂等缺陷。

（2）横平竖直，交接处平顺，深浅宽窄一致，无丢缝。

（3）灰缝颜色一致，砖面洁净。

2.15 铺砌地面和乱石路面

1. 地面砖的种类、规格性能及质量要求

地面砖是一种地面装饰材料，由黏土烧制而成。地面砖规格有多种，质坚、容重小、耐压耐磨，能防潮；有的经上釉处理，具有装饰作用。地面砖多用于公共建筑和民用建筑的地面和楼面。

地面砖可以分为玻化砖、抛光砖、亚光砖、釉面砖、印花砖、防滑砖、特种防酸地砖。

2. 楼地面的构造

楼地面是分隔建筑物最底层房间与下部土壤的水平构件，承受作用在其上面的各种荷载，并将这些荷载安全地传给地基。地面层由素土夯实层、垫层和面层等基本层组成。

面层又称楼面或地面，是楼板上表面的构造层，也是室内空间下部的装修层。面层对结构层起着保护作用，使结构层免受损坏；同时，也起装饰室内的作用。根据各房间的功能要求不同，面层有多种不同的做法。

3. 各种砖地面的铺筑工艺知识及操作要点

（1）工艺流程：基层清理→贴灰饼→标筋→铺结合层砂浆→弹线→铺砖→压平拔缝→嵌缝→养护。

（2）铺砖形式一般有"直行"、"人字形"和"对角线"等铺法。按施工大样图要求弹控制线，弹线时在房间纵横或对角两个方向排好砖，其接缝宽度不大于 2 mm，当排至两端边缘不合整砖时（或特殊部位），量出尺寸将整砖切割或镶边砖。排砖确定后，用方尺规方，并每隔 3～5 块砖在结合层上弹纵横或对角控制线。

（3）将选配好的砖清洗干净后，放入清水中浸泡 2～3 h 后取出晾干备用。

结合层做完弹线后，接着按顺序铺砖。 铺砖时应抹垫水泥湿浆，按线先铺纵横定位带，定位带各相隔 15～20 块砖，然后从里往外退着铺定位带内地砖，将地面砖铺贴平整密实。

（4）压平、拔缝：每铺完一个段落，用喷壶略洒水，15 min 左右用木槌和硬木拍板按铺砖顺序锤拍一遍，不得遗漏，边压实边用水平尺找平，压实后拉通线抚纵缝后横缝进行拔缝调直，使缝口平直、贯通、调缝后再用木槌拍板砸平，即将缝内余浆或砖面上的灰浆擦擦去。上述工序必须连续作业。

（5）嵌缝，养护：铺完地面砖两天后，将缝口清理干净，洒水润湿，用水泥浆抹缝、嵌实、压光，用棉纱将地面擦拭干净，勾缝砂浆终凝后，宜铺锯末洒水养护不得少于 7 d。

（6）材料要求：水泥标号不低于 425 号，砂浆强度不低于 M15，稠度 2.5～3.5 cm，块材符合现行国家产品标准及规范规定的允许偏差。

4. 乱石路面的铺筑工艺及操作要点

（1）乱石路面铺筑工艺

摊铺垫层→找规矩、设标筋→铺砌石块→嵌缝压实→养护。

（2）乱石路面的操作要点

摊铺垫层在整理好的基层上，按设计规定的垫层厚度均匀摊铺砂、煤渣或灰土，经压实后便可铺排面层块石。

5．地砖地面的质量要求

（1）表面平整度用 2m 靠尺和楔形塞尺检查，允许偏差不大于 2 mm。

（2）缝格平直拉 5 m 线检查，允许偏差不大于 3 mm。

（3）接缝高低差用尺量和楔形塞尺检查，允许偏差不大于 0.5 mm。

（4）踢脚线上口平直拉 5 m 线和尺量检查，允许偏差不大于 3 mm。

（5）板块间隙宽度不得超过设计规定宽度值。

2.16　铺筑复杂瓦屋面

2.16.1　屋面瓦的种类、规格性能及质量标准

瓦屋面的种类很多，有平瓦屋面、青瓦屋面、筒瓦屋面、石板瓦屋面、石棉水泥瓦屋面、玻璃钢波形瓦屋面、油毡瓦屋面、薄钢板瓦屋面、金属压型夹心板屋面等。

平瓦主要是指传统的黏土机制平瓦和水泥平瓦，平瓦屋面由平瓦和脊瓦组成，平瓦用于铺盖坡面，脊瓦铺盖于屋脊上。黏土平瓦及其脊瓦是以黏土压制或挤压成型、干燥焙烧而成。水泥平瓦及脊瓦是用水泥、砂加水搅拌经机械滚压成型，常压蒸汽养护后制成。

下述以黏土平瓦为例，黏土平瓦及脊瓦的规格尺寸及质量要求分别见表 4.2.1 ~ 表 4.2.7。

表 4.2.1　黏土平瓦的规格及主要规格尺寸（单位：mm）

产品类别	规格	基本尺寸						
		厚度	瓦槽	边筋	搭接部分长度		瓦抓		
			深度	高度	头尾	内外槽	压制瓦	挤出瓦	后抓有效高度
平瓦	400×240 ~ 360×220	$10 \sim 20$	$\geqslant 10$	$\geqslant 3$	$50 \sim 70$	$25 \sim 40$	具有 4 个瓦抓	保证 2 个瓦抓	$\geqslant 5$
脊瓦	$L \geqslant 300$ $b \geqslant 180$	h	l_1				d		h_1
		$10 \sim 20$	$25 \sim 35$				$> b/4$		$\geqslant 5$

表 4.2.2　黏土平瓦的尺寸允许偏差（单位：mm）

外形尺寸范围	优等品	一等品	合格品
$L(b) \geqslant 350$	± 5	± 6	± 8
$250 \leqslant L(b) < 350$	± 4	± 5	± 7
$200 \leqslant L(b) < 250$	± 3	± 4	± 5
$L(b) < 200$	± 2	± 3	± 4

表 4.2.3　黏土平瓦的表面质量要求

缺陷项目		优等品	一等品	合格品
有釉类瓦	无釉类瓦			
缺釉、斑点、落脏、棕眼、熔洞、图案缺陷、烟熏、釉缕、釉泡、釉裂	斑点、起包、熔洞、麻面、图案缺陷、烟熏	距 1 m 处目测不明显	距 2 m 处目测不明显	距 3 m 处目测不明显
色差、光泽差	色差	距 3 m 处目测不明显		

表 4.2.4　黏土平瓦的裂缝长度允许范围

产品类别	裂纹分类	优等品	一等品	合格品
平瓦	未搭接部分的贯穿裂纹	不允许		
	边筋断裂	不允许		
	搭接部分的贯穿裂纹	不允许	不得延伸至搭接部分的 1/2 处	
	非贯穿裂纹/mm	不允许	≤30	≤50
脊瓦	未搭接部分的贯穿裂纹	不允许		
	搭接部分的贯穿裂纹	不允许	不得延伸至搭接部分的 1/2 处	
	非贯穿裂纹	不允许	≤30	≤50

表 4.2.5　黏土平瓦的最大允许变形（单位：mm）

产品类别		优等品	一等品	合格品
平瓦（不大于）		3	4	5
脊瓦（不大于）　最大外形尺寸	$L(b) \geqslant 350$	6	8	10
	$250 < L(b) < 350$	5	7	9
	$L(b) \leqslant 250$	4	6	8

表 4.2.6　黏土平瓦磕碰、釉粘的允许范围

产品类别	破坏部位	优等品	一等品	合格品
平瓦、脊瓦	可见面	不允许	破坏尺寸不得同时大于 10×10	破坏尺寸不得同时大于 15×15
	隐蔽面	破坏尺寸不得同时大于 12×12	破坏尺寸不得同时大于 18×18	破坏尺寸不得同时大于 24×24
平瓦	边筋	不允许		残留高度不小于 2
	后抓	不允许		残留高度不小于 3

表 4.2.7　黏土平瓦的石灰爆裂允许范围（单位：mm）

缺陷项目	优等品	一等品	合格品
石灰爆裂	不允许	破坏尺寸不大于 5	破坏尺寸不大于 8

2.16.2　瓦屋面的构造和施工知识

　　瓦屋面防水依据屋面坡度大、水向下流的原理，采取以排为主、以防为辅的原则。瓦块上下左右互为搭压，并不封闭，故为防水构造。施工时主要做好基层、卷材层等各层面细部构造。

2.16.3　瓦屋面的铺筑工艺及操作要点

1. 保温层

（1）工艺流程。

基层清理→管根堵孔、固定→铺设聚苯板。

（2）施工要点及注意事项。

① 施工前将屋面上的尘土、杂物清理干净。

② 穿过屋面和墙面等结构层的管根部，应用豆石混凝土（内掺 3%微膨胀剂）填塞密实，将管根固定。

③ 保温板应紧靠在基层表面上，并应用干硬水泥砂浆铺平垫稳。铺贴时应设置控制线，以保证其平整度；坡屋面要求用聚合物砂浆贴严、黏牢。

④ 在已铺好的保温层上不得直接行走、运输小车，行走线路应铺垫脚手板。

⑤ 保温层施工完成后，应及时铺抹找平层，以减少受潮和进水；尤其在雨季施工，要及时采取遮盖措施。

2. 找坡、找平层施工

（1）工艺流程。

基层处理→坡度弹线→洒水湿润→打点、冲筋→施工找坡、找平层（压光）→养护→密封膏灌分格缝。

（2）施工要点及注意事项。

① 找坡、找平层施工前，要将结构层、保温层上面的松散杂物清扫干净，突出基层表面的硬块要剔平扫净。

② 找坡层施工前，要先在侧墙上弹出坡度线，并按线打点冲筋。

③ 找平层要留设分格缝，宽度 20 mm；分格缝的位置应留在板端，纵横缝的最大间距不得大于 6 m；分格缝内应嵌填密封材料。

④ 找平层与突出屋面结构的交接处和转角处，应做成圆弧形，圆弧半径 50 mm，水落口处做成略低的凹坑。

⑤ 找平层抹平、压实后，常温时在 24 h 后浇水养护，养护时间一般不小于 7 d，干燥后即可进行防水层施工。

3. 防水施工（以防水卷材为例）

（1）防水卷材施工。

（2）施工要点及注意事项。

① 基层处理：施工前将验收合格的基层表面尘土、杂物清理干净。

② 涂刷基层处理剂：将冷底子油搅拌均匀，用长把滚刷均匀涂刷于基层表面上，常温经过 4 h 后，开始铺贴卷材。

③ 附加层施工：在女儿墙、水落口、管根部、洞口、檐口、阴阳角等细部先做附加层，附加层的宽度每边为 250 mm。

④ 铺贴卷材：先在基层上弹线，然后再进行铺贴。铺贴时随放卷材随用喷灯火焰加热基

层和卷材的交界处，喷灯距加热面 300 mm 左右，经往返均匀加热，趁卷材的材面刚刚融化时，将卷材向前滚铺、粘贴，搭接部位应满黏牢固，搭接宽度为长边不小于 80 mm，短边不小于 8 mm。卷材在立面的铺贴高度从屋面做完后的面层标高。

⑤ 铺贴第二层卷材时，在第一层卷材铺好，经验收合格后，开始铺贴第二层卷材，第二层卷材铺贴的搭接缝与第一层的搭接缝错开卷材宽度的 1/2（500 mm），铺贴方法同第一层。

⑥ 热熔封边：将卷材搭接处用喷灯加热，趁热使二者黏接牢固，并挤出沥青。

4. 挂瓦条

（1）工艺流程。

基层清理→施工放线→绑扎顺水条→钉设挂瓦条→挂瓦→淋水试验→验收。

（2）施工要点及注意事项。

① 放线时，不仅要弹出屋脊线及檐口线、水沟线，还要根据屋面瓦的特点和屋面的实际尺寸，通过计算，得出屋面瓦所需的实际用量；同时，弹出每行瓦及每列瓦的位置线，便于瓦片的铺设。

② 为保证屋面达到三线标齐，应在屋檐第一排瓦和屋脊处最后一排瓦施工前进行预铺瓦，大面积屋面利用平瓦扣接的 3 mm 调整范围来调节瓦片。

③ 屋面檐口地一排瓦、山墙处瓦片以及屋脊处的瓦片必须全部固定，其余可间隔梅花状固定，需用 18 号双股铜丝穿过瓦孔系于挂瓦条上或用钢钉直接钉在挂瓦条上。

④ 排水沟部位的瓦片用手提切割机裁切，切割整齐，底部空隙用砂浆封堵密实、抹平。平瓦伸入天沟、檐沟的长度不应小于 50 mm。

2.17　砌筑砖拱

1. 拱的力学知识简介

在荷载作用下主要承受轴向压力，有时也承受弯矩而有支座推力的曲线或折线的杆形结构。拱结构由拱圈及其支座组成。

2. 拱屋面的构造知识

拱屋面是用砖将建筑物屋面结构砌成拱形，将竖向弯矩转化成砖块之间的压力，不用钢筋混凝土，适用于较小的起拱结构但其起拱太大，稳定性下降，并且造价增加；同时，起拱的大小要经过计算，选用多少强度的砖和砂浆都要经过计算。

3. 拱体的砌筑工艺、操作要点及质量要求

砖平拱砌筑时呈倒梯形，拱高有 240 mm、300 mm、360 mm，拱厚一般等于墙厚。砌筑材料应用不低于 MU7.5 的砖和不低于 M5 的砂浆。拱脚两边的墙端砌成斜面，斜面的斜度为 1/5 ~ 1/4，拱脚处退进 20 ~ 30 mm。

砖弧拱的构造与砖平拱相同，只是外形呈圆弧形。

2.18　砖砌锅炉座、烟道、大炉灶

一般常规施工顺序为先砌墙，再是炉顶，最后是炉底。烟囱及预制件根据安装先后顺序

穿插在中间；但也有的先炉底，后炉顶，主要依据各种炉型不同进行编制施工方案。如大型工业炉炉墙的砌筑和炉管的安装一般按照实际情况设计。

2.19　砖砌烟囱、烟道和水塔

1. 烟囱、烟道

识读烟囱、烟道及水塔的施工图，理解其构造、做法与材料要求。

砖烟囱高度一般在 50 m 以下，筒身用砖砌筑，筒壁坡度为 2% ~ 3%，并按高度分为若干段，每段高度不宜超过 15 m。筒壁厚度由下至上逐段减薄，但每一段内的厚度应相同。烟囱顶部应向外侧加厚，加厚部分的上部应用水泥砂浆抹出向外的排水坡，内衬到顶的烟囱，其顶部宜设钢筋混凝土的压顶板。

2. 水　塔

砌筑水塔适用于水箱容量为 30 m^3、50 m^3 的小型水塔。其优点是施工方便，设备简单，节约三大材料，便于因地制宜，就地取材。

2.20　检测工具的使用与维护

1. 水准仪、水准尺等工具的使用方法和适应范围

水准仪、水准尺广泛用于建筑行业，是测量水平高低的仪器，具有精度高、使用方便、快速、可靠等优点，在砌筑工程、大面积场地测量、楼面水平线标志、沉降观测、放线引测等中使用。

2. 大线锤、引尺架等工具使用方法和适应范围

大线锤主要用来检查砖墙、宋、垛、门窗口的面和角是否垂直，其形状为圆锥体。

方尺是用木材制成边长为 200 mm 的 90° 角尺，有阴角和阳角两种，分别用于检查砌体转角的方整程度。

第 3 章　砌筑工职业技能鉴定理论复习题

一、单项选择题

1. 有一墙长 50 m，用 1：100 的比例画在图纸上，图纸上的线段长为（　　）mm。
   A. 5　　　　　　　　B. 50　　　　　　　　C. 500　　　　　　　　D. 5 000

2. 右图所示为详图符号，下面关于该符号的论述正确的是（　　）。
   A. "3" 表示图纸页数
   B. "3" 表示被索引的图纸编号
   C. "4" 表示本页图纸编号
   D. "4" 表示被索引的图纸编号

3. 下列材料属于水硬性胶凝材料的是（　　）。
   A. 石膏　　　　　　B. 水玻璃　　　　　　C. 石灰　　　　　　D. 水泥

4. 砌体结构材料的发展方向是（　　）。
   A. 高强、轻质、节能　　　　　　　　　　B. 大块、节能
   C. 利废、经济、高强、轻质　　　　　　　D. 高强、轻质、大块、节能、利废、经济

5. 砌体转角和交界处不能同时砌筑，一般应留踏步槎，其长度不应小于高度的（　　）。
   A. 1/4　　　　　　B. 1/3　　　　　　C. 1/2　　　　　　D. 2/3

6. 雨季施工时，每天的砌筑高度不宜超过（　　）。
   A. 1.2 m　　　　　B. 1.5 m　　　　　C. 2 m　　　　　D. 4 m

7. 变形缝有（　　）种。
   A. 2　　　　　　　B. 3　　　　　　　C. 4　　　　　　　D. 5

8. 一般民用建筑是由基础、墙和柱、楼板及地面、（　　）、屋顶和门窗等基本构件组成。
   A. 独立基础　　　　B. 雨篷　　　　　C. 阳台　　　　　D. 楼梯

9. 砖砌体水平灰缝的砂浆饱满度不得小于（　　）。
   A. 75%　　　　　　B. 80%　　　　　　C. 90%　　　　　　D. 95%

10. 沉降缝与伸缩缝的不同之处在于沉降缝是从房屋建筑的（　　）在构造上全部断开。
    A. ±0.000 处　　　B. 基础处　　　　C. 防潮层处　　　　D. 地圈梁处

11. 凡坡度大于（　　）的屋面称为坡屋面。
    A. 10%　　　　　　B. 15%　　　　　　C. 20%　　　　　　D. 25%

12. 砖基础采用（　　）的组砌方法，上下皮竖缝至少错开 1/4 砖长。
    A. 一顺一丁　　　　B. 全顺　　　　　C. 三顺一丁　　　　D. 两平一侧

13. 在同一垂直面遇有上下交叉作业时，必须设安全隔离层，下方操作人员必须（　　）。
    A. 系安全带　　　　B. 戴安全帽　　　C. 穿防护服　　　　D. 穿绝缘鞋

14. 质量三检制度是指（　　）。
    A. 质量检查、数量检查、规格检查　　　B. 自检、互检、专项检
    C. 班组检查、项目检查、公司检查　　　D. 自检、互检、交接检

15. 能提高房屋的空间刚度、增加建筑物的整体性、防止不均匀沉降、温度裂缝，也可提高砌体抗剪、抗拉强度的是（　　　）。

    A. 构造柱　　　　　B. 圈梁　　　　　C. 支撑系统　　　D. 过梁

16. 一个平行于水平投影面的平行四边形在空间各个投影面的正投影是（　　　）。

    A. 两条线，一个平面　　　　　　　B. 一条线两个平面

    C. 一点、一条线、一个面　　　　　D. 两条线、一个点

17. 连接雨篷与墙的是（　　　）。

    A. 滚动铰支座　　B. 固定铰支座　　C. 固定端艾座　　D. 简支支座

18. 画基础平面图时，基础墙的轮廓线应画成（　　　）。

    A. 细实线　　　　B. 中实线　　　　C. 粗实线　　　　D. 实线

19. 纸上标注的比例是 1∶1 000 则图纸上的 10 mm 表示实际的（　　　）。

    A. 10 mm　　　　B. 100 mm　　　　C. 10 m　　　　　D. 10 km

20. 空斗砖墙水平灰缝砂浆不饱满，主要原因是（　　　）。

    A. 砂浆和易性差　　B. 准线拉线不紧　　C. 皮数杆没立直　　D. 没按"三一"法操作

21. （　　　）位于房屋的最下层，是房屋地面以下的承重结构。

    A. 地基　　　　　B. 基础　　　　　C. 地梁　　　　　D. 圈梁

22. 为了增强房屋整体的刚度和墙体的稳定性，需设置（　　　）。

    A. 构造柱　　　　B. 联系梁　　　　C. 圈梁　　　　　D. 支撑系统

23. 人民大会堂的耐久年限是（　　　）。

    A. 15～40 年　　B. 40～50 年　　　C. 50～80 年　　　D. 100 年

24. 常温下施工时，水泥混合砂浆必须在拌成后（　　　）h 内使用完毕

    A. 2　　　　　　B. 3　　　　　　C. 4　　　　　　D. 8

25. 常温下施工时，水泥砂浆必须在拌成后（　　　）h 内使用完成。

    A. 2　　　　　　B. 3　　　　　　C. 4　　　　　　D. 8

26. 砖砌体组砌要求必须错缝搭接，最少应错缝（　　　）。

    A. 1/2 砖长　　　B. 1/4 砖长　　　C. 1 砖长　　　　D. 1 砖半长

27. 拌制好的水泥砂浆在施工时，如果最高气温超过 30 ℃ 应控制在（　　　）h 内用完。

    A. 1　　　　　　B. 2　　　　　　C. 3　　　　　　D. 4

28. 可以增强房屋竖向整体刚度的是（　　　）。

    A. 圈梁　　　　　B. 构造柱　　　　C. 支撑系统　　　D. 框架柱

29. 墙砖的水平灰缝厚度和竖向灰缝宽度宜为 10 mm，但不应小于（　　　），也不应大于 12 mm。

    A. 8 mm　　　　B. 6 mm　　　　　C. 5 mm　　　　　D. 3 mm

30. 砖砌体工程检验批主控项目有（　　　）。

    A. 砖的强度，砂浆的强度，水平灰缝饱满度

    B. 轴线位移和垂直度，砖和砂浆强度

    C. 轴线位移和垂直度，水平灰缝饱满度

    D. 砖和砂浆的强度，水平灰缝饱满度，轴线位移和垂直度

31. 在结构施工图中。框架梁的代号应为（　　　）。

  A. KL   B. DL   C. GL   D. LL

32. 不能用于轴线编号的拉丁字母是（　　　　）。

  A. A. B. C   B. J. X. Y   C. I. O. Z   D. Q. X. Y

33. 建筑物构件的燃烧性能和耐火极限等级分为（　　　　）级。

  A. 2   B. 3   C. 4   D. 5

34. 砌筑砂浆按照其抗压强度分为（　　　　）级。

  A. 5   B. 6   C. 7   D. 8

35. 柱子每天砌筑高度不能超过（　　　　）m，太高会由于受压缩后产生变形，可能使柱发生偏斜。

  A. 2.4   B. 1.4   C. 3.0   D. 3.4

36. 砖与砖之间的缝，统称为（　　　　）。

  A. 施工缝   B. 沉降缝   C. 灰缝   D. 伸缩缝

37. 在普通砖砌体工程质量验收标准中，轴线位置偏移的允许偏移为不大于（　　　　）。

  A. 10 mm   B. 15 mm   C. 20 mm   D. 25 mm

38. 在普通砖砌体工程质量验收标准中，垂直度（全高小于 10 m）的允许偏移为不大于（　　　　）。

  A. 5 mm   B. 10 mm   C. 15 mm   D. 20 mm

39. 当遇到水泥标号不明或出厂日期超过（　　　　）个月时，应进行复检，按试验结果使用。

  A. 2   B. 3   C. 4   D. 5

40. 时间定额以工日为单位，每个工日工作时间按现行制度规定为（　　　　）h。

  A. 7   B. 8   C. 9   D. 10

41. 墙砖每天砌筑高度一般不得超过（　　　　），雨天不得超过 1.2 m。

  A. 1.8 m   B. 2.0 m   C. 1.5 m   D. 1.6 m

42. 一般砌筑砂浆的分层度为（　　　　）。

  A. 1 cm   B. 2 cm   C. 3 cm   D. 4 cm

43. 砂浆拌制的投料顺序为（　　　　）。

  A. 砂→水→水泥→掺和料   B. 砂→掺和料→水→水泥

  C. 砂→水泥→掺和料→水   D. 掺和料→砂→水泥→水

44. 水泥砂浆和水泥混合砂浆搅拌的时间应符合规定，不得少于（　　　　）min。

  A. 1   B. 2   C. 3   D. 4

45. 普通砖砌体砌筑用的砂浆稠度宜为（　　　　）mm。

  A. 60 ~ 80   B. 70 ~ 90   C. 90 ~ 110   D. 110 ~ 130

46. 砌筑砌块用的砂浆不低于（　　　　），宜为混合砂浆。

  A. M5   B. M10   C. M15   D. M20

47. 宽度小于（　　　　）m 的窗间墙不得留设脚手架眼。

  A. 0.5   B. 1   C. 1.5   D. 2

48. 厚度小于（　　　　）mm 的砖墙不得留设脚手架眼。

  A. 100   B. 120   C. 150   D. 200

49. 砖过梁上与过梁呈（　　　）角的三角形范围内不得留设脚手架眼。

　　A. 30°　　　　　　B. 45°　　　　　　C. 60°　　　　　　D. 90°

50. 填充墙砌块的灰缝厚度和宽度应正确，在检验批的标准间中抽查（　　　）%，且不应小于 3 间。

　　A. 5　　　　　　　B. 10　　　　　　C. 20　　　　　　D. 30

二、多项选择题

1. 尺寸标注包括（　　　）。

　　A. 尺寸界线　　　B. 尺寸线　　　　C. 尺寸起止符号　　D. 尺寸数字

2. 在施工图上要标明某一部分的高度，称为标高。标高分为（　　　）。

　　A. 相对标高　　　B. 正标高　　　　C. 绝对标高　　　　D. 负标高

3. 建筑类读图时要做到"三个结合"（　　　）。

　　A. 标高与地质相结合　　　　　　　B. 图纸要求与实际情况相结合

　　C. 图纸与说明相结合　　　　　　　D. 土建与安装相结合

4. 民用建筑按照使用功能分类，分为（　　　）。

　　A. 居住建筑　　　B. 框架建筑　　　C. 空间建筑　　　　D. 公共建筑

5. 建筑按照结构的承重方式分类，分为（　　　）。

　　A. 墙承重结构　　B. 框架结构　　　C. 钢结构　　　　　D. 空间结构

6. 建筑墙体的主要作用包括（　　　）。

　　A. 承重　　　　　B. 围护　　　　　C. 分隔　　　　　　D. 保温隔热

7. 建筑中的变形缝根据作用不同分为三种，包括（　　　）。

　　A. 伸缩缝　　　　B. 灰缝　　　　　C. 沉降缝　　　　　D. 防震缝

8. 普通黏土砖根据强度等级、耐久性能和外观质量可分为（　　　）。

　　A. 优等品　　　　B. 一等品　　　　C. 合格品　　　　　D. 不合格品

9. 空心砖的优点，以下说法正确的是（　　　）。

　　A. 能节约黏土原料 20%～30%，从而节约农业用地、燃料，降低成本

　　B. 能具有较强的抗拉性能

　　C. 能是墙体自重减轻，砌筑砂浆用量减少，提高功效，降低墙体造价

　　D. 能改善墙体保温、隔热和吸音的功能

10. 砌筑工程作业施工的技术作业条件的准备工作包括（　　　）。

　　A. 进行砌筑工程的测量放线　　　　B. 砂浆配合比经试验室确定

　　C. 办理前道工序的隐蔽验收手续　　D. 对工人进行技术交底

11. 需要掌握砖砌体的砌筑要领包括以下（　　　）方面。

　　A. 砖墙切槎最重要　　　　　　　　B. 控制水平灰缝线

　　C. 检查砌墙面垂直、平整的要领　　D. 砖墙砌筑时的技术要求

12. 为保证所砌墙面垂直，砌砖的操作要领是（　　　）。

　　A. 若要墙垂直，大角要把好　　　　B. 认真靠又吊，不差半分毫

　　C. 卧缝砂浆要铺平，内外灰口要均匀　D. 里口厚了墙外倒，外口厚了墙里跑

13. 虽然砖墙组砌形式多种多样，但它们的共同原则是（　　　）。

　　A. 砌体墙面应美观，施工操作要方便

B. 材料质量要优质，人员工艺要熟练

C. 内皮外皮需搭接，上下皮灰缝要错开

D. 砌体才能避通缝，遵守规范保强度

14. 清水墙砌完以后，应进行勾缝，下列说法正确的是（　　　）。

A. 勾缝的作用主要是保护墙体，防止外界的风雨侵入墙体内部

B. 勾缝的形式包括平缝、凹缝、斜缝、凸缝等

C. 勾缝后，应清除墙面上黏结的砂浆、灰尘等，并洒水湿润

D. 勾缝的技法包括原浆勾缝和加浆勾缝两种

15. 黏土空心砖填充墙的施工工艺，有关说法正确的是（　　　）。

A. 皮数杆要保持倾斜，划分部位要准确

B. 投料的顺序：砂→水泥→掺和料→水

C. 凡在砂浆中掺入有机塑化剂、早强剂等，应经检验和试配符合要求后，才能使用

D. 在操作过程中，如出现偏差，应随时纠正，严禁事后砸墙

16. 蒸压加气混凝土砌块填充墙的施工工艺，有关说法正确的是（　　　）。

A. 厨房、卫生间隔墙墙体底部，应现浇素混凝土坎台，高度不得小于 200 mm

B. 砌筑时必须挂线

C. 砌块宜采用铺浆法

D. 砌块转角及交接处宜同时砌筑，不得留直槎

17. 砌筑填充墙时，对相关预埋件的施工工艺，下列说法正确的是（　　　）。

A. 在砌筑填充墙时，必须把预埋在结构中的预埋拉结钢筋砌入墙体内

B. 当有抗震要求时，拉结筋深入砌块墙体内的长度不得小于 500 mm

C. 拉结筋或网片的位置应与砌块皮数相符，其规格、数量、间距、长度应符合设计要求

D. 当设计无要求时，应沿墙体高度按 400 ~ 500 mm 埋设 2φ6 拉结筋

18. 有关方（矩形）柱的施工工艺，有下列说法正确的是（　　　）。

A. 砖柱基底面不需要找平

B. 严禁包心砌

C. 独立砖柱可以留脚手架眼，可以做脚手架的依靠

D. 砌筑时，砂浆要饱满，灰缝要密实

19. 有关过梁的砌筑施工工艺，下列说法正确的是（　　　）。

A. 门窗洞口上的过梁主要用于承受上部荷载

B. 门窗洞口宽度在 4 m 以内时的非承重墙可采用砖拱过梁

C. 特殊情况下洞口宽度在 0.5 m 内也可采用平拱砖过梁

D. 一般洞口应采用钢筋混凝土过梁

20. 有关砌块施工的准备工作，下列说法正确的是（　　　）。

A. 砌块场地要做好防雨设施，可挖必要的排水沟，以防场内积水

B. 砌块不应堆放在泥地上，以防污染砌块或冬季与地面冻结在一起

C. 不同类型应分别堆放，每堆垛上应有标志以免混淆

D. 堆放高度不宜超过 5 m

21. 有关砌块安装和砌筑的要求，下列说法正确的是（　　　）。

    A. 吊装前砌块堆应浇水湿润，并将表面浮渣及垃圾扫清

    B. 镶砖的标号应不低于砌块标号

    C. 砌块安装砌筑的顺序一般为先内墙后外墙，先近后远

    D. 安装时应先吊装转角砌块，然后再安砌中间砌块

22. 有关雨季施工采取的防雨措施要求，下列说法正确的是（　　　）。

    A. 搅拌砂浆宜用粗砂

    B. 砌筑砂浆在运输过程中要遮盖

    C. 砖要大堆堆放，以便遮盖

    D. 收工时要在墙上用草席等覆盖，以免雨水将灰缝砂浆冲掉

23. 有关冬季施工的要求，下列说法正确的是（　　　）。

    A. 冬季砌墙突出的一个问题是砂浆不凝固

    B. 砖和块材在砌筑前，应清除霜、雪

    C. 冬季施工宜采用水泥砂浆或混合砂浆

    D. 使用的砂子应过筛

24. 有关砌筑工程墙身质量检查的项目和方法，下列说法正确的是（　　　）。

    A. 墙面垂直度：用米尺或钢卷尺检查

    B. 门窗洞口：每层用 2 m 长托线检查，全高用吊线坠或经纬仪检查

    C. 表面平整：用 2 m 靠尺板任选一点，用塞尺测出最凹处的读数，即为该点墙面偏差值

    D. 游丁走缝：吊线和尺量检查 2 m 高度偏差值

25. 有关砌筑工程基础质量检查的项目和方法，下列说法正确的是（　　　）。

    A. 砌体厚度：按规定的检查点数任选一点，用米尺测量墙身的厚度

    B. 轴线位移：拉紧小线，两端拴在龙门板的轴线小钉上，用米尺检查轴线是否偏移

    C. 基础顶面标高：用百分数表示，用百格网检查

    D. 水平灰缝平直度：用 10 m 长小线，拉线检查，不足 10 m 时则全长拉线检查

26. 有关普通砖砌体工程质量验收标准中质量通病防治的控制要点规定，下列说法正确的是（　　　）。

    A. 瞎缝：特殊部位应先尽进行摆砖试排、对断砌块应分散使用，确保搭砌长度在 25 mm 以上

    B. 透缝：按正确组砌方式施工，不得随意砍砖或用碎砖上墙

    C. 通缝：砌筑时应尽可能挤浆操作

    D. 灰缝大小不匀：立皮数杆要保证标高一致，盘角时灰缝要掌握均匀，砌砖时小线要拉紧，防止一层松，一层紧

27. 有关砌筑工程的一般安全知识，下列说法正确的是（　　　）。

    A. 刚参加工作的人员，必须进行安全教育后才可入场操作

    B. 正确使用防护用品，做好安全防护措施

    C. 施工现场的脚手架防护措施、安全标志和警告牌，不得擅自拆除

    D. 在脚手架上砌砖、打砖时不得面向外打，或向脚手架下扔砖块杂物

28. 有关高空作业安全知识，下列说法正确的是（　　　）。

　　A. 年满 18 周岁、经体检合格后方可从事高空作业

　　B. 距离地面 4 m 以上，工作斜面大于 60°，工作地面没有平稳立脚地方应视为高空作业

　　C. 防护用品应穿戴整齐，裤角要扎住，戴好安全帽

　　D. 高空作业区要画出禁区，挂上"闲人免进"、"禁止通过"等警示牌

29. 有关高空作业安全知识，下列说法正确的是（　　　）。

　　A. 上下两层可同时垂直作业，并不需采取防护措施

　　B. 严禁坐在高处无遮拦处休息，防止坠落

　　C. 遇到 6 级以上的风时，禁止在露天进行高空作业

　　D. 在任何情况下，不得在墙顶上工作或通行

30. 有关砌筑安全，下列说法正确的是（　　　）。

　　A. 挂线用的垂砖必须用小线绑牢固，防止坠落伤人

　　B. 使用机械要专人管理、专人操作

　　C. 墙身的砌筑高度超过地坪 1.8 m 时，应由架子工搭设脚手架

　　D. 上班前必须对使用的机具及电器设备进行检查，确认安全无误后方可施工

三、填空题

1. 绘制和识读物体的投影图，必须遵循"三等"关系，即"长＿＿＿＿＿＿＿＿＿"、"高＿＿＿＿＿＿＿＿＿"、"宽＿＿＿＿＿＿＿＿＿"。（对正、平齐、相等）

2. 一般民用建筑是由＿＿＿＿＿＿、＿＿＿＿＿＿、＿＿＿＿＿＿和＿＿＿＿＿＿等基本构件组成。（基础、墙、柱、楼层、地层、楼梯、屋顶、门、窗中任意四个为答案）

3. 普通黏土砖标准的尺寸为（长度×宽度×厚度）：＿＿＿＿×＿＿＿＿×＿＿＿＿。（240 mm×115 mm×53 mm）

4. 砖柱一般分为＿＿＿＿＿＿＿＿＿＿和＿＿＿＿＿＿＿＿＿＿两种。（附墙砖柱、独立砖柱）

5. 施工现场的四周要设置围挡，以便把工地和市区隔离开，市区主要路段的工地周围要连续设置＿＿＿＿＿＿＿＿＿＿高的围挡；一般路段设置高于＿＿＿＿＿＿＿＿＿＿的围挡。

6. 根据防水构造的不同，平屋面分为＿＿＿＿＿＿和＿＿＿＿＿＿两种形式。（柔性防水屋面、刚性防水屋面）

7. 砌筑工程常用的水泥品种有＿＿＿＿＿＿＿、＿＿＿＿＿＿＿和＿＿＿＿＿＿＿等。（普通水泥、矿渣水泥、火山灰水泥、粉煤灰水泥中任选三个为答案）

8. 基础按使用材料可分为＿＿＿＿＿＿、＿＿＿＿＿＿、＿＿＿＿＿＿和＿＿＿＿＿＿等。（砖基础、毛石基础、灰土基础、混凝土基础、钢筋混凝土基础任选四个为答案）

9. 按照定额规定的对象不同，劳动定额又分为＿＿＿＿＿＿＿＿＿＿和＿＿＿＿＿＿＿＿＿＿两种。（单项工序定额、综合定额）

10. 现场施工进度计划安排的形式，常用的有＿＿＿＿＿＿＿＿＿＿和＿＿＿＿＿＿＿＿＿＿两种形式。（横道图、网络图）

11. 运用在冬季砌筑工程的施工方法一般有四种，以改善低温对建材性能的影响，分别为＿＿＿＿＿＿＿＿＿＿、＿＿＿＿＿＿＿＿＿＿、＿＿＿＿＿＿＿＿＿＿和＿＿＿＿＿＿＿＿＿＿。（蓄热法、抗冻砂浆法、冻结法、加热法）

12. 砖基础由_____、_____和_____组成。（垫层、大方脚、基础墙）

13. 防潮层分为_____和_____；铺设防潮层时要四周交圈形成整体，不得间断或破损。（水平防潮层、垂直防潮层）

14. 窗台位于窗洞口的下部，其主要作用是_____和_____。（排水、装饰）

15. 基础按构造形式可分为_____、_____、_____和_____等。（条形基础、独立基础、筏式基础、板式基础、箱形基础、桩基础任选四个为答案）

16. 劳动定额有_____和_____两种表现形式。（时间定额、单位定额）

17. 考虑环境温度变化时对建筑物的影响而设置的变形缝为_____。（伸缩缝）

18. 砌体结构的屋面主要分为_____和_____两种形式。（平屋面、坡屋面）

19. 时间定额以工日为单位，每个工日工作时间按现行制度规定为_____小时。

20. 标高有相对标高和_____，相对标高的零点是_____。（绝对标高、±0.000）

四、判断题（正确打√，错误打×）

1. 基础必须具有足够的强度和稳定性，同时应能抵御土层中各种有害因素的作用。（　　）

2. 当砌附墙柱时，墙与垛必须同时砌筑，不得留槎。（　　）

3. 水泥储存时间一般不宜超过 3 个月，快硬硅酸盐水泥超过 1 个月应重新试验。（　　）

4. 砌块施工的准备工作中，堆垛应尽量在垂直运输设备起吊回转半径以内。（　　）

5. 冬季施工中，经受冻结脱水的石灰膏不能使用。（　　）

6. 一砖半独立砖柱砌筑时，为了节约材料，少砍砖，一般采用"包心砌法"。（　　）

7. 变形缝有伸缩缝、沉降缝、抗震缝三种。（　　）

8. 砂浆应随拌随用，水泥砂浆和水泥混合砂浆应分别在 4 h 和 8 h 内使用完毕。（　　）

9. 时间定额和产量定额间存在互为倒数的关系。（　　）

10. 120 mm 厚实心砖砌体可以作为承重墙体。（　　）

11. 小砌块应底面朝上反砌于墙上。（　　）

12. 编制施工方案实质就是选择施工方案。（　　）

13. 高层建筑要随层做消防水源管道，用直径 50 mm 的立管，设加压泵，每层留有消防水源接口。（　　）

14. 定位轴线用细点划线绘制，在建筑施工图上，横向轴线一般以①、②…表示。（　　）

15. 进度计划就是对建筑物各分部（分项）工程的开始及结束时间作出具体的日程安排。（　　）

16. 施工作业区与办公、生活区要明显划分开来，要有围挡。（　　）

17. 雨天施工应防止基槽灌水和雨水冲刷砂浆，砂浆的稠度应适当减小，每日砌筑高度不宜超过 1.2 m。收工时，应覆盖砌体表面。（　　）

18. 砂浆配合比准确是保证砂浆强度的主要因素，使用细砂或含泥量大的砂子，可以提高砂浆强度。（　　）

19. 当室外当日最低气温低于 0 ℃ 时，砌筑工程应按照"冬季施工"采取冬季施工措施。
　　　　　　　　　　　　　　　　　　　　　　　　　　　　　　　　　　（　　）

20. 普通烧结砖的尺寸为 240 mm × 115 mm × 53 mm。　　　　　　　（　　）

21. 普通房屋为三类建筑，设计使用年限为 50 年。　　　　　　　　（　　）

22. 夏天最高气温超过 30 ℃ 时，拌和好的水泥混合砂浆应在 4 h 内用完，水泥砂浆应在 3 h 内用完。　　　　　　　　　　　　　　　　　　　　　　　　　　　（　　）

23. 施工现场要有防尘、防噪音和不扰民措施，夜间未经许可不得施工。　（　　）

24. 不同品种的水泥不得混合使用。　　　　　　　　　　　　　　　　（　　）

25. 用钢筋混凝土建造的基础叫刚性基础。　　　　　　　　　　　　　（　　）

26. 砌体工程检验批的质量验收项目有：主控项目和允许偏差项目。　　（　　）

27. 填充墙，对建筑起围护和分隔作用。　　　　　　　　　　　　　　（　　）

28. MU10 表示砌筑砂浆的强度等级，其强度标准值为 10N/ mm^2。　　（　　）

29. 拌制砂浆的水应采用不含有害物质的洁净水或饮用水。　　　　　　（　　）

30. 施工现场的四周应设置围挡，以便把工地和市区隔离开来。　　　　（　　）

四、简答题

1. 施工现场标牌中要求：大门口处应悬挂"五牌一图"。问：什么是"五牌一图"？

2. 实体墙组砌中要求的砖砌体组砌原则是什么？

3. 墙体的抗震措施有哪些？各自作用有哪些？

4. 常用的砌筑检测工具有哪几种？

5. 简述"三一"砌砖操作法。

6. 建筑工程施工图可分那几类？

7. 在砌筑工程中，控制水平灰缝，砌砖操作要领是什么？

8. 砖墙砌式的共同原则是什么？

9. 砖砌体组砌方式有哪六种？

10. 简述砖墙的砌筑过程。

五、论述题

1. 砖墙砌筑时的技术要点有哪些？

2. 砌块施工的准备工作有哪些？

3. 论述雨季施工中必须采取的防雨措施。

4. 论述基础检查项目和方法。

第 4 章　砌筑工职业技能鉴定实作复习题

第一题：砌筑 240 墙，一顺一丁式，1.25 m 高；实操时间：3 h；砌筑条件：地面平整、周边无建筑物；砌筑材料：240 mm×115 mm×53 mm 规格灰砂砖。砌筑要求如下：

（1）尺寸形状：240 墙。

（2）构造做法：混水墙。

（3）实际操作：

① 按图放线；

② 立皮数杆找平基层；

③ 拌制砂浆；

④ 进行排砖；

⑤ 砌大角；

⑥ 挂线砌墙；

⑦ 对墙体进行质量检验。

（4）工具准备：需自带准线、手锤、2 m 托线板（或建筑用电子水平尺）、水平尺、划线石笔、方尺、3 m 卷尺、大铲（瓦刀）、砖刀、线锤、墨斗、铅笔、水平管、铁锹、灰桶等工具。

（5）质量标准：执行《建筑工程施工质量验收统一标准》（GB50300—2001）及《砌体工程施工质量验收规范》（GB50203—2002）。

序号	测定项目	检查标准及允许偏差	评分标准	检查方法	标准分	检测点数					得分
						1	2	3	4	5	
1	选砖		选用的砖应边角整齐、规格一致、切割正确，选错、加工错误每处扣 3 分	查看	5						
2	工艺操作规范		组砌方法不正确，无分；方法不正确，返工一次扣 2 分，返工两次无分	查看	10						
3	错缝	无通缝	超过两匹者扣 5 分，四匹以上者无分	查看	10						
4	轴线偏移	10 mm	一处超过 10 mm 者扣 2 分；两处以上超过 10 mm 或一处超过 20 mm 者无分	尺量	5						
5	墙面垂直度	5 mm	超过 5 mm 者扣 2 分，3 处以上超过 5 mm 或一处超过 8 mm 者无分	检测器和塞尺	10						

续表

序号	测定项目	检查标准及允许偏差	评分标准	检查方法	标准分	检测点数					得分
						1	2	3	4	5	
6	墙面平整度	8 mm	超过 8 mm 每处扣 1 分，三处以上超过 8 mm 或一处超过 15 mm 者无分	检测器和塞尺	10						
7	水平灰缝平直度	10 mm	超过 10 mm 每处扣 1 分，三处以上超过 10 mm 或一处超过 20 mm 以上者无分	拉线和尺	10						
8	水平缝厚度	±8 mm	10 匹砖累计超过 8 mm 者每处扣 1 分，三处以上超过 8 mm 或一处超过 15 mm 者无分	与皮数杆及尺检查	10						
9	砂浆饱满度	80%	小于 80% 每处扣 1 分，三处以上小于 80% 者无分	百格网	10						
10	工具使用维护		自带工具不齐全扣 3 分，施工后不进行清理、维护扣 2 分	查看	5						
11	安全文明施工		工完场不清无分，有事故不得分，无安全防护措施无分	查看	5						
12	工效		在规定时间内完成者得 10 分	用尺检查	10						

第二题：砌筑 120 墙，全顺式，1.25 m 高；实操时间：3 h；砌筑条件：地面平整、周边无建筑物；砌筑材料：240 mm×115 mm×53 mm 规格灰砂砖。砌筑要求如下：

（1）尺寸形状：120 墙。

（2）构造做法：混水墙。

（3）实际操作：

① 按图放线；

② 立皮数杆找平基层；

③ 拌制砂浆；

④ 进行排砖；

⑤ 砌大角；

⑥ 挂线砌墙；

⑦ 对墙体进行质量检验。

（4）工具准备：需自带准线、手锤、2 m 托线板（或建筑用电子水平尺）、水平尺、划线石笔、方尺、3 m 卷尺、大铲（瓦刀）、砖刀、线锤、墨斗、铅笔、水平管、铁锹、灰桶等工具。

（5）质量标准：执行《建筑工程施工质量验收统一标准》（GB50300—2001）及《砌体工程施工质量验收规范》（GB50203—2002）。

序号	测定项目	检查标准及允许偏差	评分标准	检查方法	标准分	检测点数					得分
						1	2	3	4	5	
1	选砖		选用的砖应边角整齐、规格一致、切割正确，选错、加工错误每处扣3分	查看	5						
2	工艺操作规范		组砌方法不正确，无分；方法不正确，返工一次扣2分，返工两次无分	查看	10						
3	错缝	无通缝	超过两匹皮者扣5分，四匹以上者无分	查看	10						
4	轴线偏移	10 mm	一处超过10 mm者扣2分；两处以上超过10 mm或一处超过20 mm者无分	尺量	5						
5	墙面垂直度	5 mm	超过5 mm者扣2分，3处以上超过5 mm或一处超过8 mm者无分	检测器和塞尺	10						
6	墙面平整度	8 mm	超过8 mm每处扣1分，三处以上超过8 mm或一处超过15 mm者无分	检测器和塞尺	10						
7	水平灰缝平直度	10 mm	超过10 mm每处扣1分，三处以上超过10 mm或一处超过20 mm以上者无分	拉线和尺	10						
8	水平缝厚度	±8 mm	10匹砖累计超过8 mm者每处扣1分，三处以上超过8 mm或一处超过15 mm者无分	与皮数杆及尺检查	10						
9	砂浆饱满度	80%	小于80%每处扣1分，三处以上小于80%者无分	百格网	10						
10	工具使用维护		自带工具不齐全扣3分，施工后不进行清理、维护扣2分	查看	5						
11	安全文明施工		工完场不清无分，有事故不得分，无安全防护措施无分	查看	5						
12	工效		在规定时间内完成者得10分	用尺检查	10						

第三题：砌筑 240 墙，三顺一丁式，1.25 m 高；实操时间：3 h；砌筑条件：地面平整、周边无建筑物；砌筑材料：240 mm×115 mm×53 mm 规格灰砂砖。砌筑要求如下：

（1）尺寸形状：240 墙。

（2）构造做法：混水墙。

（3）实际操作：

① 按图放线；

② 立皮数杆找平基层；

③ 拌制砂浆；

④ 进行排砖；

⑤ 砌大角；

⑥ 挂线砌墙；

⑦ 对墙体进行质量检验。

（4）工具准备：需自带准线、手锤、2 m 托线板（或建筑用电子水平尺）、水平尺、划线石笔、方尺、3 m 卷尺、大铲（瓦刀）、砖刀、线锤、墨斗、铅笔、水平管、铁锹、灰桶等工具。

（5）质量标准：执行《建筑工程施工质量验收统一标准》（GB50300—2001）及《砌体工程施工质量验收规范》（GB50203—2002）。

序号	测定项目	检查标准及允许偏差	评分标准	检查方法	标准分	检测点数					得分
						1	2	3	4	5	
1	选砖		选用的砖应边角整齐、规格一致、切割正确，选错、加工错误每处扣 3 分	查看	5						
2	工艺操作规范		组砌方法不正确，无分；方法不正确，返工一次扣 2 分，返工两次无分	查看	10						
3	错缝	无通缝	超过两匹者扣 5 分，四匹以上者无分	查看	10						
4	轴线偏移	10 mm	一处超过 10 mm 者扣 2 分；两处以上超过 10 mm 或一处超过 20 mm 者无分	尺量	5						
5	墙面垂直度	5 mm	超过 5 mm 者扣 2 分，3 处以上超过 5 mm 或一处超过 8 mm 者无分	检测器和塞尺	10						
6	墙面平整度	8 mm	超过 8 mm 每处扣 1 分，三处以上超过 8 mm 或一处超过 15 mm 者无分	检测器和塞尺	10						

续表

序号	测定项目	检查标准及允许偏差	评分标准	检查方法	标准分	检测点数					得分
						1	2	3	4	5	
7	水平灰缝平直度	10 mm	超过 10 mm 每处扣 1 分，三处以上超过超过 10 mm 或一处超过 20 mm 以上者无分	拉线和尺	10						
8	水平缝厚度	±8 mm	10 匹砖累计超过 8 mm 者每处扣 1 分，三处以上超过 8 mm 或一处超过 15 mm 者无分	与皮数杆及尺检查	10						
9	砂浆饱满度	80%	小于 80% 每处扣 1 分，三处以上小于 80% 者无分	百格网	10						
10	工具使用维护		自带工具不齐全扣 3 分，施工后不进行清理、维护扣 2 分	查看	5						
11	安全文明施工		工完场不清无分，有事故不得分，无安全防护措施无分	查看	5						
12	工效		在规定时间内完成者得 10 分	用尺检查	10						

第四题：大放脚工艺。实操时间：3 h；砌筑条件：地面平整、周边无建筑物；砌筑材料：240 mm × 115 mm × 53 mm 规格灰砂砖。砌筑要求如下：

（1）尺寸形状：大放脚。

（2）构造做法：放脚与基础墙一般采用一丁一顺的砌法，其基底计算公式为 $B = b + 2L$。其中，B 为大放脚的宽度，b 为正墙身的宽度，L 为放出墙角身的宽度。收退方法：一砖墙身四匹三收，共有三个台阶，每个台阶宽度为 1/4 砖长，基底宽度为 600 mm。

（3）实际操作：

① 准备（根据设计要求立皮数杆）；

② 拌制砂浆（检查砖、石、砂子是否符合要求）；

③ 确定组砌方法（等高式或者不等高式）；

④ 排砖摞底（不得改变砖的平面位置，应与皮数杆平行）；

⑤ 收退（放脚）；

⑥ 正墙角检查；

⑦ 抹找平层；

⑧ 结束。

（4）工具准备：需自带准线、手锤、2 m 托线板（或建筑用电子水平尺）、水平尺、划线石笔、方尺、3 m 卷尺、大铲（瓦刀）、砖刀、线锤、墨斗、铅笔、水平管、铁锹、灰桶等工具。

（5）质量标准：执行《建筑工程施工质量验收统一标准》（GB50300—2001）及《砌体工程施工质量验收规范》（GB50203—2002）。

序号	测定项目	检查标准及允许偏差	评分标准	检查方法	标准分	检测点数					得分
						1	2	3	4	5	
1	选砖		选用的砖应边角整齐、规格一致、切割正确，选错、加工错误每处扣 3 分	查看	5						
2	工艺操作规范		组砌方法不正确，无分；方法不正确，返工一次扣 2 分，返工两次无分	查看	10						
3	错缝	无通缝	超过两匹者扣 5 分，四匹以上者无分	查看	10						
4	轴线偏移	10 mm	一处超过 10 mm 者扣 2 分；两处以上超过 10 mm 或一处超过 20 mm 者无分	尺量	5						
5	大放脚平整度	8 mm	超过 8 mm 每处扣 1 分，三处以上超过 8 mm 或一处超过 15 mm 者无分	检测器和塞尺	10						
6	水平灰缝平直度	10 mm	超过 10 mm 每处扣 1 分，三处以上超过 10 mm 或一处超过 20 mm 以上者无分	拉线和尺	10						
7	水平缝厚度	±8 mm	10 匹砖累计超过 8 mm 者每处扣 1 分，三处以上超过 8 mm 或一处超过 15 mm 者无分	与皮数杆及尺检查	10						
8	砂浆饱满度	80%	小于 80% 每处扣 1 分，三处以上小于 80% 者无分	百格网	10						
9	工具使用维护		自带工具不齐全扣 3 分，施工后不进行清理、维护扣 2 分	查看	10						
10	安全文明施工		工完场不清无分，有事故不得分，无安全防护措施无分	查看	10						
10	工效		在规定时间内完成者得 10 分	用尺检查	10						

第五题：砌筑 240 墙，梅花丁式，1.25 m 高；实操时间：3 h；砌筑条件：地面平整、周

边无建筑物；砌筑材料：240 mm × 115 mm × 53 mm 规格灰砂砖。砌筑要求如下：

（1）尺寸形状：240 墙。

（2）构造做法：混水墙。

（3）实际操作：

按图放线；

立皮数杆找平基层；

拌制砂浆；

① 进行排砖；

② 砌大角；

③ 挂线砌墙；

④ 对墙体进行质量检验。

（4）工具准备：需自带准线、手锤、2 m 托线板（或建筑用电子水平尺）、水平尺、划线石笔、方尺、3 m 卷尺、大铲（瓦刀）、砖刀、线锤、墨斗、铅笔、水平管、铁锹、灰桶等工具。

（5）质量标准：执行《建筑工程施工质量验收统一标准》（GB50300—2001）及《砌体工程施工质量验收规范》（GB50203—2002）。

序号	测定项目	检查标准及允许偏差	评分标准	检查方法	标准分	检测点数					得分
						1	2	3	4	5	
1	选砖		选用的砖应边角整齐、规格一致、切割正确，选错、加工错误每处扣 3 分	查看	5						
2	工艺操作规范		组砌方法不正确，无分；方法不正确，返工一次扣 2 分，返工两次无分	查看	10						
3	错缝	无通缝	超过两匹者扣 5 分，四匹以上者无分	查看	10						
4	轴线偏移	10 mm	一处超过 10 mm 者扣 2 分；两处以上超过 10 mm 或一处超过 20 mm 者无分	尺量	5						
5	墙面垂直度	5 mm	超过 5 mm 者扣 2 分，3 处以上超过 5 mm 或一处超过 8 mm 者无分	检测器和塞尺	10						
6	墙面平整度	8 mm	超过 8 mm 每处扣 1 分，三处以上超过 8 mm 或一处超过 15 mm 者无分	检测器和塞尺	10						
7	水平灰缝平直度	10 mm	超过 10 mm 每处扣 1 分，三处以上超过 10 mm 或一处超过 20 mm 以上者无分	拉线和尺	10						

续表

序号	测定项目	检查标准及允许偏差	评分标准	检查方法	标准分	检测点数					得分
						1	2	3	4	5	
8	水平缝厚度	±8 mm	10 皮砖累计超过 8 mm 者每处扣 1 分,三处以上超过 8 mm 或一处超过 15 mm 者无分	与皮数杆及尺检查	10						
9	砂浆饱满度	80%	小于 80% 每处扣 1 分,三处以上小于 80% 者无分	百格网	10						
10	工具使用维护		自带工具不齐全扣 3 分,施工后不进行清理、维护扣 2 分	查看	5						
11	安全文明施工		工完场不清无分,有事故不得分,无安全防护措施无分	查看	5						
12	工效		在规定时间内完成者得 10 分	用尺检查	10						

第 5 篇
抹灰工职业技能鉴定

第 1 章　抹灰工职业技能鉴定知识目录

鉴定范围				鉴定点		
一级		二级		序号	名称	重要程度
名称	鉴定比重/%	名称	鉴定比重/%			
基础知识	30	抹灰工程的分类与组成	5	1	抹灰工程的分类	X
				2	抹灰工程的组成及作用	X
		抹灰工程的主要原材料	5	1	抹灰工程的主要原材料质量要求	X
		抹灰砂浆	5	1	常用抹灰砂浆的选用	Y
		抹灰工实训工具及实训材料	5	1	实训工具的种类及选用	X
				2	抹灰工常用的实训材料	X
		抹灰工具及材料使用注意事项	5	1	抹灰工具及材料使用注意事项	X
		抹灰工实训操作要求	5	1	抹灰工实训操作要求	X
专业知识	70	一般抹灰	25	1	一般抹灰的施工工艺	X
				2	一般抹灰的施工要点	X
				3	质量问题与防治措施	Y
		装饰抹灰	15	1	水刷石施工的施工工艺	X
				2	水刷石施工的施工要点	X
				3	水刷石施工的质量问题与防治措施	Y
			15	4	干粘石施工的施工工艺	X
				5	干粘石施工的施工要点	X
				6	干粘石施工的质量问题与防治措施	Y
			10	7	斩假石施工的施工工艺	X
				8	斩假石施工的施工要点	X
			5	9	装饰抹灰工程的质量验收	X

6

第 2 章　抹灰工职业技能鉴定复习要点

抹灰工程是指用石灰砂浆、水泥砂浆、水泥混合砂浆、聚合物水泥砂浆和麻刀灰、纸筋灰、石膏灰等抹灰材料，涂抹在房屋建筑的墙、地、顶棚、表面上的一种传统做法的装饰工程。其作用主要是保护主体结构免受侵蚀，提高主体结构的耐久性，并增强美观、舒适的效果。抹灰工程是工业与民用建筑装饰装修分部工程的主要内容，是建筑艺术表现的重要部分。

抹灰工是指对建筑物表面（屋面、地面、内墙面、外墙面等）涂抹灰浆以保护或装饰建筑物的工程施工人员。

2.1　抹灰工程的分类与组成

2.1.1　抹灰工程的分类

抹灰工程按房屋标准、操作工序和质量要求的不同分为普通抹灰和高级抹灰。

普通抹灰一般要求设置标筋，分层（一层底层、一层中层和一层面层）赶平、修整，适用于一般居住、公共房屋以及建筑物中的地下室、储藏室等。高级抹灰要求阳角找方，设置标筋，分层赶平、修整、表面压光，适用于大型公共建筑物、纪念性建筑物（如剧院、礼堂、展览馆和高级住宅等）以及有特殊要求的高级建筑等。

抹灰工程按房屋建筑部位可分为顶棚抹灰、墙面抹灰和地面抹灰，又可分为室内抹灰、室外抹灰。室内抹灰包括顶棚、墙面、台面、踢脚、地坪、楼梯以及浴池等部位的抹灰。室外抹灰包括墙面、檐口平顶、窗台、腰线、阳台、雨篷、阳沟以及勒脚等部位的抹灰。

按装饰效果的不同可分为一般抹灰和装饰抹灰。一般抹灰又可分为普通抹灰、终极抹灰和高级抹灰；装饰抹灰又可分为水刷石、斩假石、干粘石、水磨石、喷涂等。

2.1.2　抹灰工程的组成及作用

抹灰工程一般分为底层、中层和面层三个层次，如图 5.2.1 所示。

底层主要起与基层粘结和初步找平的作用，使用的砂浆稠度一般为 100 ~ 120 mm。中层的作用主要是找平，在饰面安装中起找平和粘结面层的作用，使用的砂浆稠度一般为 70 ~ 80 mm。面层的作用主要是装饰，兼有防风化、抗侵蚀的作用。

2.2　抹灰工程的主要原材料

1．水　泥

水泥是无机水硬性胶凝材料，是抹灰施工最主要的材

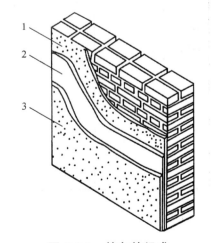

图 5.2.1　抹灰的组成

1—底层；2—中层；3—面层

料之一。水泥加水调成塑浆状，经过一段时间的物理和化学变化后，逐渐变稠失去塑性，称为水泥初凝；完全失去塑性开始具有强度时，称为水泥终凝。国家规定水泥初凝时间不少于 45 min，终凝时间不少于 12 h。目前生产的硅酸盐水泥初凝时间不少于 1~3 h，终凝时间不少于 5~8 h。

常用水泥的品种有硅酸盐水泥、普通硅酸盐水泥、火山灰硅酸盐水泥、粉煤灰硅酸盐水泥等。水泥的强度等级常用的有 32.5、42.5、42.5R、52.5、52.5R、62.5、62.5R 级等。

2．砂

砂是岩石风化后的产物，由不同粒径的矿物颗粒混合组成，是抹灰砂浆的骨料。砂按粒径分粗砂、中砂、细砂和特细砂。

砂的质量要求：含泥量不超过 5%，杂物不宜过多，用于底层抹灰的中砂需经 5 mm 筛，用于中层抹灰的中砂需经 3 mm 筛。

3．石　灰

石灰是以碳酸钙为主要成分的石灰岩，经高温煅烧而成的白色块状材料，主要成分是氧化钙，也称为生石灰。生石灰在池中加入充足的水，使石灰充分熟化，并经筛子过滤将杂质滤出，灰浆注入池中沉淀，水滤走后即为熟石灰。

石灰因其质量不同，熟化的速度也不一样，欠火的石灰熟化较慢，在施工中或完工后会造成抹灰层的隆起或开裂，影响工程质量。为避免出现以上现象，抹灰用石灰膏应在灰池中"陈伏"半个月以上，让其充分熟化。用于罩面抹灰的石灰膏熟化时间不应少于 30 d，使用时不得含有未熟化颗粒和其他杂物。

4．水

水一方面与水泥起化学反应，另一方面起润滑作用，是砂浆具有良好的流动性。水的用量应适当，过多或过少都会影响抹灰砂浆的强度。工程用水应选用饮用水，也可采用干净的河水、湖水或地下水。

2.3　抹灰砂浆

一般抹灰常用砂浆的选用如表 5.2.1 所示。

表 5.2.1

砂浆名称	每立方米砂浆材料用量						适用对象及其基层种类
	配合比	32.5 号水泥/kg	石灰膏/kg	净细砂/kg	纸筋/kg	麻刀/kg	
水泥砂浆（水泥∶砂浆）	1∶1	760		860			外墙、内墙、门窗洞口等的外侧壁；屋檐、勒脚的外檐墙；湿度较大的房间、地下室；混凝土板和墙的底层
	1∶1.5	635		715			
	1∶2	550		622			
	1∶2.5	485		548			
	1∶3	405		458			

续表 5.2.1

砂浆名称	每立方米砂浆材料用量						适用对象及其基层种类
	配合比	32.5 号水泥/kg	石灰膏/kg	净细砂/kg	纸筋/kg	麻刀/kg	
混合砂浆（水泥：石灰膏：砂）	1：0.5：4	303	175	1 428			外墙、内墙、门窗洞口等的外侧壁；屋檐、勒脚的外檐墙；湿度较大的房间、地下室；混凝土板和墙的底层
	1：0.5：3	368	202	1 300			
	1：1：2	320	326	1 360			
	1：1：4	276	311	1 302			
	1：1：5	241	270	1 428			
	1：1：6	203	230	1 428			
	1：3：9	129	432	1 372			
	1：0.5：5	242	135	1 428			
	1：0.3：3	391	135	1 372			
	1：0.2：2	504	110	1 190			
石灰砂浆（石灰：砂）	1：1		621	644			内墙面
	1：2		621	1 288			
	1：2.5		540	1 428			
	1：3		486	1 428			
水泥石灰麻刀砂浆（水泥：石灰膏：砂）	1：0.5：4	302	176	1 428		16.60	板条、金属网顶棚的底层和中层
	1：1：5	241	240	1 428		16.60	

2.4　抹灰工实训工具及实训材料

2.4.1　实训工具

抹灰工实训常用机具及工具有小型搅拌机、铁锹、灰桶、铁抹子、木抹子、托灰板、刮尺、靠尺、方尺、托线板、尼龙线、洒水壶、扫帚等。其中，铁抹子用于基层打底和罩面层灰、收光；托灰板用于抹灰时承托砂浆；木抹子用于打磨砂浆密实、平整；托线板用于抹灰前先检查墙面的垂直和平整度；靠尺用于控制墙面平整度。

抹灰工常用工具如图 5.2.2 所示。

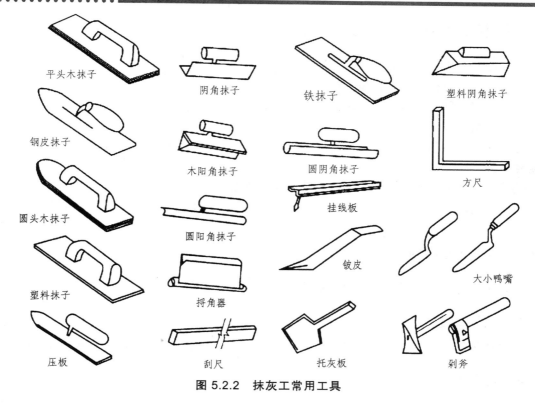

平头木抹子　　阴角抹子　　铁抹子　　塑料阴角抹子

钢皮抹子　　木阳角抹子　　圆阴角抹子　　方尺

圆头木抹子　　圆阳角抹子　　挂线板

塑料抹子　　捋角器　　铍皮　　大小鸭嘴

压板　　刮尺　　托灰板　　剁斧

图 5.2.2　抹灰工常用工具

2.4.2　实训材料

抹灰工实训需用材料如表 5.2.2 所示。

表 5.2.2　抹灰工实训材料

材料名称	规格	备注
石灰粉	—	无结块，熟化时间大于 15 d
中砂	过筛	含泥量小于 5%
纸筋灰	3 mm 过筛	

2.5　抹灰工具及材料使用注意事项

（1）认识抹灰工施工常用工具和机械设备，阅读设备操作使用说明书，做好工具、机具的保养和维修工作。

（2）检查石灰粉、砂子等原材料质量，要符合规范要求。

（3）材料的运输、储存、使用等过程中必须采取有效措施来抑制扬尘；含有灰砂等建筑材料的垃圾不得随意扫入或冲入排水沟，防止环境污染。

（4）实训成果考核验收结束，抹灰将全部铲除，灰浆、砂等归类堆放，操作现场打扫干净。

（5）操作结束后应将工具清洗、擦干并收好。

2.6　抹灰工操作技术要求

（1）操作前应对基层进行处理，洒水湿润。

（2）抹灰前应检查标志块是否符合要求。

（3）砂浆拌制应均匀一致，根据天气和基层选择合适的砂浆稠度。

（4）砂浆层应平整、垂直、无接槎。面层压光应光滑，阴阳角顺直。

（5）抹灰层与基层之间及各抹灰层之间必须粘结牢固，抹灰层应无脱落、空鼓、面层无爆灰和裂缝。

（6）抹灰分格缝的宽度和深度应均匀，表面应光滑，棱角应整齐顺直，内高外低。

（7）使用电动机具时，应严格按照指导老师讲解、示范的动作进行操作，注意安全。

2.7　一般抹灰工程

一般抹灰的施工顺序应遵循"先室外后室内、先上面后下面、先顶棚后墙地"的原则。

2.7.1　施工工艺

一般抹灰的施工工艺为：基层处理→做灰饼、冲筋→抹底层灰→抹中层灰→抹罩面灰。

2.7.2　施工要点

1．做灰饼、标筋

抹灰操作应保证其平整度和垂直度。施工中常用的抹灰操作应保证其平整度和垂直度。施工中常用的手段是手段是做灰饼和标筋，如图 5.2.3 所示。

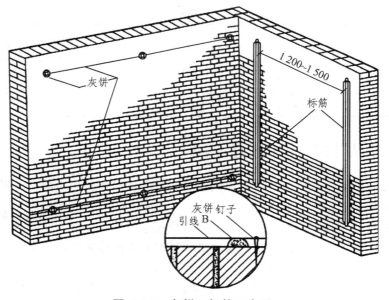

图 5.2.3　灰饼、标筋示意图

做灰饼是在墙面的一定位置上抹上砂浆团，以控制抹灰层的平整度、垂直度和厚度。

标筋（也称冲筋）是在上下灰饼之间抹上砂浆带，同样起控制抹灰层平整度和垂直度的作用。

2．抹底层灰

标筋达到一定强度后（刮尺操作不致损坏或七至八干）即可抹底层灰。

抹底层灰可用托灰板盛砂浆，用力将砂浆推抹到墙面上，一般应从上而下进行。

3．抹中层灰

底层灰 7 ~ 8 成干（用手指按压有指印但不软）时即抹中层灰。操作时一般按自上而下、从左向右的顺序进行。

4．抹面层灰

在中层灰 7 ~ 8 成干后即可抹罩面灰。先在中层灰上洒水，然后将面层砂浆分遍均匀抹涂上去，一般也应按从上而下、从左向右的顺序。抹满后用铁抹子分遍压实压光。

5．阴阳角抹灰

用阴阳角方尺检查阴阳角的直角度，并检查垂直度，然后定抹灰厚度，浇水湿润。

用木制阴角器和阳角器分别进行阴阳角处抹灰，先抹底层灰，使其基本达到直角，再抹中层灰，使阴阳角方正。

6．顶棚抹灰

顶棚抹灰的顺序宜从房间向门口进行。

抹底层灰前，应清扫干净楼板底的浮灰、砂浆残渣，清洗掉油污以及模板隔离剂，并浇水湿润。

抹底层灰时，抹压方向应与模板纹路或预制板板缝相垂直，将砂浆挤入板条缝或网眼内。

抹中层灰时，抹压方向应与底层灰抹压方向垂直。抹灰应平整。

2.7.3　质量问题与防治措施

一般抹灰常见质量问题是墙面空鼓和裂缝。

1．主要原因

（1）基层处理不好，清扫不净，浇水不匀、不足。

（2）不同材料交接处未设加强网或加强网搭接宽度过小。

（3）原材料质量不符合要求，砂浆配合比不当。

（4）墙面脚手架眼填塞不当。

（5）一层抹灰过厚，各层之间间隔时间太短。

（6）养护不到位，尤其在夏季施工时。

2．预防措施

（1）基层应按规定处理好，浇水应充分、均匀。

（2）按要求设置并固定好加强网。

（3）严格控制原材料质量，严格按配合比配合和搅拌砂浆。

（4）认真填塞墙面脚手架眼。

（5）严格分层操作并控制好各层厚度，各层之间的时间间隔应充足。
（6）加强对抹灰层的养护工作。

2.7.4　质量验收

１．主控项目

（1）抹灰前基层表面的尘土、污垢、油渍等应清除干净，并应洒水湿润。

（2）一般抹灰所用材料的品种和性能应符合设计要求。

（3）抹灰工程应分层进行。

（4）抹灰层与基层之间及各抹灰层之间必须粘结牢固，抹灰层应无脱落、空鼓，面层应无爆灰和裂缝。

２．一般项目

（1）一般抹灰工程的表面质量应符合规定。

（2）护角、孔洞、槽、盒周围的抹灰表面应整齐、光滑，管道后面的抹灰表面应平整。

（3）抹灰层的总厚度应符合设计要求：水泥砂浆不得抹在石灰砂浆上；罩面石膏灰不得抹在水泥砂浆上。

（4）抹灰分格缝的设置应符合设计要求，宽度和深度应均匀，表面应光滑，棱角应整齐。

（5）有排水要求的部位应做滴水线（槽）。

（6）一般抹灰工程质量的允许偏差和检验方法应符合规定。

2.8　装饰抹灰工程

2.8.1　水刷石施工

１．施工工艺

水刷石的施工工艺流程为：抹灰中层验收→弹线、粘分格条→抹面层水泥石子浆→冲洗→起分格条、修整→养护。

２．施工要点

（1）弹线、粘分格条弹线。

（2）抹水泥石子。

（3）冲洗。

（4）起分格条、修整。

３．质量问题与防治措施

常见质量问题是水刷石面层空鼓和水刷石面层石渣不均匀或脱落，面层浑浊不清。

（1）主要原因

① 基层处理不好，清扫不干净，浇水不匀，影响底层砂浆与基层的黏结性能。

② 一次抹灰太厚或各层抹灰跟得太紧。

③ 水泥浆刮抹后，没有紧跟抹水泥石子浆，影响粘结效果。

④ 夏季施工，砂浆失水太快，或没有适当浇水养护。

⑤ 石子使用前没有洗净过筛。

⑥ 分格条粘贴操作不当。

⑦ 底子灰干湿度掌握不好，水刷石面层胶合时，底子太软。

⑧水泥石子浆干得快，抹子没压均匀或没压好。

⑨ 冲洗太早。

⑩ 冲洗过迟，面层已干，遇水后石粒易崩落，而且洗不干净，面层浑浊不清晰。

（2）预防措施

① 抹灰前，应将基层清扫干净，浇水时应均匀。

② 底子灰不能抹得太厚，应注意各层之间的间隔时间。

③ 水泥浆结合层刮抹后应及时抹水泥石子浆，不能间隔。

④ 分格条必须使用优质木材，粘贴前应在水中浸分格条，粘贴时两边应以 45°抹素水泥浆，保证抹灰和起条方便。

⑤ 抹水泥石子浆时应掌握好底子灰的干湿程度，防止有假凝现象，造成不易压实抹平，在水泥石子浆稍收水后，要多次刷压拍平，使石子在灰浆中转动，达到大面朝下，排列紧密均匀。

2.8.2　干粘石施工

1．施工工艺

干粘石的施工工艺流程为：抹灰中层验收→弹线、粘分格条→抹粘结层砂浆→撒石粒、拍平→起分格条、修整。

2．施工要点

（1）抹粘结层砂浆。浇水湿润，刷素水泥浆一道，抹水泥砂浆粘接层。

（2）撒石粒、拍平。在粘结层砂浆干湿适宜时可以用手甩石粒，然后用铁抹子将石粒均匀拍入砂浆中。

（3）修整。

2.8.3　斩假石施工

斩假石又称剁斧石，其做法是先抹水泥石子浆，待其硬化后用专用工具斩水泥石子浆，使其具有仿天然石纹的纹路。

1．施工工艺

斩假石的施工工艺流程为：抹底层、中层灰→弹线、粘分格条→抹面层水泥石子砂浆→养护→斩剁石纹→清理。

2．施工要点

斩假石的中层灰应采用 1∶2 水泥砂浆，操作同一般抹灰。中层灰 6～7 成干后，按设计要求弹线、粘分隔条，浇水湿润，满刮水灰比 0.37～0.40 的素水泥浆一道，然后抹水泥石子浆。

2.8.4　质量验收

1．主控项目

主控项目同一般抹灰工程。

2．一般项目

（1）装饰抹灰工程的表面质量应符合下列规定：

① 水刷石表面应石粒清晰、分布均匀、紧密平整、色泽一致，应无掉粒和接槎痕迹。

② 斩假石表面剁纹应均匀顺直、深浅一致，应无漏剁处；阳角处应横剁并留出宽窄一致的不剁边条，棱角应无损坏。

③ 干粘石表面应色泽一致、不漏浆、不漏粘，石粒应粘结牢固、分布均匀，阳角处应无明显黑边。

④ 假面砖表面应平整、沟纹清晰、留缝整齐、色泽一致，应无掉角、脱皮、起砂等缺陷。

（2）装饰抹灰分格条（缝）的设置应符合设计要求，宽度和深度应均匀，表面应平整光滑，棱角应整齐。

（3）有排水要求的部位应做成滴水线（槽），滴水线（槽）应整齐顺直，滴水线应内高外低，滴水槽的宽度和深度均不应小于度和深度均不应小于 10 mm。

（4）装饰抹灰工程质量的允许偏差和检验方法应符合规定。

第3章 抹灰工职业技能鉴定理论复习题

一、判断题（正确打√，错误打×）

1. 房屋建筑图是采用正投影的方法画出的。 （ ）
2. 图纸上标注比例是 1：20，即图上尺寸比实际物体缩小 1/10。 （ ）
3. 从平面图中，可以清楚地看到房屋的长度和宽度以及门、窗等洞口位置。 （ ）
4. 建筑总平面图是说明建筑物所在地理位置和周围环境的"整体布置图"。 （ ）
5. 建筑详图是各建筑部位具体构造的施工依据。 （ ）
6. 墙面抹灰装饰层的厚度一般在施工图中不直接用图标出。 （ ）
7. 加防水剂的防水砂浆拌制，是先将水泥和砂搅拌均匀，然后加入防水剂。 （ ）
8. 防水砂浆常用于地下室、水塔等需抹防水层的部位。 （ ）
9. 需要防水的部位要采用掺防水剂或防水粉的防水砂浆，不得用一般水泥砂浆。 （ ）
10. 房屋中的隔墙主要起分隔作用。 （ ）
11. 房屋中的承重墙只起承重作用。 （ ）
12. 房屋中圈梁与过梁的作用是相同的。 （ ）
13. 物体的颜色只有在光的照射之下才会显示出来。 （ ）
14. 班组是企业基本单位，是企业的细胞，班组建设很重要。 （ ）
15. 生产班组的材料管理包括材料的使用和保管两部分。 （ ）
16. 班组是培养和锻炼工人队伍的主要阵地。 （ ）
17. 全面质量管理是以预防为主的管理。 （ ）
18. 认真做好每道工序质量，才能保证产品质量。 （ ）
19. 用活模抹灰线必须两边都用靠尺，模靠在两边靠尺上抹出。 （ ）
20. "喂灰板"是抹制罩面灰时所用的上灰工具。 （ ）
21. 抽筋圆柱是在柱面上嵌有凹槽的圆柱。 （ ）
22. 顶棚灰线抹灰中的接阴角与接阳角都是对灰线转角的接头处理。 （ ）
23. 天沟、压顶、遮阳板按投影面积，以 m² 计。 （ ）
24. 内墙抹灰工程量计算时要扣除所有的孔洞面积。 （ ）
25. 砂浆的易性包括粘结力和强度两个方面。 （ ）
26. 若石膏需缓慢凝固时，可掺入少量磨细的、未经煅烧的石膏。 （ ）
27. 建筑石膏的耐水性和抗冻性差，但耐火性较好。 （ ）
28. 在水泥砂浆的抹灰层上，不可直接抹上石膏砂浆。 （ ）
29. 洗刷水刷石阳角时，应待两层收水后，用刷子蘸水往内刷。 （ ）
30. 水刷石施工阴角要分两次做，做完一面之后，再做另一面。 （ ）
31. 剁假石抹灰，在两层混合砂浆搓平后，应等其干燥后用扫帚扫出条纹。 （ ）

32. 剁假石抹平后，最后用软质扫帚顺剁纹方向清扫一遍。　　　　　（　　）

33. 斩假石斩剁时，面层要干燥，但斩剁完后要洒水湿润。　　　　　（　　）

34. 白水泥水刷石的操作方法与普通水刷石相同，但冲洗石子时水流应比普通水刷石快些。　　　　　（　　）

35. 现浇水磨石楼梯磨光步骤和遍数与地面大面积水磨石相同。　　　　（　　）

36. 玻璃锦砖表面光滑、不吸水、外露面大、粘结面小，与铺贴陶瓷砖所不同。　　　　　（　　）

37. 玻璃锦砖如表面污染较严重，可使用酸碱溶液洗涤。　　　　　（　　）

38. 防水砂浆最后一道抹完后，应待其凝固后，立即刷防水水泥浆。　　　（　　）

39. 防水砂浆操作时，第一层刷防水水泥浆，待其达到强度后，再抹第二层防水砂浆。　　　　　（　　）

40. 防水砂浆如需留施工缝，一般应留在阴角处。　　　　　（　　）

41. 顶棚抹灰要在抹完灰线后进行，这样能较好地控制顶棚抹灰层的厚度和平整度，保证在线与顶棚抹灰交圈。　　　　　（　　）

42. 室内外抹灰施工，在特殊情况下可采取自下而上的方式施工。　　　（　　）

43. 保温砂浆抹好整平后，用木抹子搓平、搓实，这样能提高保温性能。　（　　）

44. 石膏花饰可用于室内外装饰。　　　　　（　　）

45. 编制施工方案的目的就是排好总的施工顺序。　　　　　（　　）

46. 重晶石砂浆是用来抹耐磨部位的。　　　　　（　　）

47. 重晶石砂浆抹完后，为防止产生裂缝，应立即进行浇水养护。　　　（　　）

48. 耐酸砂浆拌制，先将氟硅酸钠和耐酸砂、耐酸粉进行拌和，再加入水玻璃。　　　　　（　　）

49. 水玻璃配制的砂浆，主要用于耐酸、耐热、有防水等要求的工程上。　（　　）

50. 涂抹耐酸砂浆，应按同一方向抹成，不允许来回涂抹。　　　　（　　）

51. 沉降缝是为了适应地基沉降不同情况而设置的缝隙。　　　　（　　）

52. 湿度伸缩是为了适应建筑因湿度变化而设置的缝隙。　　　　（　　）

53. 比例尺是刻有不同比例的三棱直尺，又称三棱尺。　　　　（　　）

54. 绘图铅笔一般用代号"H"、"B"、"HB"表示软硬，"B"表示淡而硬。　（　　）

55. 施工人员认为施工图设计不合理，可以进行适当修改。　　　　（　　）

56. 绘制房屋建筑图时，一般先画平面图然后画立面图和剖面图等。　　（　　）

57. 膨胀珍珠岩砂浆抹灰前墙面应充分润湿。　　　　　（　　）

58. 看施工图，一定要把平面图、立面图、剖面图结合起来，搞清三者关系。（　　）

59. 膨胀珍珠岩砂浆在抹完底子灰后，可在 6 h 后抹中层灰。　　　（　　）

60. 按照国家标准，图纸标高和总平面图尺寸以米为单位。　　　　（　　）

61. 图纸上标注比例是 1：15 即表示图上尺寸是实际物体的 1/15。　　（　　）

62. 生产进度是施工生产的中心。　　　　　（　　）

63. 加防水剂防水砂浆的拌制，是先将水泥和砂搅拌均匀，然后加入防水剂。（　　）

64. 花饰的安装方法有粘贴法、木螺丝固定法、螺栓固定法三种。　　（　　）

65. 底层抹灰主要起着与基层粘结和初步找平的作用。　　　　（　　）

66. 抹灰通常由底层、中层、面层组成。　　　　　　　　　　　　（　　）

67. 使用砂浆搅拌机，要先将料倒入拌筒中再接通搅拌机电源。　（　　）

68. 室外墙面抹灰分格的目的就是为了美观。　　　　　　　　　　（　　）

69. 普通硅酸盐水泥和硅酸盐水泥是同一品种水泥。　　　　　　　（　　）

70. 每遍抹灰太厚或各层抹灰间隔的时间太短容易引起抹灰层开裂。（　　）

71. 全面质量管理是企业全体人员参加的管理。　　　　　　　　　（　　）

72. 粒状喷涂时应连续操作，不到分格缝处不得停歇。　　　　　　（　　）

73. 建筑物墙身的轴线，就是墙身的中心。　　　　　　　　　　　（　　）

74. 防水砂浆如需留施工缝，一般应留在阴角处。　　　　　　　　（　　）

75. 材料的经济核算就是讲求材料经济效益，指投入与产出、费用与效用的比较。
　　　　　　　　　　　　　　　　　　　　　　　　　　　　（　　）

76. 砂浆的流动性即稠度与用水量、骨料粗细等有关，但与气候无关。（　　）

77. 贮存期超过三个月的水泥，仍可按原标号使用。　　　　　　　（　　）

78. 石灰是水硬性胶凝材料，可以用于潮湿的环境中。　　　　　　（　　）

79. 抹灰是装修过程中量最大，最主要的一部分。　　　　　　　　（　　）

80. 混合砂浆是由水泥、石灰粉、砂子按一定比例加水搅拌而成。　（　　）

81. 建筑图纸上的标高是以米为单位的。　　　　　　　　　　　　（　　）

82. 107 胶具有一定腐蚀性，应储存在铁桶和塑料桶内　　　　　　（　　）

83. 雨蓬抹灰顺序是：先抹上口面，后抹下口面，最后抹外口正面。（　　）

84. 抹灰砂浆底层主要是粘结作用。　　　　　　　　　　　　　　（　　）

85. 加气混过凝土和粉煤灰砌块，基层抹混合砂浆时，应先刷 107 胶水溶液一道。
　　　　　　　　　　　　　　　　　　　　　　　　　　　　（　　）

86. 顶棚抹灰前，应在四周墙上弹出水平线，以墙上水平线为依据，先抹顶棚四周圈边找平。　　　　　　　　　　　　　　　　　　　　　　　　　（　　）

87. 砂浆的和易性包括流动性和粘结力两个方面。　　　　　　　　（　　）

88. 每遍抹灰太厚或各层抹灰间隔的时间太短，会引起抹灰层开裂。（　　）

89. 石灰砂浆底、中层抹灰和抹水泥砂浆面层可同时进行。　　　　（　　）

90. 一般来说砂浆的抗压强度越高，粘结力越强。　　　　　　　　（　　）

91. 抹灰工程分为一般抹灰和装饰抹灰。　　　　　　　　　　　　（　　）

92. 抹灰是装修阶段中量最大，最主要的部分。　　　　　　　　　（　　）

93. 班组文明施工是企业素质的一种表现。　　　　　　　　　　　（　　）

94. 防水砂浆可以用于任何需要做防水处理的建筑构件部位。　　　（　　）

95. 镶贴外墙面砖可用小皮数杆来控制水平的皮数。　　　　　　　（　　）

96. 冬季施工，搅拌砂浆时间应比平时时间短一些。　　　　　　　（　　）

97. 拉毛施工所用材料要随用随进，不可一次过多。　　　　　　　（　　）

98. 饰面工程所有锚固体以及连接件，一般要作防腐处理。　　　　（　　）

99. 做楼地面时，要控制好地面的厚度，面层的厚度应与门框锯口线吻合。（　　）

100. 抹灰工程在做好标志块后，即可进行抹灰。　　　　　　　　　（　　）

二、选择题

1. 图上标注比例 1：100，实际尺寸是 25 m 的物体，图纸上尺寸是（　　　）mm。

　　A. 25　　　　　　B. 250　　　　　　C. 2 500　　　　　D. 500

2. 建筑总平面常用的比例是（　　　）。

　　A. 1：5　　　　　B. 1：10　　　　　C. 1：20　　　　　D. 1：200 或 1：500

3. 建筑总平面图内容有（　　　）。

　　A. 建筑物绝对图标高　　　　　　　　B. 室外地坪标高

　　C. 新建区总体布局　　　　　　　　　D. 以上都是

4. 从某一图纸上看到二层地面抹灰面标高为 2.98 m 这个标高是（　　　）。

　　A. 建筑标高　　　　B. 结构标高　　　　C. 绝对标高　　　　D. 以上都是

5. 建筑平面图就是将建筑物用于一个假想的水平面，沿（　　　）的地方切开来，将上面移走，再从上往下看的图。

　　A. 顶棚以下　　　　B. 窗口以上　　　　C. 窗口以下　　　　D. 地面以上

6. 建筑立面图就是（　　　）得出的投影图。

　　A. 朝着它看　　　　B. 背着它看　　　　C. 往上　　　　D. 往下

7. 在建筑平面图上不能看到（　　　）。

　　A. 地坪标高　　　　B. 内墙位置　　　　C. 窗间墙宽高　　　D. 抹灰做法

8. 从（　　　）上能看到明沟或散水坡具体构造做法。

　　A. 立面图　　　　B. 平面图　　　　C. 剖面图　　　　D. 外墙大样图

9. 水泥初凝是指水泥（　　　）时间。

　　A. 开始硬化　　　　　　　　　　　　B. 开始失去可塑性

　　C. 开始产生硬度　　　　　　　　　　D. 完全硬化

10. 耐热砂浆水泥采用（　　　）。

　　A. 普通水泥　　　　　　　　　　　　B. 矿渣水泥

　　C. 火山灰水泥　　　　　　　　　　　D. 粉煤灰水泥

11. 白水泥标号分为（　　　）两种。

　　A. 275 号和 325 号　　　　　　　　　B. 325 号和 425 号

　　C. 425 号和 525 号　　　　　　　　　D. 525 号和 625 号

12. 水泥终凝是指水泥（　　　）时间。

　　A. 开始凝结　　　　　　　　　　　　B. 开始硬化

　　C. 开始产生强度　　　　　　　　　　D. 完全硬化

13. 下面属于无机胶凝材料是（　　　）。

　　A. 石膏　　　　　B. 水玻璃　　　　　C. 水泥　　　　　D. 以上都是

14. 下面不属于无机胶凝材料是（　　　）。

　　A. 石膏　　　　　B. 沥青　　　　　C. 石灰　　　　　D. 水泥

15. 建筑物按使用性质和耐久年限分为（　　　）。

　　A. 2　　　　　　B. 3　　　　　　C. 4　　　　　　D. 5

16. 房屋的层高是指（　　　）的距离。

　　A. 楼板面到天棚底　　　　　　　　　B. 楼板面到上一层楼板面

C. 地面到天棚　　　　　　　　　　　　　D. 楼面到梁底

17. 房屋的净高是指（　　　）的距离。

    A. 楼板到楼板　　　　　　　　　　　　　B. 楼板面到上一层楼板面

    C. 楼板面到梁底或天棚底　　　　　　　　D. 地面到二楼楼面

18. 绿色颜料可以由以下（　　　）颜料混合配制。

    A. 红色与黄色　　　　　　　　　　　　　B. 红色与蓝色

    C. 黄色与蓝色　　　　　　　　　　　　　D. 白色与蓝色

19. 橘黄色是由（　　　）两种颜色混合而成。

    A. 红色与蓝色　　　　　　　　　　　　　B. 红色与黄色

    C. 白色与黄色　　　　　　　　　　　　　D. 黑色与红色

20. 脚手架上材料、工具堆放不能集中，每平方米不能超过（　　　）kN。

    A. 2.0　　　　　　B. 2.5　　　　　　C. 2.7　　　　　　D. 3.0

21. 现场施工必须坚持（　　　）的方针。

    A. 安全第一、预防为主　　　　　　　　　B. 安全第一

    C. 质量第一　　　　　　　　　　　　　　D. 进度第一

22. 现场施工的临时用电，按规定采用安全电后，线路出现事故，应由（　　　）进行维修和检查。

    A. 操作人员　　　　B. 领导人员　　　　C. 班长　　　　　　D. 专职电工

23. 高级平顶的抹灰中，应采用挂麻丝的构造措施时，麻丝应埋抹于（　　　）灰中。

    A. 底层　　　　　　B. 中层　　　　　　C. 面层　　　　　　D. 中层与面层

24. 高级挂麻抹灰中的麻，一般用（　　　）。

    A. 350～450 mm 长的麻丝束　　　　　　B. 350～450 mm 长的乱麻丝

    C. 350～450 mm 长的麻绳子　　　　　　D. 150～200 mm 长的麻丝

25. 一般颜料的色相稳定性与（　　　）有关。

    A. 颜料细度　　　　　　　　　　　　　　B. 颜色用量

    C. 颜色的化学性质　　　　　　　　　　　D. 加水量

26. 多线条灰线，一般是指（　　　）的装饰线条。

    A. 三条以上　　　　　　　　　　　　　　B. 凹槽较深

    C. 形态不一　　　　　　　　　　　　　　D. 包括以上的情况

27. 简单灰线，也称（　　　）线角，都在方柱、圆柱的上端。

    A. 平面　　　　　　B. 曲面　　　　　　C. 出口　　　　　　D. 交角

28. （　　　）是利用两根固定的靠尺作轨道，以此推拉出线条。

    A. 死模　　　　　　B. 活模　　　　　　C. 滑模　　　　　　D. 花板

29. （　　　）使用时，它靠在一根靠尺上，移动或转动拉出线条。

    A. 死模　　　　　　B. 活模　　　　　　C. 滑模　　　　　　D. 花板

30. 内墙面抹灰，如吊顶不抹灰的，其高度按室内楼（地）面算至吊顶底面（　　　）。

    A. 另加 5 cm　　　B. 另加 10 cm　　　C. 另加 20 cm　　　D. 不加

31. 装饰工程中，颜料掺量不得大于水泥重量的（　　　）。

A. 5%　　　　　B. 10%　　　　　C. 15%　　　　　D. 20%

32. 混凝土随捣随抹面层，混凝土坍落度不应大于（　　　）。

A. 3 cm　　　　B. 3.5 cm　　　　C. 4 cm　　　　D. 5 cm

33. 石膏加水后凝结硬化较快，一般终凝不得超过（　　　）。

A. 20 min　　　B. 25 min　　　　C. 30 min　　　D. 45 min

34. 石膏加水后凝结硬化较快，一般初凝不得超过（　　　）。

A. 4 min　　　　B. 8 min　　　　C. 10 min　　　D. 15 min

35. 建筑石膏在硬化时，体积（　　　）。

A. 膨胀 1% 左右　　　　　　　　　B. 收缩 1% 左右
C. 不变　　　　　　　　　　　　　D. 以上都不是

36. 抹石膏灰线，用配好的 4：6 石膏灰罩面，要求在（　　　）内，抹完罩面灰。

A. 1～3 min　　B. 5～7 min　　　C. 10～15 min　D. 30 min

37. 抹石膏灰线一般用四道灰抹成，出线灰一般用（　　　）。

A. 1：2 水泥砂浆　　　　　　　　B. 纸筋灰
C. 1：2 石灰砂浆　　　　　　　　D. 石膏灰

38. 剁假石施工用的石渣一般采用（　　　）。

A. 大八厘　　　　B. 小八厘　　　　C. 中八厘　　　D. 以上都可以

39. 预制水磨石楼梯，防滑条要高出踏步板面（　　　）。

A. 2 mm　　　　B. 5 mm　　　　　C. 10 mm　　　D. 15 mm

40. 水磨石地面开磨，头遍采用粒度为（　　　）砂轮。

A. 200K240 号　B. 120K180 号　　C. 60K80 号　　D. 以上都可以

41. 水磨石地面最后一遍磨光，应等到强度达到后用（　　　）砂轮磨光。

A. 220 号　　　　B. 180 号　　　　C. 160 号　　　D. 80 号

42. 草酸在水磨石施工时常用到，它主要用来（　　　）。

A. 作减水剂　　B. 作防水剂　　　C. 作抗冻剂　　D. 作水磨石面层酸洗

43. 下面保水性最好的材料是（　　　）。

A. 混合砂浆　　B. 水泥砂浆　　　C. 防水砂浆　　D. 保温砂浆

44. 石灰砂浆砌筑墙体，抹防水砂浆，须将砖缝剔进（　　　）深。

A. 2 mm　　　　B. 5 mm　　　　　C. 7 mm　　　　D. 10 mm

45. 为防止抹灰层受冻，使其有较好和易性，可掺入（　　　）。

A. 石灰膏　　　　B. 水玻璃　　　　C. 石膏　　　　D. 粉煤灰

46. 防水层施工顺序是（　　　）。

A. 顶板→地面→立面　　　　　　　B. 立机→顶板→地面
C. 立面→地面→顶板　　　　　　　D. 顶板→立面→地面

47. 防水砂浆要随拌随用，拌和后使用砂浆不得超过（　　　）。

A. 10～20 min　　　　　　　　　　B. 25～40 min
C. 45～60 min　　　　　　　　　　D. 90 min

48. 防水砂浆如采用矿渣水泥，养护时间一般情况下是（　　　）左右。

A. 3 d　　　　　B. 7 d　　　　　　C. 14 d　　　　D. 21 d

49. 室外块材的安装应比室外地坪低（　　）以免露底。

　　A. 1 cm 　　　　B. 2 cm 　　　　C. 5 cm 　　　　D. 8 cm

50. 钢屑水泥面层的配合比应通过试验确定，其强度等级不应低于（　　）。

　　A. 3.5 cm 　　　B. 5 cm 　　　　C. 6 cm 　　　　D. 7 cm

51. （　　）抹灰，适作保温隔声墙面的装饰。

　　A. 混合砂浆 　　B. 石膏砂浆 　　C. 水泥砂浆 　　D. 珍珠岩砂浆

52. 现制水磨石同一面层，采用几种颜色时（　　）待前一种水泥石料浆初凝后，再抹后一种水泥石粒浆。

　　A. 先做浅色，再做深色；先做大面，再做镶边

　　B. 先做浅色，再做深色；先做镶边，再做大面

　　C. 先做深色，再做浅色；先做镶边，再做大面

　　D. 先做深色，再做浅色；先做大面，再做镶边

53. 重晶石砂浆中的重晶石，主要成分是（　　）。

　　A. 氧化镁 　　　B. 硫酸钡 　　　C. 氧化钙 　　　D. 氧化硫

54. 重晶石砂浆，养护温度在（　　）抹灰。

　　A. 5 ℃ 　　　　B. 10 ℃ 　　　C. 12 ℃ 　　　D. 15 ℃

55. 对"（×）"射线房间，采用（　　）抹灰。

　　A. 防腐砂浆 　　B. 保温砂浆 　　C. 耐热砂浆 　　D. 重晶石砂浆

56. 硼酸是耐酸砂浆中一种（　　）。

　　A. 防水剂 　　　B. 分散剂 　　　C. 缓凝剂 　　　D. 抗冻剂

57. 耐酸砂浆中的耐酸砂湿度不应大于（　　）。

　　A. 1% 　　　　　B. 2% 　　　　　C. 3% 　　　　　D. 5%

58. 涂抹耐酸砂浆，应分层涂抹，每层厚度控制在（　　）。

　　A. 1 mm 　　　　B. 3 mm 　　　　C. 5 mm 　　　　D. 7 mm

59. （　　）是班组管理的一项重要内容。

　　A. 技术交底 　　B. 经济分配 　　C. 质量管理 　　D. 安全管理

60. 施工平面图中标注的尺寸只有数量没有单位，按国家标准规定单位应该是（　　）。

　　A. mm 　　　　　B. cm 　　　　　C. m 　　　　　　D. km

61. 抹灰层的平均总厚度，按规范要求，普通抹灰为（　　）。

　　A. 15 mm 　　　B. 18 mm 　　　C. 20 mm 　　　D. 25 mm

62. （　　）水泥的早期强度高。

　　A. 矿渣水泥 　　B. 普通水泥 　　C. 粉煤灰水泥 　　D. 火山灰水泥

63. 普通内墙面抹灰的表面平整度允许误差是（　　）。

　　A. 2 mm 　　　　B. 3 mm 　　　　C. 4 mm 　　　　D. 5 mm

64. 高级抹灰的构造层一般不能少于（　　）层。

　　A. 2 　　　　　　B. 3 　　　　　　C. 4 　　　　　　D. 5

65. 石灰膏熟化时间一般不少于（　　）。

　　A. 7 d 　　　　　B. 10 d 　　　　C. 15 d 　　　　D. 20 d

66. 内墙面抹灰，普通抹灰表面平整度允许偏差（　　）。

　　A. 2 mm　　　　　B. 3 mm　　　　　　C. 4 mm　　　　　　D. 5 mm

67. 抹灰时使用的水泥浆的取样一般在（　　　）。

　　A. 任何地方　　　B. 施工处　　　　　　C. 砂浆搅拌处　　　　D. 实验室

68. 抹灰层的平均总厚度，按规范要求，高级抹灰为（　　　）。

　　A. 18 mm　　　　　B. 20 mm　　　　　　C. 25 mm　　　　　　D. 30 mm

69. 普通抹灰，阴阳角垂直，质量允许偏差（　　　）。

　　A. 2 mm　　　　　B. 3 mm　　　　　　C. 4 mm　　　　　　D. 5 mm

70. 草酸在水磨石施工时常用到，它主要用来（　　　）。

　　A. 作减水剂　　　B. 作防水剂　　　　　C. 作抗冻剂　　　　　D. 作酸洗

71. 施工企业经营管理的核心是（　　　）。

　　A. 施工进度　　　B. 工程质量　　　　　C. 生产管理　　　　　D. 材料管理

72. 建筑施工图与结构施工图不同之处是（　　　）。

　　A. 轴线　　　　　B. 梁的位置　　　　　C. 标高　　　　　　D. 门窗位置

73. 按国家规定，水泥初凝时间不得早于（　　　）。

　　A. 45 min　　　　B. 1 h　　　　　　　C. 3 h　　　　　　　D. 5 h

74. 详图的比例是 1:25，实际物体是 200 cm，图上尺寸是（　　　）。

　　A. 50 mm　　　　　B. 80 mm　　　　　　C. 100 mm　　　　　D. 120 mm

75. 抹灰时站在高凳搭的脚手板上操作时，人员不得超过（　　　）人。

　　A. 2　　　　　　B. 3　　　　　　　　C. 4　　　　　　　　D. 5

76. 后浇带一般情况下的保留时间不少于（　　　）。

　　A. 5 d　　　　　B. 10 d　　　　　　　C. 15 d　　　　　　D. 20 d

77. 抹楼梯防滑条时，要比楼梯踏步面（　　　）。

　　A. 高 3 ~ 4 mm　　　　　　　　　　B. 高 10 mm

　　C. 低 1 ~ 2 mm　　　　　　　　　　D. 低 3 ~ 4 mm

78. 一般民用建筑铝合金门窗与墙之间的缝隙不得用（　　　）填塞。

　　A. 麻刀　　　　　B. 木条　　　　　　C. 密封条　　　　　D. 水泥砂浆

79. 107 胶在使用时，其掺量不宜超过水泥重量的（　　　）。

　　A. 20%　　　　　B. 30%　　　　　　C. 40%　　　　　　D. 50%

80. 下面属于有机胶凝材料是（　　　）。

　　A. 石油沥青　　　B. 石膏　　　　　　C. 水玻璃　　　　　D. 水泥

81. 高处作业，当有（　　　）以上应停止作业。

　　A. 四级风　　　　B. 五级风　　　　　C. 六级风　　　　　D. 七级风

82. 涂抹水泥砂浆每遍厚度为（　　　）。

　　A. 5 ~ 7 mm　　　B. 7 ~ 9 mm　　　　C. 9 ~ 11 mm　　　　D. 11 ~ 13 mm

83. 建筑石膏特点具有（　　　）特点。

　　A. 容重较大　　　B. 导热性较低　　　C. 耐水性好　　　　D. 抗冻性好

84. 砂的质量要求颗粒坚硬洁净，含泥量不超过（　　　）。

　　A. 4%　　　　　B. 3%　　　　　　C. 2%　　　　　　D. 1%

85. 采用石膏抹灰时，石膏灰中不得掺用（　　　）。

A. 牛皮胶　　　　　B. 硼砂　　　　　　C. 氯盐　　　　　　D. 107 胶

86. 减水剂灰在混凝土中掺入量一般不能超过（　　　）。

　　A. 1%　　　　　　B. 3%　　　　　　C. 5%　　　　　　D. 10%

87. 全面质量管理，PDCA 工作方法，P 是指（　　　）。

　　A. 检查　　　　　B. 实施　　　　　C. 计划　　　　　D. 总结

88. 耐酸砂浆应分层涂抹，每层厚度控制在（　　　）

　　A. 1 mm　　　　　B. 3 mm　　　　　C. 5 mm　　　　　D. 7 mm

89. 为防止抹灰层受冻，使其有较好和易性，可掺入（　　　）。

　　A. 石灰膏　　　　B. 水玻璃　　　　　C. 石膏　　　　　D. 粉煤灰

90. 外墙面砖质量标准立面垂直允许偏差（　　　）。

　　A. 1 mm　　　　　B. 2 mm　　　　　C. 3 mm　　　　　D. 4 mm

91. 陶瓷锦砖地面，常温下一般需养护（　　　）方可上人。

　　A. 3 d　　　　　　B. 4~5 d　　　　　C. 5~6 d　　　　　D. 7~8 d

92. 一级品大理石饰面板长度小于 400 mm，平整度允许偏差是（　　　）。

　　A. 0.1 mm　　　　B. 0.2 mm　　　　　C. 0.3 mm　　　　D. 0.4 mm

93. 镶贴有脸盆、镜箱墙面瓷砖，一般采用（　　　）。

　　A. 从左到右　　　B. 从上到下　　　　C. 从下到上　　　D. 从中间到两边

94. 地面缸砖留缝铺贴，做完后竖（横）缝用（　　　）勾缝。

　　A. 1:1 水泥砂浆　　　　　　　　　　B. 1:3 水泥砂浆

　　C. 聚合物水泥砂浆　　　　　　　　　D. 1:4 混合砂浆

95. 热做法施工，室内温度一般控制在（　　　）℃ 左右。

　　A. 5　　　　　　　B. 10　　　　　　C. 15　　　　　　D. 20

96. 下面保水性最好的材料是（　　　）。

　　A. 混合砂浆　　　B. 水泥砂浆　　　　C. 防水砂浆　　　D. 保温砂浆

97. 装饰工程应属于（　　　）。

　　A. 分项工程　　　B. 单项工程　　　　C. 分项工程　　　D. 单位工程

98. 抹灰线时，接角尺用硬木制成可用来（　　　）。

　　A. 接阴角　　　　B. 接阳角　　　　　C. 整修灰线　　　D. 以上都可以

99.（　　　）是企业全面质量管理中群众性质量管理活动的基本组织形式。

　　A. 工会小组　　　B. 施工班组　　　　C. QC 小组　　　　D. 施工队

100. 水泥砂浆地面，砂浆稠度不应大于（　　　）。

　　A. 3.5 cm　　　　B. 5 cm　　　　　　C. 6 cm　　　　　D. 7 cm

三、填空题

1. 定位轴线是用来确定房屋主要结构或构件的＿＿＿＿＿＿＿及其＿＿＿＿＿＿＿的。

2. 色彩的三原色是指＿＿＿＿＿＿＿＿三种，三要素是指＿＿＿＿＿＿＿＿。

3. 标高数字以＿＿＿＿＿＿＿为单位，注写到小数点后＿＿＿＿＿＿。

4. 一般抹灰工程分为＿＿＿＿＿＿和＿＿＿＿＿＿。当设计无要求时按＿＿＿＿＿＿。

5. 底层抹灰完后，要在＿＿＿＿＿＿洒水湿润再抹＿＿＿＿＿＿。

6. 装饰抹灰是在＿＿＿＿＿＿的基础上发展起来的＿＿＿＿＿＿。

7. 严格进场材料检查，并对水泥的 _____ 和 _____ 进行复检。

8. 外墙干挂施工工艺是将大规格饰面板使用 _____ 固定于建筑物墙体表面的 _____ ，是近年来发展的 _____ 。

9. 根据古建筑装饰的施工方法及所用材料的不同，大致分为：_____ 、_____ 、_____ 三种。

10. 石膏装饰线、件的基层应 _____ 、石膏线与基层连接的水平线和定位线的位置、距离应 _____ ，接缝应 _____ 角拼接。

11. 一套完整的建筑施工图由 总平面图、_____ 、结构施工图、_____ 、电气施工图和 _____ 组成。

12. 基础承受 _____ ，并将这些其荷载传给 _____ 。

13. 水泥凝结时间分为初凝和终凝。_____ 是水泥加水拌合后，最初形成具有 ____ 的浆体，然后逐渐变稠失去 _____ 的时间。

14. 古建筑的花饰为 _____ 制成的和以 _____ 制成的两种。

15. 熟石灰的硬化是氢氧化钙的 _____ 与 _____ 作用。

16. 石灰在使用前，要用水加以 _____ ，这个过程称为 _____ 。

17. 抹灰砂浆底层主要是 _____ 作用。

18. 瓷砖铺贴前，要先找好 _____ ，定出水平标准，进行 _____ 。

19. 保温砂浆质轻、润滑、稠度较大，有良好 _____ ，基层应酌量 _____ 。

20. 施工前应检查脚手架和作业环境，特别是 _____ 等保护措施是否 _____ 。

21. 普通抹灰一般三遍成活，即 _____ 、_____ 、_____ 。

22. 抹灰工程分为 _____ 、_____ 、_____ 。

23. 建筑装饰装修工程中的地面工程，分为 _____ 、_____ 、和 _____ 。

24. 抹灰砂浆根据材料组成不同，一般分为 _____ 、_____ 、石灰膏、纸筋灰、聚合物水泥砂浆。

25. 排砖一般由 _____ 开始粘贴，_____ 进行。

26. 大理石镶贴高度超过 _____ m 时，应采用安装方法，可用膨胀螺丝和铁件固定。

27. 当预计连续五天平均气温稳定低于 _____ ；或当日气温低于 _____ 时，抹灰工程就要按冬季施工措施进行。

28. 冷作法施工是指在抹灰用的水泥砂浆或水泥混合砂浆中掺入化学外加剂，以 _____ 的一种施工方法。

29. 花饰的安装方法一般有三种：_____ 、_____ 、螺栓固定法。

30. 有排水要求的部位应做 _____ 。

四、名词解释

1. 陶瓷锦砖

2. 特种砂浆

3. 机械抹灰

4. 墙面冲筋

5. 耐火极限

6. 比例

7. 假面砖

8. 立面图

9. 保温灰浆

10. 标高

五、简答题

1. 对墙体内抹灰有哪些要求？

2. 水刷石阴角不清晰的主要原因是什么？

3. 为什么水磨石土地面会发生倒泛水的质量问题？应怎样防止？

4. 抹重晶石砂浆常见质量问题及主要原因是什么？

5. 防水层渗漏的主要原因是什么？

6. 识图的基本知识有哪些？

7. 什么是热作法？

8. 装饰施工在雨季施工时要注意些什么？

9. 一般抹灰工程施工顺序有哪些？

10. 影响抹灰质量有哪五大因素？它们之间是什么关系？

11. 内墙抹灰为什么要先做踢脚线后抹墙面？

12. 地面为什么要分格？

13. 国家制定了哪些安全生产规章制度？五项规定的内容是什么？

14. 对室外抹灰的安全要求有哪些？

15. 搅拌砂浆时的安全要求有哪些？

16. 建筑施工现场的安全要求有哪些？

17. 操作工人的"三检制"工程质量检验主要包括哪些内容？

18. 分项、分部工程是如何划分的？

19. 班组的文明施工有哪些主要措施？

20. 贴面砖时应注意哪些安全问题？

六、计算题

1. 某建筑物外墙面铺贴陶瓷锦砖，外墙总面积为 3 000 m^2，门窗面积为 1 000 m^2，定额为 0.556 2 工日/m^2。因工期紧采用两班制连续施工，每班出勤人数共计 46 人。

试求：（1）计划人工数；（2）完成该项工程总天数。

2. 某工程做防水砂浆抹灰，防水砂浆配合比为 1∶2.5∶0.96（重量比），再掺水泥重量 3%的防水剂，经计算此防水砂浆总用量为 2 550 kg。试计算：各材料用量。

3. 已知抹灰用水泥砂浆体积比为 1∶4，砂的空隙率为 32%（砂 1 550 kg/m^3，水泥 1 200 kg/m^3），试求重量比。

4. 某工程内墙面抹灰，采用 1∶1∶4 混合砂浆。实验室配合比，每立方米所用材料分别为 425 号水泥 281 kg，石灰膏 0.23 m^3，中砂 1 403 kg，水 0.60 m^3，如果搅拌机容量为 0.2 m^3，砂的含水率为 2%，求：拌和一次各种材料的用量各为多少？

参考答案

一、判断题

1-5. √×√√√　　　6-10. √×√×√　　　11-15 ××√√×　　　16-20√√√×√

21-25√√×××　　　26-30×√√×√　　　31-35 √×××√　　　36-40√×√××

41-45√√×××　　　46-50 ××√×√　　　51-55√√√××　　　56-60√×√×√

61-65√××√√　　　66-70 √×××√　　　71-75√√××√　　　76-80××√√√

81-85√××√×　　　86-90 √×√×√　　　91-95 ××√×√　　　96-100 ××√√×

二、选择题

1-5. BDDAB　　　6-10. ADDBA　　　11-15. BCDBD　　　16-20. BCCBD

21-25. ADAAB　　　26-30. DCABC　　　31-35. BACAA　　　36-40. DCBCC

41-45. ADDDD　　　46-50. DCCCC　　　51-55. DCBDD　　　56-60. CABBA

61-65. BBCBC　　　66-70. CBCCD　　　71-75. BCABA　　　76-80. DADCA

81-85. CABBC　　　86-90. CCCDC　　　91-95. ACAAB　　　96-100. DCDCA

三、填空题

1. 位置　尺寸

2. 红、黄、蓝　明度、色相、纯度

3. 米　第三位

4. 普通抹灰　高级抹灰　普通抹灰验收

5. 干燥后　面层

6. 一般抹灰　传统工艺

7. 凝结时间　安定性

8. 扣件　干作业法　新的工艺

9. 彩画　堆塑　砖雕

10. 干燥　一致　45°

11. 建筑施工图　给排水施工图　采暖通风施工图

12. 建筑物的全部荷载　地基

13. 初凝　可塑性　塑性

14. 抹灰方法　砖瓦

15. 碳化　结晶

16. 熟化　淋灰

17. 粘结

18. 规矩　预排

19. 保水性　洒水

20. 孔洞口　可靠

21. 一底层　一中层　一面层

22. 一般抹灰　装饰抹灰

23. 整体面层　板块面层　木、竹面层

24. 水泥砂浆　水泥混合砂浆　石灰砂浆

25. 阴角　自下而上

26. 1.0

27. 5 ℃　－3 ℃

28. 以降低抹灰砂浆的冰点

29. 粘贴法、木螺丝固定法

30. 滴水线（槽）

四、名词解释

1. 陶瓷锦砖

陶瓷锦砖旧称马赛克。原指以彩色石子或玻璃等小块材料镶嵌呈一定图案的细工艺品，较早多见于古罗马时代教堂的窗玻璃、地面装饰。

2. 特种砂浆

特种砂浆是为适用于某种特殊功能要求而配置的砂浆。

3. 机械抹灰

机械抹灰就是把搅拌好的砂浆，经振动筛后倾入灰浆输送泵，通过管道，再借助于空气压缩机的压力，连续均匀地喷涂于墙面或顶棚上，再经过找平搓实，完成底子灰全部程序。

4. 墙面冲筋

墙面冲筋又叫做标筋，冲筋就是在两灰饼间抹出一条长灰梗来。断面成梯形，底面宽约 100 mm，上宽 50～60 mm，灰梗两边搓成与墙面成 45°～60° 角。抹灰梗时要求比灰饼凸出 5～10 mm。然后用刮尺紧贴灰饼左上右下反复地搓刮，直至灰条与灰饼齐平为止，再将两侧修成斜面，以便与抹灰层结合牢固。

5. 耐火极限

耐火极限是指按规定的火灾升温曲线，对建筑物构件进行耐火试验，从受到火的作用起，到失掉支持能力或发生穿透裂缝或背火一面温度升高到 220° 时止，这段时间称耐火极限，用小时（h）表示。

6. 比　例

比例是图形与实物相对应是线性尺寸之比。

7. 假面砖

假面砖抹灰是使用彩色砂浆仿釉面砖效果的一种装饰抹灰。这种抹灰造价低，操作简便，效果好。在抹灰施工中被广泛应用。

8. 立面图

立面图是在平行于房屋立面的投影面上所作的房屋正投影图。

9. 保温灰浆

保温灰浆是以膨胀珍珠岩为骨料，以水泥或石灰膏为胶结材料，按一定比例混合搅拌而成的，广泛应用于保温、隔热要求较高的墙体抹灰。

10. 标　高

标高是用以表明房屋各部分，如室内外地面、各楼层板面、窗台、顶棚、屋面等处高度的标注方法。施工图上标注的标高有绝对标高和相对标高。

五、简答题

1. 对墙体内抹灰有哪些要求？

答：抹灰施工时，应先清理基层、湿润，以保证底层砂浆与基层粘结。后找规矩做灰饼、冲筋，这是保证墙面平整度的措施。由于抹灰砂浆强度低，阳角处容易碰坏，因此抹灰前，应在阴角、转角等处做水泥护角然后抹底、面层砂浆。

2. 水刷石阴角不清晰的主要原因是什么？

答：喷刷阴角时没有掌握好喷头的角度和喷水时间，如喷水的角度不对，喷出的水顺阴角流量比较大，产生相互折射作用，容易把石子冲洗掉；如喷刷的时间短，喷洗不干净，使阴角不清晰。

3. 为什么水磨石土地面会发生倒泛水的质量问题？怎样防止？

答：（1）没有找好冲筋坡度。

（2）没有按设计要求做坡度防止措施：

Ⅰ 在底层抹灰冲筋时要拉线检查泛水坡度；

Ⅱ 必须按设计要求和施工规范做。

4. 抹重晶石砂浆常见质量问题及主要原因是什么？

答：常见质量问题是：抹灰层发生空鼓、开裂或下坠。

这些问题主要原因是：

（1）由于重晶石砂浆的密度大，在未凝结之前，粘结力小于砂浆重量，不能使砂浆与墙面粘结，导致砂浆下坠。

（2）由于砂浆配比不当或未能很好养护，使砂浆开裂。

5. 防水层渗漏的主要原因是什么？

答：各层抹灰的时间掌握不当，使砂浆黏结不牢。此外，在接槎处，穿墙管，楼板管洞处理不好，也容易造成局部渗漏。

6. 识图的基本知识有哪些？

答：物体的投影原理，房屋的基本构造，各种图示方法等。

7. 什么是热作法？

答：热作法是指使用热砂浆抹灰后，利用房屋的永久热源或临时热源来提高和保持操作环境温度，使抹灰砂浆硬化和固结的一种操作方法。

8. 装饰施工在雨季施工时要注意些什么？

答：（1）适当提高砂浆稠度，降低水灰比。

（2）防雨覆盖材料。

（3）搭临时棚操作，以免雨水冲刷。

（4）合理安排施工顺序（晴天在外，雨天在内）。

9. 一般抹灰工程施工顺序有哪些？

答：抹灰工程分为室内和室外。

室外抹灰工程一般是由上而下进行。室内抹灰工程是由上而下或由下而上。室内抹灰由上而下，指主体结构已完成，屋面防水已完成，便于保证抹灰工程质量，有利组织施工，保证安全。

室内抹灰由下而上，有利于工期，但要组织协调好.室内同一层施工一般先做地面，再做顶棚，后做墙面。

室内、外施工顺序根据施工条件确定，一般先室外、后室内。

10. 影响抹灰质量有哪五大因素？它们之间是什么关系？

答：五大因素是：人、环境、机具、材料、操作方法。

这五大因素之间是互相制约的，是一个不可分割的有机整体.抹灰工程质量的关键是抓住这五大因素，将"事后把关"转到"事前预防"，将容易出现的事故因素控制起来，把管理工作放到生产中去。

11. 内墙抹灰为什么要先做踢脚线后抹墙面？

答：先做踢脚线后进行墙面抹灰，能有效地防止踢脚线的空鼓，又能控制墙面抹灰的平整度。

12. 地面为什么要分格？

答：水泥砂浆地面或混凝土地面，由于气温影响发生热胀冷缩现象，致使地面产生不规则开裂。为了防止地面出现不规则裂缝，影响使用和美观，所以在开间较大地面上要分格。

13. 国家制定了哪些安全生产规章制度？五项规定的内容是什么？

答："三大规程"和"五项规定"。

五项规定的内容是：安全生产责任制、安全生产措施计划、安全生产教育、安全生产定期检查、关于伤亡事故的调查和处理。

14. 对室外抹灰的安全要求有哪些？

答：（1）室外抹灰时，脚手架要满铺，最窄不得超过三块板；

（2）外部抹灰使用挑架子时，外挑架间距不得大于 2.5 m，在每跨上不得超过两人同时作业。

（3）抹灰时要将水桶、灰桶放平稳，挂线板和八字尺不得竖立靠在墙上或脚手架上，应平放在脚手架上，防止滑落伤人。

15. 搅拌砂浆时的安全要求有哪些？

答：（1）非司机人员严禁开动砂浆搅拌机。

（2）使用加班机搅拌砂浆，向拌筒内投料时，不准用脚踩或用铁锹、木棒等工具拨、刮拌和筒口。出料时必须用摇手柄，不准搬转拌筒或用铁锹探入筒内扒灰。

16. 建筑施工现场的安全要求有哪些？

答：（1）建筑施工现场应符合国家安全、卫生、防火等要求。一切附属设施、机械装置、运输道路、上下水管道、电力网、蒸气管道和其他临时设施的位置都需在施工组织设计厂区规划中详细规定出来。

（2）在施工现场内的坑井、悬崖和陡坎等处需围设栏杆，有碍交通的井坑应有围栏和板盖。

（3）施工现场要求交通指示标志、危险地区应悬挂"危险"或禁止通行的标牌。在夜间需设红灯警示。如在繁华街道及行人、运输频繁地点施工，要设临时交通指挥人员。

（4）工地内交通运输道路应经常保持畅通和足够的照明。

17. 操作工人的"三检制"工程质量检验主要包括哪些内容？

答：（1）自检：操作者自我把关，按分项工程质量检验评定标准，随时自我操作检查整改。

（2）互检：同班级工人，按标准随时对他人操作质量检查并整改。

（3）交接检：上道工序的施工班组完成后，向下道工序的班级进行交接检查验收。

18. 分项、分部工程是如何划分的？

答：分项工程一般按主要工种、材料、施工工艺等划分，分部工程按专业性质、建筑部位划分。

19. 班组的文明施工有哪些主要措施？

答：（1）健全和制定生产岗位的文明生产责任制。

（2）实行班组成员分工责任制。

（3）实行班组文明生产评比考核制度。

（4）搞好环境卫生和建立定期检查制度。

20. 贴面砖时应注意哪些安全问题？

答：（1）操作地点必须清理干净，面砖碎片等不要抛向窗外，以免落地伤人。

（2）剔凿面砖时应戴防护镜，使用手持电动机时，必须有漏电保护装置，操作时戴绝缘手套。

（3）在夜间或阴暗处作业，应用 36 V 以下低压设备。

（4）施工前应检查脚手架和作业环境，特别是孔洞口等保护措施是否可靠。

六、计算题

1. 解：（1）计划人工数：$(3\,000 - 1\,000) \times 0.556\,2 = 1\,112$（工日）

（2）总天数：$1112 \div 46 \div 2 = 12$（d）

2. 解：（1）水泥用量 $2\,550 \times \dfrac{1}{1 + 2.5 + 0.96 + 0.03} = 567.93$（kg）

（2）砂用量 $2\,550 \times \dfrac{2.5}{1 + 2.5 + 0.96 + 0.03} = 1\,419.82$（kg）

（3）防水剂用量 $= 728.6 \times 3\% = 17.04$（kg）

（4）水用量 $2\,550 \times \dfrac{0.96}{1 + 2.5 + 0.96 + 0.03} \times 2\,550 = 545.21$（kg）

3. 解：（1）扣除砂子孔隙以后的体积 $(1+4) - 4 \times 0.32 = 3.72$（m³）

（2）一个比例体积　$1 \div 3.72 = 0.26$（m³）

（3）重量比 $0.26 \times 1\,200 : 0.26 \times 4 \times 1\,550 = 312 : 1\,612 = 1 : 5.17$

答：重量比为 $1 : 5.17$。

4. 解：（1）水泥：$0.2 \times 281 = 56$（kg）

（2）石灰膏：$0.2 \times 0.23 = 0.05$（kg）

（3）中砂：$0.2 \times 1403 \times (1 + 2\%) = 286$（kg）

（4）水：$0.2 \times 0.6 - 0.286\,2\% = 0.12$（m³）

答：各种材料用量分别是水泥 56 kg；石灰膏：$0.2 \times 0.23 = 0.05$ kg；中砂：286 kg；水：0.12 m³。

第 4 章　抹灰工职业技能鉴定实作复习题

通过对抹灰工程的现场实践，学生应对抹灰工程的施工全过程有了全面的了解和掌握，掌握抹灰工程的施工方法和要点，使学生上岗这后能能熟练的组织抹灰工程的施工。

通过实训，使学生掌握以下专业技能：

（1）掌握内墙各部位各层抹灰的标准。

（2）掌握墙面抹灰的操作要点。

（3）掌握 2～3 中常见装饰抹灰的操作要点。

（4）掌握常见装饰抹灰的操作要点和做法。

每组 3～4 人一个工位，由任课老师负责实训指导与检查督促，验收。每班聘请 1～2 名技师进行示范指导。每组训练内容包括拌制砂浆，然后在墙面上依次做灰饼、冲筋、分层批档、刮槎赶平，并对阳角做护角。

一、训练内容

（1）按各类抹灰工程的施工方法、施工工艺和要点，合理的组织抹灰工程的施工。

（2）处理好抹灰工程对材料的要求。

（3）做好抹灰工程的技术交底工作。

（4）安排好抹灰工程的施工顺序。

（5）严格把好抹灰工程的质量关，做好检查验收和质量评定工作。

二、相关知识

所谓抹灰工程，就是将各种砂浆、装饰性石屑浆、石子浆涂抹在建筑物的表面上的一种装修工程。按使用材料和装饰效果分为一般抹灰和装饰抹灰。

一般抹灰：水泥砂浆、混合砂浆、石灰砂浆、纸筋灰、麻刀灰、石膏灰、聚合物水泥砂浆。

装饰抹灰：水磨石、水刷石、干粘石、斩假石、喷涂、弹涂、漆涂。

1．一般抹灰

（1）组成与级别

为确保抹灰粘结牢固，抹面平整，减少收缩裂缝，一般抹灰需分层进行。

① 底层。与基层起黏结作用，厚 5～7 mm；此外，还起初步找平作用，这就要求基层要达到横平竖直，表面不能凹凸不平，否则，底层的厚度会超过 10 mm，不但造成浪费，而且粘结也不牢固。

② 中层。主要起找平和传递荷载的作用，厚 5～12 mm。施工时，要求大面积平整、垂直，表面粗糙，以增加与面层的黏结能力。

③ 面层。主要起装饰和保护作用。室内粉刷，还要起反光作用，增加室内亮度。厚 2～5 mm。

一般抹灰按质量要求不同分为普通、中级、高级三个级别。

① 普通抹灰。由一底一面组成，无中层，也可不分层，适用于简易住房，或地下室、储藏室等。

② 中级抹灰。由一底层、一中层和一层面层组成。

③ 高级抹灰。由一底层、数层中层、一面层多遍完成。

（2）抹灰工程的材料

① 水泥。常用硅酸盐水泥或白水泥，其标号可用 325，也可用 425，但水泥体积的安定性必需合格，否则，抹灰层会起壳、起灰。

② 石灰。块状生石灰需经熟化成石灰膏才能使用，在常温下，熟化时间不应少于 15 d；用于罩面的石灰膏，在常温下，熟化的时间不得少于 30 d。

③ 砂。抹灰工程用的砂，一般是中砂或中、粗混合砂，但必须颗粒坚硬、洁净，含泥土等杂质不超过 3%。

（3）一般抹灰的施工要点

① 墙面抹灰。待标筋砂浆有七至八成干后，就可以进行底层砂浆抹灰。

抹底层灰可用托灰板（大板）盛砂浆，用力将砂浆推抹到墙面上，一般应从上而下进行，在两标筋之间的墙面砂浆抹满后，即用长刮尺两头靠着标筋，从下而上进行刮灰，使抹上的底层灰与标筋面相平。再用木抹来回抹压，去高补低，最后再用铁抹压平一遍。

中层砂浆抹灰应待水泥砂浆（或水泥混合砂浆）底层凝结后或石灰砂浆底层灰七、八成干后，方可进行。

中层砂浆抹灰时，应先在底层灰上洒水，待其收水后，即可将中层砂浆抹上去，一般应从上而下，自左向右涂抹整个墙面，抹满后，即用铁抹分遍压抹，使面层灰平整、光滑，厚度一致。铁抹运行方向应注意：最后一遍抹压宜是垂直方向，分遍之间应互相垂直抹压。墙面上半部与墙面下半部面层灰接头处应压抹理顺，不留抹印。

两墙面相交的阴角、阳角抹灰方法，一般按下述步骤进行：

a. 用阴角方尺检查阴角的直角度；用阳角方尺检查阴角的直角度；用线锤检查阴角或阳角的垂直度。

b. 将底层抹于阴角处，用木阴角器压住抹灰层并上下搓动，使阴角的抹灰基本上达到直角。

c. 将底层灰抹于阳角处，用木阳角器压住抹灰层并上下搓动，使阳角处抹灰基本上达到直角。再用阳角子上下抹压，使阳角线垂直。

d. 在阴角、阳角处底层灰凝结后，洒水湿润，交面层灰抹于阴角、阳角处，分别用阳角抹、阳角抹上下抹压，使中层灰达到平整光滑。

阴阳角找方应与墙面抹灰同时进行，即墙面抹底层灰时，阴、阳角抹底层找方。

② 顶棚抹灰。钢筋混凝土楼板下的顶棚抹灰，应待上层楼板地面面层完成后才能进行。板条、金属网顶棚抹灰，应待板条、金属网安装完成，并经检查合格后，方可进行。

顶棚抹灰不用做标志、标筋，只要在顶棚周围的墙面弹出顶棚抹灰层的面层高线，此标高必须从地面量起，不可从顶棚底向下量。

顶棚抹灰宜从房间里面开始，向门口进行，最后从门口退出。

顶棚抹灰应搭设满堂里脚手架。脚手板面至顶棚的距离以操作方便为准。

抹底层灰前，应扫尽钢筋混凝土楼板底的浮灰、砂浆残渣，去除油污及隔离剂剩料，并喷水湿润楼板底。

在钢筋混凝土楼板底抹底层灰，铁抹抹压方向应与模板纹路或预制板拼缝相垂直；在板条、金属网顶棚上抹底层灰，铁抹抹压方向应与板条长度方向相垂直，在板条缝处要用力压抹，使底层灰压入板条缝或网眼内，形成转脚以使结合牢固。底层灰要抹得平整。

抹中层灰时，铁抹抹压方向宜与底层灰抹压方向相垂直。高级顶棚抹灰，应加钉长 350～450 mm 的麻束，间距为 400 mm，并交错布置，分遍按放射状梳理抹进中层灰内，所以中层灰应抹得平整、光洁。

抹面层灰时，铁抹抹压方向宜平行于房间进光方向。面层灰应抹得平整、光滑，不见抹印。顶棚抹灰应待前一层灰凝结后才能抹上后一层灰，不可紧接进行。顶棚面积较小时，整个顶棚抹上灰后再进行压平、压光；顶棚面积较大时，可分段分块进行抹压、压平、压光，但接合处必须理顺；底层灰全部抹压后，才能抹中层灰，中层灰全部抹压后，才能抹面层灰。

2．装饰抹灰

装饰抹灰的底层均用 1∶3 水泥砂浆打底，厚 12 mm。其面层抹灰的作法各不相同。

（1）水刷石

水刷石装饰抹灰工程三遍成活，即用 1∶3 水泥砂浆打底，厚 12 mm；中层为素水泥浆一道；面层为 1∶1 水泥石子浆，厚 8～12 mm。待面层开始终凝时，即一边用棕刷蘸水刷掉面层水泥浆，一边用低压冲水，使石子外露。要求所用的石米粒径均匀，紧密平整，且为原色石粒。若用染色石料，随着日晒雨淋，时间一长，会渐渐变浅。水刷石表面质量应石粒清晰、分布均匀、紧密平整、色泽一致，应无掉粒和接槎痕迹。

（2）水磨石

水磨石工程也是 3 遍成活，即用 1∶3 水泥砂浆打底，厚 12 mm；中层为素水泥浆，面层为 1∶1 水泥石渣浆，厚 8 mm。

水磨石分 3 遍进行。

第一遍用 60 号～80 号金刚石磨盘，边磨边浇水，粗磨至石子外露，磨平、磨匀、磨出全部分格条，再用水冲洗，稍干后补上同色水泥浆一遍，养护 2 d。

第二遍用 100 号～150 号金刚石，磨至表面光滑，用水冲洗，稍干后，上浆补砂眼，养护 2 d。

第三遍用 180 号～240 号金刚石，细磨至表面光亮，用水冲洗后，再涂刷草酸，最后用 280 号油石细磨出白浆，再冲水，晾干后打上薄薄一层地板蜡。待地板蜡干后，再在磨石机上扎上磨布，打磨到发光发亮为止。

总之，对水磨石装饰工程的质量要求是：表面平整、光滑；石子显露均匀，色泽一致；条位分格准确；且无砂眼、无磨纹；无漏磨之处。

（3）干粘石或干撒砂

三遍成活。底层为 1∶3 水泥砂浆，厚 12 mm；中层为 1∶2 或 1∶2.5 水泥砂浆，厚 6 mm；面层为素水泥浆，起粘结作用，厚 1 mm。

具体操作是，当底层养护 2 d 后，浇水湿润抹中层，随即抹面层，同时将石米或有原色的砂子甩粘到面层上，拍实拍平。

其外观效果与水刷石类似，但操作简便、易学，工效高、造价低；碰撞易掉，故离室外地坪高度 1 m 以下，不宜采用干黏石。干黏石表面质量应色泽一致、不露浆、不漏黏，石粒应黏结牢固、分布均匀，阳角处应无明显黑边。

（4）斩假石

斩假石又叫剁斧石，三遍成活。底层为 1:3 水泥砂浆，厚 12 mm；中层为素水泥浆一道；面层为 1:2.5 水泥石渣，厚 11 mm。

其施工操作是：当底层养护 1 d 后，刷中层，随即抹面层，养护 3～5 d 后，即可用剁斧将其表面斩毛。

质量要求是：剁的方向要一致，剁纹均匀顺直，深浅一致，无漏剁处，阳角处应横剁并留出宽窄一致的石剁边条，棱角应无损坏，质感典雅、庄重、大方，酷似天然石料。

斩假石造价高，工效低，一般用于小面积的装饰工程。

三、材料与设备

材料：水泥，砂，石灰，水。

工具：铁抹子，托灰板，刮尺；搅拌工具与砌砖所述相同。

四、时间安排

训练内容要求在 6～7 个课时完成，本节训练宜在砌砖训练结束后连贯进行，且后续课程为贴面砖实训。

五、成绩考核

实训成绩按表 5.4.1 评定。

表 5.4.1　抹灰工工种实训成绩评定表

学　号

姓　名

项　目	比例	评分				得分	备注
操作技能（40%）	操作规范 20						
	成品质量 20						
心智技能（30%）	现场回答问题 15						
	实训报告 15						
工作态度（30%）	在小组中所起的作用 10						
	工作作风 10						
	安全与卫生 5						
	纪律与出勤 5						

注：（1）操作规范按下列项目评定（20 分）

① 工具握持方法，搅拌砂浆5分；

② 贴饼，冲筋5分；

③ 护角2.5分；

④ 批档5分；

⑤ 刮槎2.5分。

（2）成品质量按下列项目考核（20分）

① 墙面垂直度达到质量标准得5分；

② 墙面平整度达到质量标准得5分；

③ 接槎平整，无抹纹得5分；

④ 在规定的时间内抹灰完毕得5分。

抹灰质量的允许偏差

项次	项　目	允许偏差／mm			检验方法
		普通抹灰	中级抹灰	高级抹灰	
1	立面垂直	4	4	3	用2 m托线板检查
2	表面平整	4	4	3	用2 m直尺和楔形塞尺检查
3	阴、阳角方正	4	5	3	用200 mm方尺检查
4	分格条（缝）平直	4	4	3	拉5 m线和尺量检查
5	墙裙、勒脚上口直线度	4	3	3	拉5 m不足5 m拉线，用钢直尺检查

注：① 普通抹灰，本表第3项阴角方正可不检查；

　　② 顶棚抹灰，本表第2项表面平整度可不检查，但应平顺。

装饰抹灰质量的允许偏差

项次	项目	允许偏差／mm					检验方法
		水刷石	水磨石	斩假石	干黏土	假面砖	
1	表面平整	3	2	3	5	4	用2 m直尺和楔形塞尺检查
2	立面垂直	5	3	4	5	5	用直尺检测尺检查
3	阴、阳角方正	3	2	3	4	4	用方尺和楔形塞尺检查
4	墙裙勒脚上口平直	3	3	3			拉5 m线，不足5 m，拉通线和尺量检查
65	分格条（缝）平直	3	2	3	3	3	拉5 m线，不足5 m，拉通线和尺量检查

第6篇
架子工职业技能鉴定

第1章　架子工职业技能鉴定知识目录

鉴定范围				鉴定点		
一级		二级		序号	名称	重要程度
名称	鉴定比重/%	名称	鉴定比重/%			
建筑基础知识	6	建筑识图	3	1	施工图专业分类	
				2	施工图具体内容	
				3	建筑识图方法	
				4	建筑工程图概念	
		房屋构造	3	1	民用建筑各组成部分及作用	
				2	砖混结构的定义及特点	
				3	框架结构的定义及特点	
				4	框架—剪力墙结构的定义及特点	
				5	剪力墙结构的定义及特点	
				6	筒体结构的定义及特点	
脚手架基础知识	11	脚手架种类	10	1	按材质分类	
				2	按立杆排数分类	
				3	按搭设的用途分类	
				4	按搭设的位置分	
				5	外脚手架的概念	
				6	内脚手架的概念	
				7	悬挑脚手架的概念	
				8	吊篮脚手架的概念	
				9	附着式脚手架的概念	
				10	挂脚手架的概念	
		脚手架基本要求及发展方向	1	1	脚手架基本要求	
				2	脚手架发展方向	
扣件式钢管脚手架	36	钢管杆件和底座	12	1	扣件式钢管脚手架的组成	
				2	钢管杆件的内容	
				3	钢管杆件的材料	
				4	立杆	
				5	纵向水平杆	
				6	横向水平杆	
				7	剪刀撑	
				8	连墙杆	
				9	水平斜拉杆	
				10	纵向扫地杆	
				11	横向扫地杆	
				12	底座	

续表

鉴定范围				鉴定点		
一级		二级		序号	名称	重要程度
名称	鉴定比重/%	名称	鉴定比重/%			
扣件式钢管脚手架	36	扣件	1	1	扣件的种类	
				2	扣件的形式	
		脚手板	1	1	脚手板的种类	
				2	脚手板材质要求	
		连墙件	1	1	连墙件的作用	
				2	连墙件的布置	
		安全网	1	1	安全网的类别	
				2	安全网材质要求	
		脚手架的搭设	18	1	搭设的形式	
				2	搭设的顺序	
				3	搭设前的施工准备	
				4	脚手架的基础要求	
				5	脚手架的定位放线	
				6	立杆的搭设	
				7	扫地杆的搭设	
				8	纵向水平杆的搭设	
				9	横向水平杆的搭设	
				10	连墙件的设置	
				11	抛撑的设置	
				12	剪刀撑的设置	
				13	横向斜撑的设置	
				14	脚手板的铺设	
				15	栏杆和挡脚板的搭设	
				16	安全网的搭设	
				17	脚手架的封顶	
				18	斜道的搭设	
碗扣式钢管脚手架	14	脚手架的拆除	2	1	拆除前的准备工作	
				2	拆除的顺序	
		脚手架的构造	4	1	脚手架的组成	
				2	碗扣接头的组成	
				3	碗扣接头的使用特点	
				4	脚手架的构造类型	
		脚手架的杆配件	2	1	按用途分类	
				2	主构件的组成	
				3	辅助构件的组成	
				4	碗扣式钢管脚手架的优点	

续表

鉴定范围				鉴定点		
一级		二级				
名称	鉴定比重/%	名称	鉴定比重/%	序号	名称	重要程度
碗扣式钢管脚手架	14	搭设工艺	4	1	搭设顺序	
				2	横杆的要求	
				3	斜杆的要求	
				4	人行架梯的要求	
				5	立杆的要求	
				6	连墙撑的要求	
				7	剪刀撑的要求	
				8	高层卸荷拉结杆的要求	
		脚手架的拆除	2	1	拆除步骤	
				2	拆除规定	
门式钢管脚手架	6	脚手架的组成	3	1	门式钢管脚手架的概念	
				2	门架主构件的组成	
				3	门架配件的组成	
				4	连接棒的定义	
				5	锁臂的定义	
				6	加固件的定义	
		脚手架的搭设	2	1	搭设的步骤	
				2	搭设前准备工作	
				3	验收的内容	
				4	验收时应具备的文件	
		脚手架拆除	1	1	拆除前准备工作	
				2	拆除时一般步骤	
悬挑式脚手架	4	脚手架的形式	1	1	几种常见的形式	
				2	支撑结构的形式	
		脚手架的搭设	2	1	准备工作	
				2	使用荷载的要求	
				3	严禁的违章作业	
				4	定期的安全检查	
		脚手架的拆除	1	1	拆除的准备工作	
				2	拆除的步骤	
吊脚手架	6	吊脚手架的构造	2	1	吊脚手架的组成	
				2	吊脚的类型	
		手动吊篮脚手架的构造	1	1	脚手架的组成	
				2	特点及优点	
		脚手架的搭设及拆除	3	1	搭设的顺序	
				2	拆除的顺序	

续表

鉴定范围				鉴定点		
一级		二级				
名称	鉴定比重/%	名称	鉴定比重/%	序号	名称	重要程度
吊脚手架	6	脚手架的搭设及拆除	3	3	空载试运行	
				4	使用的要求	
				5	吊篮的限定负荷	
				6	吊篮的例行检查	
附着升降式脚手架	7	特点及类型	1	1	脚手架的类型	
				2	脚手架的特点	
		自升降式脚手架	3	1	使用原理	
				2	施工前准备	
				3	脚手架的安装	
				4	脚手架的爬升	
				5	脚手架的下降	
				6	脚手架的拆除	
		互升降式脚手架	3	1	使用原理	
				2	施工前准备	
				3	脚手架的安装	
				4	脚手架的爬升	
				5	脚手架的下降	
				6	脚手架的拆除	
里脚手架	2	里脚手架的使用	2	1	脚手架的几种形式	
				2	脚手架拆除的顺序	
				3	脚手架荷载	
				4	脚手架使用要求	

第 2 章 架子工职业技能鉴定复习要点

2.1 架子工基本要求考试复习要点

1. 建筑识图

（1）施工图专业分类

一套完整的施工图一般按专业分为建筑施工图、结构施工图、设备施工图。

（2）施工图具体内容

① 图样目录和总说明

图样目录包括每张图样的名称、内容、图号以及建筑标准、建筑使用年限、建筑耐火等级等。

② 建筑总平面图

建筑总平面图是表明一项建设工程总体布置情况的图纸。

③ 建筑施工图

建筑施工图说明建筑各平面布置以及立面、剖面形式。

④ 结构施工图

结构施工图说明房屋结构的类型，结构平面布置以及构件尺寸、材料和施工要求等。

⑤ 设备施工图

设备施工图的种类很多，常见的有给排水设备施工图、供暖通风设备施工图、电气系统设备施工图、煤气设备施工图等。

（3）建筑识图方法

① 先细阅说明书、首页图（目录），后看建施、结施、设施。② 每张图，先看图标、文字，后看图样。③ 先看建施，后看结施、设施。④ 建施先看平、立、副图，后看详图。⑤ 先看基础、结构布置平面图，后看结构详图。⑥ 先看设施平面图，后看系统、安装详图。

（4）建筑工程图概念

建筑工程图是用投影的方法来表达工程物体的形状和大小，按照国家工程建设标准有关规定绘制的图样。它能确地表达出房屋的建筑结构、设备等设计的内容和技术要求。

2. 房屋构造

（1）民用建筑各组成部分及作用

一般民用建筑通常是由基础、墙或柱、楼地面、楼梯、屋面、门窗等六个主要部分组成。

① 基 础

基础是建筑物最下部分的承重构件，承受着建筑物的全部荷载，并把这些荷载传给地基。

② 墙或柱

墙或柱承受屋面、楼地面传来的各种荷载，并把它们传给基础。外墙同时也是建筑物的围护构件，抵御自然界各种因素对室内的侵袭，内墙则起分隔房间的作用。

③ 楼地面

楼地面包括楼层地面（楼面）和底层地面（地面），是楼房建筑中水平方向的承重构件。它将楼面的荷载通过楼板传给墙或柱，同时还对墙体起着水平支撑作用。

④ 楼　梯

楼梯是楼房建筑的垂直交通设施，供人们上下楼层和紧急疏散之用。

⑤ 屋　面

屋面是建筑物顶部的承重和围护构件。它承受着建筑物顶部的荷载（包括自重、雪荷载和风荷载等），并将这些荷载传给墙或柱；作为围护构件，抵御自然界风、雨、雪的侵袭及太阳辐射热的影响。

⑥ 门　窗

主要是采光和通风，同时又有分隔作用和围护作用。它们都是非承重构件。

（2）砖混结构的定义及特点

砖混结构是指建筑物中竖向承重结构的墙、柱等采用砖或砌块砌筑，柱、梁、楼板、屋面板等采用钢筋混凝土结构。通俗地讲，砖混结构是以小部分钢筋混凝土及大部分砖墙承重的结构。

（3）框架结构的定义及特点

框架结构是以钢筋混凝土挠捣成承重梁柱，再用砖等材料隔墙分户而成的。这种结构适合大规模工业化施工，效率较高，工程质量较好。

（4）框架-剪力墙结构的定义及特点

框架-剪力墙结构也称框剪结构，这种结构是在框架结构中布置一定数量的剪力墙，构成灵活、自由地使用空间，从而满足不同建筑功能的要求，同时又因有足够的剪力墙，故有相当大的刚度。框剪结构是由框架和剪力墙结构两种不同的抗侧力结构组成的新受力结构。

（5）剪力墙结构的定义及特点

剪力墙是由钢筋混凝土浇成的墙体。由剪力墙组成的承受竖向和水平作用的结构，称为剪力墙结构。剪力墙结构可建得很高，但其缺点是空间划分不灵活。

（6）简体结构的定义及特点

简体结构由框架-剪力墙结构与全剪力墙结构综合演变和发展而来。简体结构是将剪力墙或密柱框架集中到房屋的内部和外围而形成的空间封闭式的墙体。其特点是剪力墙集中而获得较大的自由分割空间，多用于写字楼建筑。

2.2　架子工相关知识复习要点

2.2.1　脚手架基本知识

1. 脚手架种类

（1）按材质分

从材质上说，不仅有传统的竹、木脚手架，而且还有钢管脚手架。钢管脚手架中又分扣件式、碗扣式、门式、工具式等。

（2）按立杆排数分

按搭设的立杆排数，可分为单排架、双排架和满堂架。

（3）按搭设的用途分

按搭设的用途，可分为砌筑架、装修架。

（4）按搭设的位置分

按搭设的位置，可分为外脚手架和内（里）脚手架。

（5）外脚手架的概念

搭设在建筑物或构筑物外围的脚手架称为外脚手架，也叫底撑式脚手架。

（6）内脚手架的概念

搭设在建筑物或构筑物内的脚手架称为内脚手架，或称里脚手架，主要有马凳式里脚手架、支柱式里脚手架。

（7）悬挑脚手架的概念

它不直接从地面搭设，而是采用在楼板墙面或框架柱上以悬挑形式搭设。

（8）吊篮脚手架的概念

基本构件是用由 50 mm × 3 mm 的钢管焊成矩形框架，并以 3 ~ 4 栈框架为一组，在屋面上设置吊点，用钢丝绳吊挂框架。它主要适用于外装修工程。

（9）附着式脚手架的概念

附着在建筑物的外围，可以自行升降的脚手架或称为附着式升降脚手架。

2．脚手架基本要求及发展方向

（1）脚手架基本要求

脚手架安全防护符合相关规程、条例和基本标准；要足够坚固、稳定以及有足够的面积；应构造简单，拆装方便，并能多次周转使用；使用的荷载必须经过计算和试验来确定。

（2）脚手架发展方向

① 金属脚手架取代竹、木脚手架。② 多功能脚手架取代传统脚手架。③ 脚手架的设计、搭设必须规范化，杆件和配件应由专业工厂生产供应。

2.2.2　扣件式钢管脚手架

1．钢管杆件和底座

（1）扣件式钢管脚手架的组成

由标准的钢管杆件和特制扣件组成的脚手架骨架与脚手板、防护构件、连墙件等构成。

（2）钢管杆件的内容

钢管杆件包括立杆、大横杆、小横杆、剪刀撑、斜杆和抛撑（在脚手架立面之外设置的斜撑）。

（3）钢管杆件的材料

钢管杆件一般采用外径 48 mm、壁厚 3.5 mm 的焊接钢管或无缝钢管，用于立杆、大横杆、剪刀撑和斜杆的钢管最大长度为 4 ~ 6.5 m，最大重量不宜超过 25 kg；用于小横杆的钢管长度宜为 1.8 ~ 2.2 m，以适应脚手架宽度的需要。其材料宜选择力学性能适中的 Q235 钢，材料性质应符合《碳素结构钢》（GB700—88）的相应规定。

（4）立　杆

平行于建筑物并垂直于地面，是把脚手架荷载传递给基础的受力杆件。

（5）纵向水平杆

平行于建筑物并在纵向水平连接各立杆，是承受并传递荷载给立杆的受力杆件。

（6）横向水平杆

垂直于建筑物并在横向水平连接内、外排立杆，是承受并传递荷载给立杆的受力杆件。

（7）剪刀撑

设在脚手架外侧面并与墙面平行的十字交叉斜杆，可增强脚手架的纵向刚度。

（8）连墙杆

连接脚手架与建筑物，是既要承受并传递荷载，又可防止脚手架横向失稳的受力杆件。

（9）水平斜拉杆

设在有连墙杆的脚手架内、外排立杆间的步架平面内的"之"字形斜杆，可增强脚手架的横向刚度。

（10）纵向扫地杆

连接立杆下端，是距底座下方 200 mm 处的纵向水平杆，起到约束立杆底端在纵向发作位移的作用。

（11）横向扫地杆

连接立杆下端，是位于纵向扫地杆上方的横向水平杆，起约束立杆底端在横向发生位移的作用。

（12）底　座

用于承受脚手架立柱传递下来的荷载，底座一般采用厚 8 mm、边长为 150～200 mm 的钢板作底板，上焊高 150 mm 的钢管。

2．扣　件

（1）扣件的种类

扣件为杆件的连接件，有可锻铸铁铸造扣件和钢板压制扣件两种。

（2）扣件的形式

扣件的基本形式有三种：第一种是对接扣件，用于两根钢管的对接连接；第二种是旋转扣件，用于两根钢管呈任意角度交叉的连接；第三种是直角扣件，用于两根钢管呈垂直交叉的连接。

3．脚手板

（1）脚手板的种类

常用的脚手板有竹脚手板、钢脚手板、冲压钢脚手板等。

（2）脚手板材质要求

脚手板的材质应符合规定，且脚手板不得有超过允许的变形和缺陷。

4．连墙件

（1）连墙件的作用

将立杆与主体结构连接在一起，可采用钢管、型钢或粗钢筋等，以增强脚手架整体的稳定性。

（2）连墙件的布置

连墙件应从底部第一根纵向水平杆处开始设置，附墙件与结构的连接应牢固，通常采用预埋件连接。连墙杆每 3 步 5 跨设置一根。

5．安全网

（1）安全网的类别

安全网是保证安全和减少灰尘、噪声、光污染的措施，包括立网和平网两部分。

（2）安全网材质要求

安全网必须符合国家安全标准，有足够的强度和耐腐蚀性，霉烂腐朽老化或有漏孔的网绝对不能使用。

6．脚手架的搭设

（1）搭设的形式

扣件式脚手架的搭设形式形式有双排和单排两种。

（2）搭设的顺序

做好准备工作→铺垫木→安置底座→摆放纵向扫地杆→逐根竖立杆→安放横向扫地杆→安装第一、第二步纵向水平杆和横向水平杆→加设临时抛撑→安装第三、第四步纵向和横向水平杆→设置连墙杆→安装横向斜撑→接立杆→加设剪刀撑→铺脚手板→安装护身栏杆和挡脚板→立挂安全网。

（3）搭设前的施工准备

① 单位工程负责人应按施工组织设计中有关脚手架的要求，向架设和使用人员进行技术交底。

② 应按《建筑施工扣件式钢管脚手架安全技术规范》的规定和施工组织设计的要求对钢管、扣件、脚手板等进行检查验收，不合格产品不得使用。

③ 经检验合格的构配件应按品种、规格分类，堆放整齐、平稳，堆放场地不得有积水。应清除搭设场地杂物，平整搭设场地，并使排水畅通。

④ 当脚手架基础下有设备基础、管沟时，在脚手架使用过程中不应开挖，否则必须采取加固措施。

（4）脚手架的基础要求

① 脚手架搭设前，基础要平整夯实，架基及周围不得积水，在距脚手架外立杆外 0.5 m 处，设置一排水沟，在最低点处设置积水坑。以保证架基的承载能力，基槽回填土必须步步夯实后，才能做脚手架基础。

② 回填土夯实后，上面铺设厚度 50 mm 的 0.2 m×3 m 木脚手板，之后在木脚手板上放置钢底座，钢底座上放置立杆。铺设木脚手板要平稳，不得悬空。

（5）脚手架的定位放线

应根据脚手架立柱的位置，进行放线。脚手架的下面要加设底座或垫块，底座、垫块均应准确地放在定位线上。普通脚手架的垫块宜采用长度不少于 2 跨、厚度不小于 50 mm 的木垫块，垂直成平行于横墙放置。高层脚手架的垫块宜采用槽钢。

（6）立杆的搭设

竖立杆时要两人合作，一人拿起立杆，将一头定在底座上；另一人用左脚将立杆底端踩住，再用左手扶住立杆，右手帮助用力将立杆竖起，待立杆竖起后再插入底座内；一人不松手继续扶住立杆，另一人再拿起纵向水平杆与立杆用直角扣件和立杆连接住。

当立杆需要接长时，必须采用对接方法，不准采用搭接。

（7）扫地杆的搭设

纵向扫地杆固定在立杆内侧，其距底座上皮的距离不应大于 200 mm。横向扫地杆采用直角扣件固定在紧靠纵向扫地杆下的立杆上；或者紧挨着立杆，固定在纵向扫地杆下侧。

（8）纵向水平杆的搭设

① 纵向水平杆设置在立杆内侧，其长度不宜小于 3 跨。

② 纵向水平杆接长采用对接扣件连接时，对接扣件应交错布置，两根相邻纵向水平杆的接头不宜设置在同步或同跨内，不同步或不同跨两个相邻接头在水平方向错开的距离不应小于 500 mm，各接头中心至最近主节点的距离不宜大于纵距的 1/3；当采用搭接方式连接时，搭接长度不应小于 1 m，应等间距设置 3 个旋转扣件固定，端部扣件盖板边缘至搭接纵向水平杆的距离不应小于 100 mm。

③ 在脚手架的同一步中，纵向水平杆应用直角扣件与内外角部立杆固定。

④ 使用冲压钢脚板木脚板竹串片脚手板时，纵向水平杆应作为横向水平杆的支座，用直角扣件固定在立杆上。当使用竹笆脚手板时，应先安装横向水平杆，纵向水平杆应采用直角扣件固定在横向水平杆上，并应等间距设置。

（9）横向水平杆的搭设

① 作业层上主节点处必须设置一根横向水平杆，用直角扣件扣紧且严禁拆除。主节点处两个直角扣件的中心距离不应大于 150 mm。

② 作业层上非主节点处的横向水平杆，宜根据支撑脚手板的需要等间距设置，最大间距应不大于纵距的 1/2 跨距。

③ 横向水平杆两端采用直角扣件固定在纵向水平杆上方。

④ 可在两主节点间加设横向水平杆，横向水平杆间距不得大于 700 mm，以方便搭设作业面脚手板。

⑤ 当使用冲压钢脚板、木脚手板、竹串片脚手板时，双排脚手架的横向水平杆两端均应采用扣件固定在纵向水平杆上；单排脚手架的横向水平杆的一端，应用宜角扣件固定在纵向水平杆上，另一端则应插入墙内，插入长度应不小于 180 mm。

（10）连墙件的设置

① 当脚手架搭设高度较高需要缩小连墙杆间距时，减少垂直间距比缩小水平间距更为有效。由脚手架荷载试验可知，连墙杆按二步二跨设置比三步二跨设置时，承载能力提高 7%。

② 连墙杆应靠近节点并从底层第一步大横杆处开始设置。

③ 连墙杆宜靠近主节点设置，距主节点不应大于 300 mm。

④ 连墙杆必须与建筑结构部位连接，以确保承载能力。

（11）抛撑的设置

高度低于三步的脚手架得设抛撑，间距不小于 6 倍立杆间距。与地面夹角为 45°～60°。抛撑应采用通常杆件与脚手架可靠连接，连接点中心至主节点的距离不大于 300 mm。抛撑应在连墙件搭设后拆除。

（12）剪刀撑的设置

①　每道剪刀撑跨越立杆的根数：当剪刀撑斜杆与地面的倾角为 45° 时，不应超过 7 根；当剪刀撑斜杆与地面的倾角为 50° 时，不应超过 6 根；当剪刀撑斜杆与地面的倾角为 60° 时，不应超过 5 根。每道剪刀撑宽度不应小于 4 跨，且不应小于 6 m，斜杆与地面的倾角宜在 45° ~ 60°。

②　高度在 24 m 以下的单、双排脚手架，均必须在外侧正面的两端各设置一道剪刀撑，并应由底至顶连续设置，中间各道剪刀撑之间的净距不应大于 15 m。

③　高度在 24 m 以上的双排脚手架应在外侧立面整个长度和高度上连续设置剪刀撑。

④　剪刀撑斜杆的接长宜采用搭接，其搭接长度不应小于 1 m，至少用 2 个旋转扣件固定，端部扣件盖板边缘至板端的距离不小于 100 mm。

⑤　剪刀撑斜杆应用旋转扣件固定在与之相交的横向水平杆的伸出端或立杆上，旋转扣件中心线至主节点的距离不宜大于 150 mm，由底部到顶部随脚手架的搭设连续设置。

（13）横向斜撑的设置

①　横向斜撑应在同一行间，由底至顶层 "之" 字形连续布量。

②　一字形、开口形双排脚手架的两端均必须设置横向斜撑，中间宜每隔 6 跨设量一道。

③　高度在 24 m 以下的封闭型双排脚手架可不设横向斜撑；高度在 24 m 以上的封闭型脚手架，除拐角应设在横向斜撑外，中间应每隔 6 跨设置一道。

（14）脚手板的铺设

①　脚手板的铺设形式：对接平铺和搭接平铺。脚手架边缘与墙面的间隙一般为 120 ~ 150 mm，与挡脚板的间隙一般不大于 10 mm。

②　脚手架平铺时，接头处必须设两根横向水平杆。接头处伸长度应取 130 ~ 150 mm。两块膨手板外伸长度之和应不大于 300 mm。

③　脚手架搭接铺设时，接头必须支在横向水平杆。搭接长度应大于 200 mm。伸出横向水平的长度应木小于 100 mm。

（15）栏杆和挡脚板的搭设

①　栏杆和挡脚板均应搭设在外立杆的内侧。

②　上栏杆高度应为 1.2 m。

③　挡脚板高度不得小于 180 mm。

④　中栏杆应居中设置。

（16）安全网的搭设

搭设安全网的方法：①　当有窗户时，可先在窗户里、外侧各绑一道横杆，然后两人从下一层窗户处将斜杆绑牢，并将安全网外侧系在外横杆上，然后再将安全网里侧系在内横杆上，最后上下呼应将安全网斜向支出去。

②　在无窗口的山墙上，可在墙角设短钢管斜撑，用立杆来挂安全网；也可以在墙内预埋钢筋环以支插斜杆。

（17）脚手架的封顶

①　外排立杆必须超过房屋屋檐口的高度，若房屋有女儿墙时，必须超过女儿墙顶 1 m；若是坡屋顶，必须超过距口顶 1.5 m。

② 内排立杆应低于屋檐口底 150～200 mm。

③ 脚手架最上一排连墙件以上的建筑物高度应不大于 4 m。

（18）斜道的搭设

① 斜道宜附着外脚手架或建筑物设置。

② 人行斜道宽度不宜小于 1 m，坡度宜采用 1：3。

③ 拐弯处应设置平台，其宽度不应小于斜道宽度。

④ 斜道两侧及平台外围均应设置栏杆及挡脚板。栏杆高度应为 1.2 m，挡脚板高度不应小于 180 m；斜道外侧按规定设置剪刀撑和斜撑。

7. 脚手架的拆除

（1）拆除前的准备工作

① 脚手架拆除应根据施工组织设计中脚手架的拆除方案进行。

② 全面检查脚手架是否安全。

③ 拆除前应清除脚手架上的材料工具和杂物，清理地面障碍物。

④ 拆除脚手架现场应设置安全警戒区域和警告牌，并派专人看管，严禁非施工作业人员进入拆除作业区内。

（2）拆除的顺序

拆架程序应遵守“从上而下，先搭的后拆”的原则，一般的拆除顺序为：安全网→剪刀撑→斜道→连墙件→横杆脚手板→斜杆→立杆→立杆底座。

2.2.3　碗扣式钢管脚手架

1. 脚手架的构造

（1）脚手架的组成

碗扣式钢管脚手架由钢管立杆、横杆、碗扣接头等组成。

（2）碗扣接头的组成

碗扣接头是脚手架系统的核心部件，由上碗扣、下碗扣横杆接头和上碗扣的限位销等组成。

（3）碗扣接头的使用特点

上碗扣、下碗扣和限位销按 60 cm 间距设置在钢管立杆之上。其中，下碗扣和限位销则直接焊在立杆上。进行杆件连接时，先将上碗扣的缺口对准限位销，将上碗扣沿立杆拉起，然后将固定于横杆上的横杆接头插入下碗扣的圆槽内，随后将上碗扣沿限位销滑下，并沿顺时针方向旋转以扣紧横杆，再用小锤轻击几下即可达到扣紧的目的。接头的拼接避免了拧螺栓的作业。

（4）脚手架的构造类型

① 重型架：取较小立杆纵距（0.9 m 或 1.2 m）主要用于高层外脚手架的底部架。为了提高高层脚平架搭设高度，采取上下分段。

② 普通架：是比较常用的一种类型，立杆纵距、立杆横距和横杆纵距可选 1.5 m×1.2 m×1.8 m 或 1.8 m×1.2 m×1.8 m 两种形式，可作为砌墙模板工程等结构施工脚手架。

③ 轻型架：主要用于装修、维护等作业，构件尺寸为 2.4 m×1.2 m×1.8 m。

2. 脚手架的杆配件

（1）按用途的分类

按其用途分为主构件、辅助构件、专用构件。

（2）主构件的组成

由立杆、横杆、斜杆、底座组成。

（3）辅助构件的组成

辅助构件是用于作业面及用于连接的杆构件。

① 用于作业面的构件：间横杆、脚手板、挡脚板、挑梁。

② 用于连接的辅助构件：立杆连接销、直角撑、连墙撑。

（4）碗扣式钢管脚手架的优点

① 碗扣节点结构合理，力杆轴向传力，使脚手架整体在三维空间，结构强度高，整体稳定好，能满足施工安全的需要。

② 脚手架组架形式灵活。

③ 碗扣脚手架各构件尺寸统一，搭设的脚手架具行规范化、标准化的特点。

3. 搭设工艺

（1）搭设顺序

碗扣式钢管脚手架的搭设顺序：安装立杆底座或立杆可调底座→竖立杆、安放扫地杆→安装底层（第一步）横杆→安装斜杆→接头销紧→铺放脚手板→安装上层立杆→紧立杆连接销→安装横杆→设置连墙件→设置人行梯→设置剪刀撑→挂设安全网。

（2）横杆的要求

横杆是组成脚手架的横向连接杆件，是脚手架的水平支撑。组装完两层横杆时，首先应检查并调整水平框架的直角度和纵向直角度，其次应检查横杆的水平度并通过调整立杆的可调座使横杆间的水平偏差小于 $L/400$（L 为框架长度）、纵线直线度偏差小于 $L/200$、直角度小于 $3.5°$。

（3）斜杆的要求

斜杆可增强脚手架稳定，合理设置斜杆对提高脚手架承载力。斜杆应尽量布置在框架节点上。

（4）人行架梯的要求

人行架梯设在 $1.8 m×1.8 m$ 的框架内架上，梯上有挂钩，可以直接挂在横杆上。架梯宽为 $540 mm$，一般在 $1.2 m$ 宽的脚手架内布置成折线形，在转角处铺脚手板作为平台，在脚手架靠梯子一侧安装斜杆和横杆作为扶手。

（5）立杆的要求

第一层立杆应采用 $3.0 m$ 和 $1.8 m$ 两种不同长度的立杆，相互交错，参差布置。立杆沿高每隔 $600 mm$ 闭定一个碗扣接头，所以碗扣式钢管脚手架的步高一般采用 $600 mm$ 的倍数，只有在用于荷载特大或待小的情况时，才采用 $1 200 mm$ 与 $2 400 mm$ 的倍数。

（6）连墙撑的要求

连墙撑应尽量连接在横杆层碗扣接头内，同脚手架、墙体保持垂直，并随建筑物及架子的升高及时设置。设置连墙撑时要注意调整间隔，使脚手架竖向平面保持垂直。碗扣式连墙撑与脚手架连接和横杆与立杆连接相同。

（7）剪刀撑的要求

剪刀撑包括竖向剪刀撑和纵向水平剪刀撑。

① 竖向剪刀撑。其设置应与碗扣式斜杆的设置相配合。高度 30 m 以下的脚手架，每隔 4～6 跨（立杆间距）设置一组沿全高连续搭设的剪刀撑（每道剪刀撑跨越 5～7 根立杆），设剪刀撑的跨内不再设碗扣式斜杆。高度 30 m 以上的脚手架沿脚手架外侧及全高连续设置。两组剪刀撑之间设碗扣式斜杆。

② 纵向水平剪刀撑。高 30 m 以上的脚手架应隔 3～5 步架设置一道连续的闭合的纵向水平剪刀撑。

（8）高层卸荷拉结杆的要求

高层卸荷拉结杆是为了减轻脚手架荷载而设置的构件。它由预埋件、拉结杆、花篮螺丝、管卡等组成。拉结杆一端用预埋件固定在建筑物上，另一端用卡环固定在脚手架横杆层下碗扣底下，中间用花篮螺丝调整拉力，以达到悬吊脚手架在建筑物上而卸荷的目的。一般每 30 m 高卸荷一次，但总高度在 50 m 以下的脚手架可不用卸荷。

4. 脚手架的拆除

（1）拆除步骤

安全网→剪刀撑→人行梯→连墙撑→横杆→立杆连接销→脚手板→斜杆→立杆→立杆底座（可调座）。

（2）拆除规定

① 外架拆除前应由单位工程负责人召集有关人员对架子工程进行全面检查与签证确认，建筑物施工完毕，且不需要使用时，脚手架方可拆除。

② 拆除脚手架应设置警戒，张挂醒目的警戒标志，禁止非操作人员通行和地面施工人员通行，并有专人负责警戒。

③ 长立杆、斜杆的拆除应由两人配合进行，不宜单独作业。下班时应检查其是否牢固，必要时应加设临时固定支撑，防止发生意外。

④ 拆除外架前应将通道口上的存留材料杂物清除，按照先上而下"先装后拆，后装先拆"的顺序拆卸。

⑤ 如遇强风、雨、雪等天气，不能进行外架拆除。

⑥ 拆卸的钢管与扣件应分类堆放，严禁高空抛掷。

2.2.4　门式钢管脚手架

1. 脚手架的组成

（1）门式钢管脚手架的概念

门式钢管脚手架是以门架、交叉支撑、连接棒、挂扣式脚手板或水平架、锁臂等组成基本结构，再设置水平加固杆、剪刀撑、扫地杆、封口杆、托座与底座，并采用连墙件与建筑物主体结构相连的一种标准化钢管脚手架。

（2）门架主构件的组成

主要由立杆、横杆及加强杆焊接组成。

（3）门架配件的组成

包括底座、可调底座、可调托座、固定托座、交叉支承、挂扣式脚手板、钢梯。

（4）连接棒的定义

用于门架立杆竖向组装的连接件。

（5）锁臂的定义

门架立扦组装接头处的连接件。

（6）加固件的定义

用于增强脚手架刚度而设置的杆件，包括剪刀撑、水平加固件、封口杆与扫地杆。

2. 脚手架的搭设

（1）搭设的步骤

铺设垫木（板）→安放底座→自一端起立门架并随即装交叉支撑→安装水平架（或脚手板）→安装钢梯→安装水平加固杆→照上述步骤，逐层向上安装→按规定位置安装剪刀撑→装配顶部栏杆扶手。

（2）搭设前的准备工作

① 脚手架搭设前，工程技术负责人应按《建筑施工门式脚手架安全技术规范》和设计要求向架设和使用人员做技术交底。

② 对门架配件、加固件进行检查验收，禁止使用不合格的构配件。

③ 对脚手架的搭设场地进行清理、平整，并做好排水。

（3）验收的内容

① 构配件和加固件是否齐全，质量是否合格，是否紧固可靠。

② 安全网的张挂及扶手的设置是否齐全。

③ 基础是否平整坚实，支垫是否符合规定。

④ 连墙件的数量、位置和设置是否符合要求。

⑤ 垂直度及水平度是否合格。

（4）验收时应具备的文件

① 施工组织设计文件。

② 脚手架构配件的出厂合格证或质量分类合格标志。

③ 脚手架工程的施工记录及质量检查记录。

④ 脚手架搭没过程中出现的重要问题及处理记录。

⑤ 脚手架工程的施工验收报告。

3. 脚手架拆除

（1）拆除前的准备工作

① 脚手架经单位工程负责人检查验证并确认不再需要时，方可拆除。

② 拆除脚手架前，应清除脚手架上的材料、工具和杂物。

③ 拆除脚手架前，应设置警戒区和警戒标志，并由专职人员负责警戒。

（2）拆除时的一般步骤

① 脚手架的拆除应在统一指挥下，按"后装先拆，先装后拆"的顺序进行。

② 脚手架的拆除应从一端走向另一端、自上而下逐层地进行。

③ 同一层的构配件和加固件应按先上后下、先外后里的顺序进行，最后拆除连墙件。

④ 连墙杆、遇长水平杆和剪刀撑等，必须在脚手架拆卸到相关的门架时方可拆除。

2.2.5 悬挑式脚手架

1. 脚手架的形式

（1）几种常见的形式

按型钢支承架与主体结构的连接方式可分为：① 搁置固定于主体结构层上的形式。② 搁置加斜支撑或加上张拉与预埋件连接。③ 与主体结构面上的预埋件焊接形式。

（2）支撑结构的形式

① 悬挂式挑梁。② 下撑式挑梁。③ 衍架式挑梁。

2. 脚手架的搭设

（1）准备工作

① 应制定专项施工方案和安全技术措施，并绘制施工图指导施工。必须经企业技术负责人审核批准后方可组织实施。

② 预埋件等隐蔽工程的设量应按设计要求执行，保证质量；隐蔽工程验收手续应齐全。

③ 搭设时，连墙件、型钢支承架对应的主体结构混凝土必须达到设计计算要求的强度。

（2）使用荷载的要求

悬挑式脚手架在结构施工阶段不得超过两层同时作业，装修施工阶段不得超过三层同时作业，在一个跨距内各操作层施工均布荷载标准值总和不得超过 6 kN/m²，集中堆载不得超过 300 kg。

（3）严禁的违章作业

① 利用架体吊运物料。② 在架体上推车。③ 任意拆除架体结构件或连接件。④ 任意拆除或移动架体上的安全防护设施。⑤ 其他影响悬挑式脚手架使用安全的违章作业。

（4）定期的安全检查

悬挑式脚手架在使用过程中，要求定期（每个月不少于1次）进行安全检查，不合格部位应立即整改。

3. 脚手架的拆除

（1）拆除的准备工作

① 拆卸作业前,方案编制人员和专职安全员必须按专项施工方案和安全技术措施的要求对参加拆卸人员进行安全技术书面交底，并进行签字手续。

② 拆除脚手架前应全面检查脚手架的扣件、连墙件、支撑体系等是否符合构造要求，同时应清除脚手架上的杂物及影响拆卸作业的障碍物。

（2）拆除的步骤

① 拆除作业必须由上而下逐层拆除，严禁上下同时作业。② 拆除脚手架时连墙件必须随脚手架逐层拆除，严禁先将连墙件整层或数层拆除后再拆脚手架。

2.2.6 吊脚手架

1. 吊脚手架的构造

（1）吊脚手架的组成。

主要由吊架（或吊篮）、支承系统及提升系统三大部分组成。

（2）吊脚的类型

① 衍架式工作台。② 提篮架。③ 吊篮。

2. 手动吊篮脚手架的构造

（1）脚手架的组成

手动吊篮脚手架由支承设施（挑梁或桁架）、吊篮绳、安全绳、安全锁、手板葫芦和吊篮架等组成。

（2）特点及优点

吊篮脚手架作为施工外用脚手架，具有搭设速度快、节约大量脚手架材料、节省劳力、操作方便、灵活、经济效益较好等优点。吊篮脚手架一般分手动和电动两种。目前采用手动吊篮的较多，因为它具有安拆方便、不占场地、经济适用等特点。

3. 脚手架的搭设及拆除

（1）搭设的顺序

确定支撑系统的位置→安装支承系统→挂上吊篮绳及安全绳→组装吊篮→安装手扳葫芦→穿插吊篮及安全绳→提升吊篮→固定保险绳。

（2）拆除的顺序

将吊篮逐步降至地面→拆除手扳葫芦→抽出吊篮绳→移走吊绳→拆除挑梁→解吊篮绳、安全绳→将挑梁与附件吊送到地面。

（3）空载试运行

脚手架组装完成以后，应进行空载试运行、1.25 倍施工荷载试验以及安全绳、安全锁抗冲击试验，并经企业技术、质量、安全部门验收合格后，方准投入使用。

（4）使用的要求

使用中必须有 2 根直径为 $\phi 12.5\ \mathrm{mm}$ 的钢丝绳做安全绳且配备经鉴定合格的安全锁。严禁在安全锁不起作用的情况下使用。吊篮在工作时，必须将手扳葫芦的松卸手柄卸下来，防止误操作发生事故。

（5）吊篮的限定负荷

吊篮的负荷量不得超过 $120\ \mathrm{kg/m^2}$，吊篮上的作业人员每组不得超过 3 人，且不得集中站在一端，升降吊篮必须同时摇动手柄，保持各吊点同步升降。

（6）吊篮的例行检查

工作前的例行检查和准备作业内容包括：① 检查屋面支承系统的钢结构、配重以及工作钢丝绳及安全绳的技术状况，凡有不合规定者，应立即纠正。② 检查吊篮的机械设备并反复进行升降，检查其工作情况，确认其正常后方可正式运行。③ 清扫吊篮内的尘土垃圾、积雪和冰渣。

2.2.7　附着升降式脚手架

1. 特点及类型

（1）脚手架的类型

包括自升降式、互升降式、整体升降式三种类型。

（2）脚手架的特点

① 脚手架不需满搭，只搭设满足施工操作及安全各项要求的高度即可。② 地面不需做

支承脚手架的坚实地基,也不占施工场地。③ 脚手架及其上承担的荷载传给与之相连的结构,对这部分结构的强度有一定要求。④ 随施工进程,脚手架可随之沿外墙升降,结构施工时由下往上逐层提升,装修施工时由上往下逐层下降。

2. 自升降式脚手架

（1）使用原理

自升降脚手架的升降运动是通过手动或电动倒链交替对活动架和固定架进行升降来实现的。从升降架的构造来看,活动架和固定架之间能够进行上下相对运动。

（2）施工前的准备

按照脚手架的平面布置图和升降架附墙支座的位置,在混凝土墙体上设置预留孔。预留孔尽可能与固定模板的螺栓孔结合布置,孔径一般为 40~50 mm。为使升降顺利进行,预留孔中心必须在一直线上。脚手架爬升前,应检查墙上顶留孔位置是否正确,如有偏差,应预先修正;墙面突出严重时,也应预先修平。

（3）脚手架的安装

该脚手架的安装在起重机配合下按脚手架平面图进行。先把上、下固定架用临时螺纹连接起来,组成一片,附墙安装。一般每2片为一组,每步架上用4根由 48 mm×3.5 mm 钢管作为大横杆,把2片升降架连接成一路,组装成一个与邻跨没有牵连的独立升降单元体。附墙支座的附墙螺栓从墙外穿入,待架子校正后,在墙内紧固。对壁厚的简仓或桥墩等,也可预埋螺母,然后用附墙螺栓将架子固定在螺母上。脚手架工作时,每个单元体共有 8 个附墙螺栓与墙体锚固。在升降脚手架上墙组装完毕后,用由 48 mm×3.5 mm 钢管和对接扣件在上固定架上面再接高一步。最后,在各升降单元体的顶部扶手栏杆处设置临时连接杆,使之成为整体;内侧立杆用钢管扣件与模板支撑系统拉结,以增强脚手架整体稳定。

（4）脚手架的爬升

每个爬升过程分以下两步进行:

① 爬升活动架。

② 爬升固定架。

（5）脚手架的下降

与爬升操作顺序相反,顺着爬升时用过的墙体预留孔倒行,脚手架即可逐层下降,同时把留在墙面上的预留孔修补完毕,最后脚手架返回地面。

（6）脚手架的拆除

拆除时设置警戒区,有专人监护,统一指挥。先清理脚手架上的垃圾、杂物,然后自上而下逐步拆除。拆除升降架可用起重机、卷扬机或倒链。升降机拆下后要及时清理整修和保养,以利重复使用;运输和堆放均应设置地楞,防止变形。

3. 互升降式脚手架

（1）使用原理

互升降式脚手架将脚手架分为甲、乙两种单元,通过倒链交替对甲、乙两单元进行升降。当脚手架需要工作时,甲单元与乙单元均用附墙螺栓与墙体锚固,两架之间无相对运动;当脚手架需要升降时,一个单元仍然锚固在墙体上,使用倒链对相邻一个架子进行升降,两架之间便产生相对运动。

（2）施工前的准备

施工前应根据工程设计和施工需要进行布架设计，绘制设计图。编制施工组织设计，编订施工安全操作规定。在施工前还应将互升降式脚手架所需要的辅助材料和施工机具准备好，并按照设计位置预留附墙螺栓孔或设置好预埋件。

（3）脚手架的安装

互升降式脚手架的组装可有两种方式：一种方式是在地面组装好单元脚手架，再用塔吊吊装就位；另一种方式是在设计爬升位置搭设操作平台，在平台上逐层安装。

（4）脚手架的爬升

脚手架爬升前应进行全面检查，检查的主要内容有：预留附墙连接点的位置是否符合要求，预埋件是否牢靠；架体上的横梁设置是否牢固；提升降单元的导向装置是否可靠；升降单元与周围的约束是否解除，升降有无障碍；架子上是否有杂物，所适用的提升设备是否符合要求等。当确认以上各项都符合要求后方可进行爬升。

（5）脚手架的下降

与爬升操作顺序相反，利用固定在墙体上的架子对相邻的单元脚手架进行下降操作，同时把留在墙面上的预留孔修补完毕，最后脚手架返回地面。

（6）脚手架的拆除

爬架拆除前应清理脚手架上的杂物。拆除爬架有两种方式：一种与常规脚手架拆除方式相同，采用自上而下的顺序，逐步拆除；另一种用起重设备将脚手架整体吊至地面拆除。

2.2.8　里脚手架

1. 里脚手架的使用

（1）脚手架的形式

① 折叠式；② 门架式；③ 梯架式；④ 凳式里脚手架；⑤平台架式；⑥ 满堂红脚手架。

（2）脚手架拆除的顺序

① 多立杆式里脚手架或满堂里架拆除时，应参照多立杆式外架拆除进行。

② 马凳式里脚手架的拆除顺序是"先拆架板，然后是支撑、马凳"，并应遵循"先上后下，先支后拆，后支先拆，一步一清"的原则。

③ 拆下的架料应由作业人员逐次传递给地面亡的人员，按规定地点分类堆放。

（3）脚手架荷载

脚手架需具有足够的强度，应能安全承担上部施工荷载和自重。脚手架荷载规定为：砌筑工程 $2\ 700\ N/m^2$，装饰工程 $2\ 000\ N/m^2$，挑脚手架 $1\ 000\ N/m^2$。

（4）脚手架使用要求

① 脚手架必须满足施工时的使用要求，应有足够的工作面，便于堆料、运输及工人操作。

② 脚手架应有足够的坚固性和稳定性，不发生变形、倾斜和摇晃现象，确保施工人员的人身安全。为此，应有牢固和足够的连墙点，保证脚手架的整体稳定。

③ 脚手架应构造简单，拆卸、搬运方便，并能多次周转、重复使用。

④ 因地制宜，就地取材，尽量节约架子用料。

⑤ 应有防护设施，确保高空作业安全。对脚手架的绑扎、护身栏杆、挡脚板、安全网等应按有关规定执行。

第 3 章　架子工职业技能鉴定理论复习题

一、单项选择题

1. 在建筑工程施工图中，凡是主要的承重构件如墙、柱、梁的位置都要用（　　）来定位。

    A. 粗线　　　　　　　B. 细线　　　　　　　C. 虚线　　　　　　D. 轴线

2.《建筑制图标准》规定，尺寸单位除总平面图和标高以米（m）为单位外，其余均以（　　）为单位。

    A. 分米（dm）　　　B. 厘米（cm）　　　C. 毫米（mm）　　D. 微米（μm）

3. 建筑施工图中（　　）符号代表窗。

    A. M　　　　　　　　B. Y　　　　　　　　C. B　　　　　　　D. C

4. 看建筑工程施工图的步骤是：先看（　　）。

    A. 设计总说明　　　B. 总平面图　　　　C. 图纸目录　　　D. 基础图

5. 木脚手板的厚度应不小于（　　）mm。

    A. 30　　　　　　　　B. 50　　　　　　　　C. 70　　　　　　　D. 90

6. 根据脚手架种类及搭设方案组织搭架人员，通常 5～8 人一组，搭架人员中至少有（　　）为经验丰富的工人。

    A. 1/3　　　　　　　B. 1/4　　　　　　　C. 1/5　　　　　　D. 2/5

7. 立杆是组成脚手架的主体构件，主要是承受（　　），同时也是受弯杆件，是脚手架结构的支柱。

    A. 拉力　　　　　　B. 压力　　　　　　C. 剪力　　　　　　D. 扭矩

8. 挡脚板高度不应小于（　　）mm。

    A. 120　　　　　　　B. 150　　　　　　　C. 180　　　　　　D. 200

9. 脚手架一次搭设的高度不应超过相邻连墙件以上（　　）步。

    A. 1　　　　　　　　B. 2　　　　　　　　C. 3　　　　　　　D. 4

10. 脚手架上使用的扣件，在螺栓拧紧扭矩达（　　）N·m 时不得发生破坏。

    A. 40　　　　　　　B. 50　　　　　　　C. 65　　　　　　　D. 70

11. 扣件式钢管脚手架的拆除顺序为（　　）。

    A. 剪刀撑→连墙件→安全网→大、小横杆→立杆

    B. 安全网→剪刀撑→大、小横杆→连墙件→立杆

    C. 立杆→剪刀撑→大、小横杆→连墙件→安全网

    D. 安全网→连墙件→剪刀撑→大、小横杆→立杆

12. 剪刀撑中间各道之间的净距不应大于（　　）m。

    A. 10　　　　　　　B. 15　　　　　　　C. 20　　　　　　　D. 25

13. 门式钢管脚手架的拆除顺序为（　　）。

A. 拆扶手、栏杆→拆水平加固杆、剪刀撑→拆水平架→拆交叉支撑、顶部连墙体及门架

B. 拆水平加固杆、剪刀撑→拆交叉支撑、顶部连墙体及门架→拆水平架→拆扶手、栏杆

C. 拆水平架→拆交叉支撑、顶部连墙体及门架→拆水平加固杆、剪刀撑→拆扶手、栏杆

D. 拆扶手、栏杆→拆水平架→拆水平加固杆、剪刀撑→拆交叉支撑、顶部连墙体及门架

14. 碗扣式脚手架中，作立杆和顶杆用的钢管上要按（　　　）mm 的间距设置上、下碗扣和限位销。

    A. 500　　　　　　　B. 600　　　　　　　C. 700　　　　　　　D. 800

15. （　　　）是碗扣钢筋脚手架的核心部件。

    A. 立杆　　　　　　B. 横杆　　　　　　C. 碗扣接头　　　　D. 定位销

16. 碗扣式脚手架的杆件采用 Q235A 钢制品，其规格（　　　）。

    A. $\phi 10$ mm　　B. $\phi 48 \times 3.5$ mm　　C. $\phi 24 \times 3.5$ mm　　D. $\phi 24 \times 4.5$ mm

17. 碗扣式脚手架搭设组装顺序正确（　　　）。

    A. 立杆底座→立杆→横杆→防护设施→斜杆→连墙体→脚手板

    B. 立杆底座→立杆→斜杆→横杆→脚手板→连墙体→防护设施

    C. 立杆底座→防护设施→立杆→横杆→连墙体→斜杆→脚手板

    D. 立杆底座→立杆→横杆→斜杆→脚手板→连墙件→防护设施

18. 人行斜道的宽度和坡度的规定是（　　　）。

    A. 不宜小于 1 m 和宜采用 1：8　　　　B. 不宜小于 0.8 m 和宜采用 1：6

    C. 不宜小于 1 m 和宜采用 1：3　　　　D. 不宜小于 1.5 m 和宜采用 1：7

19. 碗扣式脚手架应随建筑物升高而随时设置，一般不超过建筑物（　　　）。

    A. 四步架　　　　　B. 三步架　　　　　C. 二步架　　　　　D. 一步架

20. 当碗扣式脚手架搭设长度为 L 时，底层水平框架的纵向直线应（　　　），横杆间水平度应（　　　）。

    A. $\leqslant L/200$，$\leqslant L/400$　　　　　　B. $\leqslant L/400$，$\leqslant L/1200$

    C. $\leqslant L/200$，$\leqslant L/300$　　　　　　D. $\leqslant L/300$，$\leqslant L/200$

21. 每搭设（　　　）高度应对脚手架进行检查。

    A. 10 m　　　　　　B. 15 m　　　　　　C. 18 m　　　　　　D. 20 m

22. 挑梁式脚手架的搭设顺序为（　　　）。

    A. 安装挑梁→搭设脚手架→安装斜撑→安装纵梁

    B. 安装挑梁→安装纵梁→安装斜撑→搭设脚手架

    C. 安装挑梁→安装斜撑→安装纵梁→搭设脚手架

    D. 安装挑梁→安装斜撑→搭设脚手架→安装纵梁

23. 支撑杆式挑脚手架的搭设顺序为（　　　）。

    A. 水平横杆→纵向水平杆→双斜杆→加强杆→内力杆→外力杆→脚手板

    B. 水平横杆→纵向水平杆→双斜杆→内力杆→加强杆→外力杆→脚手板

  C. 水平横杆→内力杆→加强杆→外力杆→纵向水平杆→双斜杆→脚手板

  D. 纵向水平杆→内力杆→加强杆→外力杆→水平横杆→双斜杆→脚手板

24. 挑梁式脚手架的分段高度通常不超过（　　　）层，支撑杆式脚手架的分段高度通常不超过（　　　）层。

  A. 5　2　　　　　　B. 4　2　　　　　　C. 6　3　　　　　　D. 5　3

25. 吊篮的使用荷载为（　　　）kN/m^2。

  A. 1　　　　　　　B. 2　　　　　　　C. 3　　　　　　　D. 4

26. 力对物体的作用效果取决于力的大小、力的方向（　　　）。

  A. 力矩　　　　　　B. 力偶　　　　　　C. 力的作用点　　D. 力的距离

27. 平面杆件结构是由杆件和杆件之间的联结装置所组成的，可分为几何不变系、（　　　）。

  A. 几何体系　　　　　　　　　　　B. 空间几何可变体系

  C. 几何可变体系　　　　　　　　　D. 空间几何体系

28. 所有碗扣式脚手架的碗扣接头（　　　）锁紧。

  A. 需要　　　　　　B. 不必　　　　　　C. 可以　　　　　　D. 必须

29. 能够满足操作人员转移作业点需要的脚手架是（　　　）。

  A. 挂脚手架　　　　B. 附着升降脚手架　　C. 吊脚手架　　　　D. 移动式脚手架

30. （　　　）方式是组织工程施工的有效方法，因此被广泛使用。

  A. 依次作业　　　　B. 平行作业　　　　　C. 流水作业　　　　D. 顺序作业

31. 脚手架的外侧应按规定设置安全网，安全网设置在外排立杆的（　　　）。

  A. 里侧　　　　　　B. 外侧　　　　　　C. 都可以

32. 高度在（　　　）以上的双排脚手架应在外侧立面整个长度和高度上连续设置剪刀撑。

  A. 21 m　　　　　　B. 22 m　　　　　　C. 23 m　　　　　　D. 24 m

33. 木脚手架：采用（　　　）件搭设的脚手架。

  A. 木杆　　　　　　B. 竹竿　　　　　　C. 钢管　　　　　　D. 木方

34. 施工现场的四周要设置（　　　），以便把工地和市区隔离开来。

  A. 栏杆　　　　　　B. 围挡　　　　　　C. 幕布　　　　　　D. 障碍

35. 力是矢量，力的合成与分解都遵循（　　　）。

  A. 三角形法则　　　　　　　　　　B. 圆形法则

  C. 平行四边形法则　　　　　　　　D. 多边形法则

36. 开工前，（　　　）要将工程概况、施工方法、安全技术措施等情况向全体员工进行详细交底。

  A. 建设单位技术负责人　　　　　　B. 施工单位技术负责人

  C. 监理单位技术负责人　　　　　　D. 建设局技术负责人

37. 在施工期间，使用（　　　）以上的外架子时，要设置挡脚板和两道护身栏或立挂安全网。

  A. 1 m　　　　　　B. 2 m　　　　　　C. 3 m　　　　　　D. 4 m

38. 脚手架与建筑物的间隙不得大于（　　　）mm。

  A. 100　　　　　　B. 150　　　　　　C. 200　　　　　　D. 250

39. 搭设脚手架的场地应满足下列哪些要求回填土场地必须分层回填，逐层夯实、场地排水应顺畅、场地必须平整坚实（　　　）。

    A. 回填土硬化处理

    B. 回填土铺设碎石子

    C. 搭设脚手架的地面标高宜高于自然地坪标高 30～50 mm

    D. 不应有积水

40. 架设安全网时，安全网与下方物体表面的最小距离不应小于（　　　）。

    A. 1 m   B. 2 m   C. 3 m   D. 4 m

41. 支好的安全网在承受重为 100 kg、表面积为 2 800 cm^2 的砂袋假人，从（　　　）高处下落的冲击后，网绳、系绳、边绳不断。

    A. 5 m   B. 6 m   C. 8 m   D. 10 m

42. 双排脚手架可搭设高度最大的脚手架类型为（　　　）。

    A. 木脚手架   B. 扣件式钢管脚手架

    C. 碗扣式钢管脚手架   D. 门式钢管脚手架

43. 扣件式钢管脚手架的搭接杆件长度应不小于（　　　）。

    A. 0.3 m   B. 0.5 m   C. 0.7 m   D. 0.8 m

44. 爬架在使用的过程中，应（　　　）进行一次检查。

    A. 每个月   B. 每 3 个月   C. 每半年   D. 每一年

45. 立杆钢管使用最大长度为（　　　）。

    A. 5.5 m   B. 6.5 m   C. 7.5 m   D. 8.5 m

46. 下列运输设备既能水平运输，又能垂直运输的设备有（　　　）。

    A. 井架   B. 龙门架   C. 独立提升架   D. 塔吊

47. 两根相邻立杆的接头不应设置在同步内，同步内隔一根立杆的两个相隔接头在高度方向错开的距离不宜小于（　　　）mm。

    A. 200   B. 300   C. 500   D. 800

48. 调节门架其主要用于调节门架的（　　　）。

    A. 竖向高度   B. 宽度   C. 倾斜程度   D. 变形程度

49. 立杆搭接时旋转扣件不少于（　　　）个。

    A. 1   B. 2   C. 3   D. 4

50. 搭设门式脚手架，门架应与墙面垂直，内侧立杆距墙面不大于（　　　）mm。

    A. 100   B. 150   C. 200   D. 250

二、多项选择题

1. 单层工业厂房主要是由基础、_____、吊车梁、_____和外墙围护系统组成。

    A. 柱子   B. 楼面   C. 楼梯   D. 屋盖系统

2. 关于脚手板的铺设，下列说法正确的是：（　　　）

    A. 脚手板应铺平铺稳，必要时应予绑扎固定。

    B. 脚手板采用对接平铺时，在对接处，与其下两侧支撑横杆的距离应控制在 200～300 mm。

    C. 采用挂扣式定型脚手板时，其两端挂扣必须可靠地接触支撑横杆并与其扣紧。

D. 脚手板采用搭设铺放时，其搭接长度不得小于 200 mm，且应在搭接段的中部设有支撑横杆。

3. 脚手架按用途可划分为（　　　）。

    A. 结构脚手架　　　　B. 装饰脚手架　　　　C. 钢脚手架　　　　D. 支撑脚手架

4. 有关搭设扣件式钢管脚手架，下列说法错误的是：（　　　）

    A. 搭设前对钢管扣件要进行检查，立杆要装垂直，扣件螺栓要拧紧，且越紧越好。

    B. 安装时就注意对接扣件开中应朝架子里侧，栓朝上。

    C. 为确保立杆接口齐平，在安装第一节立杆时应选长短一致的钢管。

    D. 双排架立杆宜先立外排立杆，后立里排立杆，每排宜先立两头，后立中间。

5. 以下哪些情况下不得使用单排脚手架（　　　）。

    A. 高度小于 24 m 的外脚手架　　　　　　B. 墙体厚度为 180 mm

    C. 空心墙　　　　　　　　　　　　　　D. 砌筑砂浆为 M1 以下的砖墙

6. 单排架横杆进墙的脚手眼应选择适当位置，下列哪些部位不能留脚手眼：（　　　）

    A. 土筑墙，1/2 砖墙和柱。

    B. 宽度小于 1 m 的窗间墙。

    C. 砖过梁上和过梁成 60° 的三角形范围内。

    D. 梁及梁垫下及其左右各 50 mm 的范围内。

7. 碗扣式钢管脚手架的主要杆件包括（　　　）。

    A. 立杆　　　　　　B. 托座　　　　　　C. 斜杆　　　　　　D. 顶杆

8. 碗扣式钢管脚手架通常在下列哪种情况下进行检查（　　　）。

    A. 每搭设 10 m 高度

    B. 小于设计高度

    C. 遇有 6 级及以上大风、大雨、大雪之后

    D. 停工超过一个月，恢复使用前

9. 挑脚手架有两种：支撑杆式和挑梁式。下列几种挑脚手架属于支撑式的是（　　　）。

    A. 单斜杆式式脚手架　　　　　　　　　B. 三角形式挑脚手架

    C. 下撑上拉式脚手架　　　　　　　　　D. 桁架式挑脚手架

10. 吊篮一般配有（　　　）。

    A. 制动器　　　　　B. 行程限位　　　　C. 安全锁　　　　　D. 安全钢丝

11. 附着升降脚手架要经过（　　　）的签字审批后，方可使用。

    A. 现场施工人员　　　　　　　　　　　B. 上级技术、安全部门

    C. 公司技术负责人　　　　　　　　　　D. 项目总监理工程师

12. 附着升降脚手架可分为（　　　）。

    A. 整体式　　　　　B. 导轨式　　　　　C. 互爬式　　　　　D. 套管式

13. 施工作业的主要类型有（　　　）。

    A. 依次作业　　　　B. 平行作业　　　　C. 流水作业　　　　D. 顺序作业

14. 扣件一般应采用可锻铸铁制成，其基本有（　　　）。

    A. 回转扣件　　　　B. 直角扣件　　　　C. 对接扣件　　　　D. 十字扣件

15. 建筑施工脚手架，凡有以下（　　　）情况，必须进行计算或进行 1：1 实架段的荷载

试验，方可进行搭设和使用。

  A. 特种脚手架

  B. 作支撑和承重用的脚手架

  C. 架高不小于 20 m，且相应脚手架安全技术规范没有给出不必计算的构架尺寸

  D. 吊篮、悬吊脚手架、挑脚手架和挂脚手架

16. 下列说法正确的是（　　　　）

  A. 脚手架拆除前应做好拆除方案，经主管部门批准后，逐级进行技术交底。

  B. 拆除架子时必须配合瓦工堵好脚手眼。

  C. 缆风绳应自上而下随拆架子进度隧道拆除，不得将各道一次拆除。

  D. 拆除脚手架时应自上而下逐步进行，对于挑脚手架应先拆室外后拆室内。

17. 对于脚手架严格避免违章作业，以下属于违章的是（　　　　）

  A. 利用脚手架吊运重物。   B. 在脚手架上拉接吊装级绳。

  C. 推车在架子上走动。   D. 作业人员攀登架子上下。

18. 脚手架安全架设不正确的是（　　　　）

  A. 里脚手架砌外墙时，应沿墙内架设安全网。

  B. 每块支好的安全网所能承受的冲击荷载应不小于 1.6 kN。

  C. 外脚手架砌筑时不需要张设安全网。

  D. 架设安全网时，其伸出宽度应不小于 2 m，一般外口与里口平高。

19. 下列说法正确的是（　　　　）

  A. 架体外排架内侧不必全部铺满安全网。

  B. 爬架底层脚手板上面铺设水平网兜底。

  C. 顶层和中间层脚手板下以及距墙缝隙处铺设水平网。

  D. 铺设安全网必须平滑、无缝隙。

20. 连墙体的主要作用是（　　　　）。

  A. 防止架子向外倾斜   B. 防止架子向内倾斜

  C. 增加架子的纵向刚度   D. 增强架子的整体性

21. 正确使用防护用品应该考虑的因素包括（　　　　）。

  A. 佩戴合适 B. 舒适   C. 保养   D. 管理承诺

22. 关于安全带的使用和保管，下列说法错误的是（　　　　）

  A. 安全带应高挂低用，注意防止摆动碰撞。

  B. 缓冲器、速差式装置和自锁钩可以并联使用。

  C. 安全带上的各种部件可以任意拆掉，更换新绳时注意加绳套。

  D. 安全带使用两年后，按批量购入情况，抽验一次。

23. 安全帽的主要防护作用包括（　　　　）。

  A. 防止飞来物对头部的打击

  B. 防止头部遭电击

  C. 防爆

  D. 防止化学和高温液体从头部浇下来时头部受伤

24. 门式钢管脚手架的优点有（　　　　）。

　　A. 构配件齐全，组装方便　　　　　　　B. 用料较省

　　C. 采用较长杆件，接长接头的数量较少　　D. 安装速度快

25. 可能引起导轨变形弯曲的原因有（　　　　）。

　　A. 预埋不准　　　　　　　　　　　　　B. 拉杆角度小

　　C. 架体及主框架变形　　　　　　　　　D. 升降荷载不均

26. 扣件安装的注意事项包括（　　　　）。

　　A. 扣件规定必须与钢管直径相同

　　B. 扣件螺旋拧紧扭力矩不小于 40 N·m 且不大于 65 N·m

　　C. 扣件安装时距主节点的距离不大于 150 mm

　　D. 对接扣件开口应该向下或向外

27. 移动式脚手架的式样包括（　　　　）。

　　A. 扣件钢管移动平台架　　　　　　　B. 门架组装移动平台

　　C. 双侧立柱移动式脚手架　　　　　　D. 液压升降移动脚手架

28. 碗扣式钢管脚手架的主要杆件包括（　　　　）。

　　A. 间横杆　　　　B. 斜杆　　　　　C. 立杆　　　　D. 顶杆

29. 对于新钢管的质量检验项目有（　　　　）。

　　A. 表面质量　　　B. 外径、壁厚　　C. 端面　　　　D. 防锈处理

30. 按脚手架的结构形式可划分为（　　　　）。

　　A. 门式脚手架　　B. 梯式钢管脚手架　C. 桥式脚手架　D. 内脚手架

三、填空题

1. 荷载可分为＿＿＿＿＿＿和＿＿＿＿＿＿＿。

2. 脚手架材料规格规定钢管，以外径＿＿＿＿＿mm，壁厚＿＿＿＿＿＿mm 的钢管为宜。钢管应＿＿＿＿＿＿、＿＿＿＿＿＿、＿＿＿＿＿＿。

3. 扣件式钢管脚手架的底座有＿＿＿＿＿＿＿和＿＿＿＿＿＿两种。

4. 剪刀撑与地面呈＿＿＿＿＿＿＿角。

5. 结构施工用的内、外承重脚手架，使用时荷载不得超过＿＿＿＿＿＿kN/m³；装修施工用的内、外脚手架使用荷载不得超过＿＿＿＿＿＿kN/m³。

6. 底端埋入土中的木立杆，其埋置深度不得小于＿＿＿＿＿＿mm，且应在坑底加垫后填土夯实。

7. 工人在架子上进行搭设作业时，必须戴＿＿＿＿＿＿＿和佩挂＿＿＿＿＿＿＿。

8. 参加搭设脚手架的人员必须经过考核合格并持有＿＿＿＿＿＿＿＿的专业架子工，同时身体状况符合＿＿＿＿＿＿＿＿＿。

9. 扣件式钢管脚手架的剪刀撑一般从房屋两端开始设置，当脚手架高度小于 24 m 时，每隔＿＿＿＿＿＿m 布置 1 道；当脚手架高度大于 24 m 时，则＿＿＿＿＿＿布置。　.

10. 当高度超过＿＿＿＿＿＿＿＿＿＿后，应架安全网。

11. 脚手板可采取＿＿＿＿＿平铺和＿＿＿＿＿＿平铺两种方式。

12. 碗扣式钢管脚手架的主构建采用 φ48 mm×3.5 mm 的＿＿＿＿＿＿钢管。

13. 碗扣式钢管脚手架的底座有＿＿＿＿＿＿和＿＿＿＿＿＿两种。

14. 搭设高度大于＿＿＿＿＿＿＿的碗扣式钢管脚手架，必须作出专项施工设计并进行结

构验算。

15. 碗扣式钢管脚手架的步高取_____mm 的倍数，一般采用_____mm。

16. 碗扣式钢管脚手架连墙件的构造方法包括_____、_____、_____
_____。

17. 脚手板不要抵住墙体，要留出一定空隙，应控制在_____mm 以内。

18. 挑梁式脚手架的支撑结构有_____、_____、_____三种。

19. 支撑杆式脚手架有_____、_____、_____三种。

20. 挑脚手架的架高_____m 后就要架设剪刀撑。

21. 吊脚手架的构造分为_____和_____设施两部分。

22. 吊脚手架的支承设施根据升降方式不同可选用_____、_____和
_____。

23. 吊篮一般使用_____组装，采用_____连接或_____接。

24. 每个吊篮上操作人员不超过_____，_____以上大风、大雨、大雪时要停止吊
篮作业。

25. 单片吊篮升降时，可采用_____葫芦，当多片吊篮升降时，必须采用_____葫
芦，并有控制同步升降的装置。

26. 一般建筑的施工顺序是：_____。

27. 架高超过_____m 时，脚手架与工程结构之间必须设置连墙点。

28. 建筑施工作业中的"安全三宝"是指_____、_____、_____。

四、判断题（正确打√，错误打×）

1. 建筑物的真实大小应以图样上所注的尺寸数值为依据，与图形的大小及绘图的准确度
有关。　　　　　　　　　　　　　　　　　　　　　　　　　　　　　　　　（　　）

2. 建筑物是由基础、墙和柱、楼地面、楼梯、屋顶、门窗等主要构件组成的。　（　　）

3. 木脚手板的板厚不小于 50 mm，板宽为 200 ~ 250 mm，板长为 3 ~ 6 mm。（　　）

4. 钢脚手板常用类型有冲压式钢脚手板、木脚手板、竹串片、竹笆片等，可根据施工地
区的材源就地取材。　　　　　　　　　　　　　　　　　　　　　　　　　　（　　）

5. 木脚手架的大横杆，长度以 2 ~ 3 m 为宜，小头直径不得小于 80 mm。　（　　）

6. 双排脚手架用于荷载较小的时候，单排脚手架用于高层脚手架。　　　　　（　　）

7. 脚手架的搭设应在回填土前进行。　　　　　　　　　　　　　　　　　　（　　）

8. 扣件式钢管脚手架可以只铺垫板或只设底座，具体工程采用什么方案由单位工程施工
组织决定。　　　　　　　　　　　　　　　　　　　　　　　　　　　　　　（　　）

9. 安全网的平网尺寸应为 3 m × 6 m，网眼不得大于 10 cm。　　　　　　（　　）

10. 可以将外径 48 m 与 51 m 的钢管混合使用。　　　　　　　　　　　　（　　）

11. 在搭设脚手架时，双排架的立杆宜先立里排立杆，后立外排立杆，且每排宜先立两
头再立中间。　　　　　　　　　　　　　　　　　　　　　　　　　　　　　（　　）

12. 门架搭设要从一段开始，向另一端延伸，第 2 步架改变方向搭设，可以相对进行。
　　　　　　　　　　　　　　　　　　　　　　　　　　　　　　　　　　　（　　）

13. 碗口式钢管脚手架的上碗口和限位销焊接在立杆上，下碗口对应地套在钢管上。
　　　　　　　　　　　　　　　　　　　　　　　　　　　　　　　　　　　（　　）

14. 碗口式钢管脚手架拆除应从顶层开始，先拆横杆，后拆立杆，逐层往下拆除，禁止上下层同时或阶梯形拆除。（　　）

15. 挑梁式和移动挑梁式主要用于手动升降系统，移动桁架式主要用于电动升降系统。（　　）

16. 砌筑用外挂架多为双层的三角形托架，装饰用的挂架有单层也有双层的。（　　）

17. 门式钢管脚手架的两个侧面必须满设交叉支撑和一定数量的长杆剪刀撑。（　　）

18. 木脚手外架可用于市属各区的建筑施工和小城镇高度超过 30 m 的建筑施工。（　　）

19. 使用金属挂架的安全网高度要经常保持在作业面的 1 m 以下。（　　）

20. 满堂架子的高度在 6 m 以下时，脚手板可花铺；高度在 6 m 以上时，必须铺严脚手板。（　　）

21. 安全网的安装形式为里高外低，以 15° 为宜。（　　）

22. 安全网应绷紧安装，安装后其宽度水平投影比网宽少 0.5 m 左右。（　　）

23. 多立杆式脚手架左右相邻立杆和上下相邻平杆的接头应相互错开并置于不同的构架框格内。（　　）

24. 脚手架拆除时，应从上而下逐步拆除（　　）

25. 扣件既是脚手架的连接件，也是传力件。（　　）

26. 脚手架的搭设应在回填土前进行。（　　）

27. 脚手架工程常用的工具有钎子、扳子、克丝钳、篾刀、桶、铁锹。（　　）

28. 当使用钢木脚手板时，纵向水平杆应在横向水平杆的下面。（　　）

29. 架子工在高空作业中的自身安全问题，主要取决于材料质量的保证。材料质量可靠，架子工就安全。（　　）

30. 扣件式钢管脚手架架体两根相邻立杆的接头可以设置在同步内。（　　）

31. 爬架除水平承力桁架和竖向主框架以外，架体搭设钢管脚手架。（　　）

五、名词解释

1. 强度

2. 刚度

3. 稳定性

4. 脚手架

5. 基础

6. 楼板层

7. 连墙件

8. 剪刀撑

9. 大横杆

10. 脚手板

11. 安全带

12. 流水作业方式

13. 导轨式爬架

14. 移动式脚手架

15. 吊篮

16. 吊脚手架

17. 连墙撑

18. 挡脚板

19. 门式钢管脚手架

20. 斜道板

六、简答题

1. 新钢管表面质量的要求是什么？

2. 简述脚手架的主要作用。

3. 简述搭设扣件式钢管脚手架的基本步骤。

4. 搭设门式钢管脚手架的基本步骤。

5. 门架的质量状态有哪几种？

6. 碗扣式钢管脚手架组装完第一步横杆后应该检查哪些内容？

7. 简述吊脚手架的搭设顺序。

8. 在拟定脚手架的施工方案时，应包括哪些方面？

9. 简述安全网的类型及其作用。

10. 当需要搭设超过规定高度的脚手架时，可采用哪些措施解决？

七、论述题

1. 爬架子检查的操作内容包括哪些？

2. 碗扣式脚手架的有缺点分别有哪些？

3. 脚手架的质量控制要求有哪些？

4. 钢脚手架扣件的质量标准是什么？

5. 立杆搭设的要求有哪些？

参考答案

一、单项选择题

1. D	2. C	3. D	4. C	5. B	6. A	7. B	8. C	9. B	10. C
11. B	12. B	13. D	14. B	15. C	16. B	17. D	18. C	19. C	20. A
21. A	22. C	23. B	24. C	25. A	26. C	27. C	28. D	29. D	30. C
31. A	32. D	33. A	34. B	35. C	36. B	37. B	38. B	39. D	40. C
41. D	42. C	43. D	44. A	45. B	46. D	47. C	48. A	49. C	50. B

二、多项选择题

1. AD	2. ACD	3. ABD	4. ACD	5. BCD
6. ABCD	7. ABCD	8. ACD	9. ABC	10. ABCD
11. BCD	12. ABCD	13. ABC	14. ABC	15. ABCD
16. ABC	17. ABD	18. ACD	19. CD	20. ABCD
21. ABCD	22. BC	23. ABD	24. AB	25. ABCD
26. ABC	27. ABD	28. BCD	29. ABCD	30. ABC

三、填空题

1. 恒载　活载

2. 48~51　3.0~3.5　无裂纹　两端面平整　严禁打孔

3. 铸铁制成的底座　焊接底座

4. 45°~60°

5. 3　2

6. 500

7. 安全帽　安全带

8. 《特种作业操作证》　高空作业要求

9. 15 m　沿脚手架外侧全范围

10. 3.2 m

11. 对接　搭接

12. Q235 焊接

13. 可调式　固定式

14. 20m

15. 600 mm　1 800 mm

16. 砖墙缝固定法　混凝土墙体固定法　膨胀螺栓固定法

17. 200

18. 下撑挑梁式　桁架挑梁式　斜拉挑梁式

19. 三角形式支撑杆　单斜杆式支撑杆　下撑上拉式支撑杆

20. 6

21. 吊篮　支承

22. 挑梁式　移动挑梁式　移动桁架式

23. 型钢　螺栓　焊

24. 2 人　5 级

25. 手动　电动

26. 先地下、后地上；先土建、后设备；先主体、后维护；先结构、后装修

27. 6

28. 安全帽　安全带　安全网

四、判断题

1. ×　2. √　3. √　4. √　5. ×　6. ×　7. ×　8. √　9. √　10. ×

11. √　12. ×　13. ×　14. √　15. √　16. ×　17. √　18. ×　19. √　20. √

21. ×　22. ×　23. √　24. ×　25. √　26. ×　27. √　28. √　29. ×　30. ×　31. √

五、名词解释

1. 结构构件在承载荷载和传递荷载的过程中抵抗破坏的能力。

2. 结构或构件抵抗变形的能力称为刚度。

3. 稳定性是指物体保持其原有平衡状态的能力。

4. 施工作业需要所搭设的架子。

5. 基础是建筑物的最下面部分，埋在室外地面以下，它起着支撑建筑物的作用，将建筑物的全部荷载传递给地基。

6. 楼板层将建筑物分隔成若干层，并且除了将楼板上的各种荷载传递到墙上或梁上外，还对墙体起着水平支撑的作用。

7. 与墙体连接的构件，防止脚手架的横向移动，加强架子空间的稳定。

8. 又称十字撑、十字盖、与地面呈 45°～60°角，十字交叉地绑扎在脚手架的外侧，可增强脚手架的纵向整体刚度。

9. 大横杆又称水平杆、顺水、牵杠等，是联系立杆平行于墙面的水平杆件，起联系和纵向承重作用。

10. 脚手板是施工的通道和作业层等的平台。

11. 安全带是架子工预防高处坠伤的防护用品，由带子、绳子和金属配件组成。

12. 把施工对象分成若干个劳动量大致相同的施工段，各个专业队依次连续地在每个施工段上进行作业的施工方法。

13. 导轨式爬架是一种用于高层建筑外脚手架工程的成套施工设备，它由爬升机构、动力系统、防坠系统、竖向主框架、底部承力桁架、荷载预警系统组成。

14. 移动式脚手架，又称移动式操作平台，是一种底部设移动装置的登高作业平台，可以在施工现场的地坪上移动位置，满足操作人员转移作业点的要求。

15. 吊篮是指钢丝绳从建筑物顶部，通过悬挂机构，沿立面悬挂着的作业平台能够上下移动的一种悬挂式设备。

16. 吊脚手架是通过设在建筑物上部的挑梁、挑架或其他设备利用悬索悬吊吊篮，供操作人员进行高空作业的轻型脚手架。

17. 连墙撑是使脚手架与建筑物的墙体结构等牢固连接，加强脚手架抵御风荷载及其他水平荷载的能力，防止脚手架倒塌且增强稳定承载力的构建。

18. 挡脚板是为保证作业安全而设计的构建，在作业层外侧边缘连于相邻两立杆间，以防止作业人员踏出脚手架。

19. 门式钢管脚手架可以作为内外施工操作架，也可作为模板支撑架，还可以作为移动平台架，是一种多功能架子。

20. 斜道板是用于搭设车辆及行人的栈道。

六、简答题

1. 钢管表面平直光滑，不得有裂缝、分层、压痕、划痕和硬弯。

2.（1）可以使建筑工人在高空不同部位进行操作。

（2）能堆放及运输一定数量的建筑材料。

（3）保证建筑工人在进行高空作业时的安全。

3. 基本步骤如下：

铺垫板、放底座→布置扫地杆→竖立杆→架纵向水平杆、横向水平杆→设连墙体、剪刀撑→架安全栏杆、安全网→铺脚手板、挡脚板。

4. 基本步骤如下：

摆底座→插门架→安装交叉支撑、水平加固杆、扫地杆、封口杆等→设连墙杆→架剪刀撑→铺脚手板→架安全栏杆、安全网。

5. 可分为以下几类：

（1）A类：有轻微变形、损伤、锈蚀，经清除黏附砂浆泥土等污物，除锈、重新油漆等保养后可继续使用。

（2）B类：有一定程度变形或损伤（如弯曲、下凹），轻微锈蚀，经矫正、平整、更换部件、修复、补焊、除锈、油漆等修理保养后可继续使用。

（3）C类：锈蚀较严重，应抽样进行荷载试验确定能否继续使用，经试验可使用者可按B类修理保养后使用，不能使用者按D类处理。

（4）D类：有严重变形、损伤或锈蚀，不得修复，应报废处理。

6. 检查内容如下：

（1）检查并调整水平框架的直角度和纵向直线度，并检查横杆的水平度。

（2）逐个检查立杆底脚，不能有浮地松动现象。

（3）检查所有的碗扣接头，并予以锁紧。

7. 搭设顺序如下：

设置支撑系统→挂吊篮绳、保险绳→组装吊篮→安装升降设施→穿插吊绳→提升吊篮→固定保险绳。

8. 包括以下几个方面：

（1）确定工程各施工过程的施工顺序。

（2）确定主要施工过程的施工方法，并选择适用的施工机械。

（3）检确定工程施工的流水组织。

9. 安全网分为平网和立网两种，平网为水平安装的网，用于承接坠落的人或物；立网为垂直安装的网，用于阻止人或物的闪出坠落。

10. 采用的措施如下：

（1）在架高20 m以下采用双立杆，在架高30 m以上采用部分卸载措施。

（2）架高50 m以上采用分段全部卸载措施。

（3）采用挑、挂、吊式或附着升降脚手架。

七、论述题

1. 包括以下内容：

（1）爬架子质量检查。检查架体及爬升机构材料有无断裂，损坏开焊等产品质量问题，检查爬架机构有无材料代用。

（2）架体安装检查。

① 纵向水平杆在转角处是否交圈。

② 架体主节点处是否搭齐横向水平杆。

③ 扣件安装及杆件接头是否符合要求。

④ 剪刀撑是否与架体有效连接。

⑤ 竖向主框架是否垂直并对中导轨。

⑥ 水平承力桁架是否水平，有无变形。

（3）爬升机构检查。

① 检查所有螺栓是否拧紧，特别是穿墙螺栓、导轨接头连接螺栓、导轮组连接螺栓。

② 可调拉杆张角是否在 $90° \leqslant \alpha \leqslant 135°$。

③ 导轨是否安装垂直，有无弯曲变形。

④ 特质钢梁竖向承载安装是否有效。

（4）电动系统检查。

① 电葫芦质量是否完好，链条是否开裂，是否漏电、异常声音。

② 电缆线是否绑扎、外皮是否漏电，是否通路，接头是否绝缘。

③ 电控箱是否固定放置，是否防雨、防雷，其保护功能是否有效。

（5）防护检查。

安全网有无漏洞，有无明显大裂隙；断片处有无搭设防护栏杆及封闭安全网；脚手板及离墙防护是否到位，有无悬空脚手板；翻板是否连续封闭，是否严密有效。

（6）电动系统检查。

检查水平桁架是否与平台架有连接或障碍；检查结构支撑模板与架体是否干涉；检查从结构伸出的钢管与架体是否干涉。

2.（1）优点：

① 杆配件数量少。

② 长杆的长度任意选择，接长的接头容易错开。

③ 扣件可在杆件的任意位置设置，构架尺寸可任意选择和调整。

④ 采用较长杆件，接长接头的数量较少。

⑤ 斜杆和剪刀撑可任意调整。

⑥ 可使用任何种类的脚手板和架面铺板，可对接平铺，也可搭接铺设。

⑦ 可根据防护要求任意设置杆件。

⑧ 价格较低。

（2）缺点：

① 扣件容易丢失。

② 节点处的杆件为偏心连接，靠抗滑力传递荷载和内力，因而降低了其承载力。

③ 扣件节点的连接质量受扣件本身质量和工人操作技能的影响显著。

3. 具体要求如下：

（1）搭设脚手架所用材料的规格和质量必须符合设计要求和安全规范要求。

（2）搭设脚手架的构造必须符合规范要求，同时注意绑扎和扣件螺栓的拧紧程度，挑梁、挑架、吊架、挂钩和吊索的质量等。

（3）搭设脚手架要求有牢固的、足够的连墙点，以确保整个脚手架的稳定。

（4）脚手板要铺满、铺稳，不能有探头板。

（5）揽风绳应按规定拉好、锚固牢靠。

4. 具体如下：

（1）铸件不得有裂纹、气孔，不宜有疏松、砂眼或其他影响使用缺陷。

（2）保证扣件和钢管的接触面严格吻合。

（3）旋转扣件应转动灵活，两旋转面的间距应小于 1 mm。

（4）当扣件夹紧钢管式，开口处的最小距离应小于 5 mm。

（5）扣件表面应做防锈处理。

（6）扣件螺栓的拧紧力矩达 70 N·m 时，扣件不得破坏。

5．具体要求如下：

（1）立杆搭设起点为水平桁架立杆点，立杆接头除在顶层可采用搭接外，其余各接头必须采用对接扣件对接。

（2）立杆钢管使用最大长度 6.5 m。

（3）立杆上的对接扣件应交错布置，两根相邻立杆的接头应设置在同步内，同步内隔一根立杆的两相邻接头在高度方向错开的距离不宜小于 500 mm，各接头中心至主节点的距离不宜大于步距的 1/3。

（4）立杆搭接长度不小于 1 000 mm，且不应小于 3 个旋转扣件固定，段步扣件盖板的边缘至杆端距离不应小于 100 mm。

（5）立杆应垂直，垂直度偏差不大于 60 mm；多根立杆应平行，平行度偏差不大于 100 mm。

第 4 章　架子工职业技能鉴定实作复习题

第一题：现场搭设一步一跨双排钢管脚手架

1. 技术要求：立杆横距 800 mm，立杆纵距 1 800 mm，纵向扫地杆距地面 200 mm，步距 1 500 mm。

2. 搭设准备：检验材料是否齐全、合格。

3. 时间为 30 min，6 位学生一组。

4. 搭设方法

（1）绘制定位线，把垫板放在定位线上。

（2）摆放扫地横杆，把扫地横杆连接到立杆上，把扫地纵杆连接到立杆上。

（3）依次把第 2 层横杆连接到立杆上，第 2 层纵杆连接到立杆上，按规范校正步距、纵距、横距及主杆的垂直度。

（4）待老师检查评分后，拆除脚手架。

5. 材料与工具

序号	名称	规格	用途	数量
1	粉笔		绘制定位线	1
2	卷尺	3 m	确定定位线和测量长度	2
3	扳手		锁紧扣件螺帽	4
4	垫板	200 mm×200 mm 木工板	垫板	4
5	立杆	脚手架管，长 2 000 mm	搭设脚手架	4
6	横杆	脚手架管，长 2 000 mm	搭设脚手架	4
7	纵杆	脚手架管，长 1 000 mm	搭设脚手架	4
8	旋转扣件		搭设脚手架	8

6. 架子工操作技能考核评分标准及计分表

序号	测定项目	允许偏差	评分标准	满分	检测点 1	2	3	4	5	得分
1	材料		① 选材正确，没有质量缺陷； ② 数量计算正确，质量可靠	10						
2	立杆		① 埋地，5 分； ② 超过一个单位扣 1 分； ③ 相邻两立杆应错开 50 cm，不错开不得分	15						
3	小横杆		① 要求与大横杆垂直，两头伸出大横杆 10 cm，5 分； ② 脚手架的位置，5 分	10						

续表

序号	测定项目	允许偏差	评分标准	满分	检测点					得分
					1	2	3	4	5	
4	十字撑		① 没扣在管上扣 5 分； ② 没扣在小横杆上扣 5 分； ③ 十字撑两端的扣件邻近连接点大于 20 cm 酌情扣分； ④ 最后一对十字撑与立杆连接点距地面不得大于 60 cm	20						
5	脚手板		脚手板捆绑结实无安全隐患	15						
6	文明施工		材料拿放文明，现场整洁	15						
7	工效		在规定时间内完成满分，超过 20% 不得分	15						
记事		开始时间		考评员			考评员			
		结束时间		考评员			考评员			
		实做时间		考评员			考评组长			

第二题：现场搭设一步两跨双排钢管脚手架

1. 人员要求：6 人/组。

2. 时间要求：40 min。

3. 技术要求：横向立杆间距为 1.5 m，纵向立杆间距为 1.3 m，小横杆间距为 1 m，大横杆步距为 1.6 m，横向扫地杆距底座下皮 200 mm，无剪刀撑。

4. 搭设准备：检验构配件是否合格，基础是否平整夯实。

5. 搭设方法

（1）底座、垫板放在定位线上。

（2）立杆、纵横向水平杆、纵横向扫地杆、连墙件符合规范要求。

（3）每搭设完一步脚手架应按规范校正步距、纵距、横距及主杆的垂直度。

序号	测定项目	允许偏差	评分标准	满分	检测点					得分
1	材料		① 选材正，没有质量缺陷； ② 数量计算正确，质量可靠	10	1	2	3	4	5	
2	垫板、底座		垫板、底座摆放位置	10						
3	立杆		① 立杆的搭设顺序； ② 立杆是否平行于建筑物； ③ 立杆垂直度允许偏差不应大于高度的 1/200	15						

续表

序号	测定项目	允许偏差	评分标准	满分	检测点					得分
4	扫地杆		① 扫地杆扣件开口方向是否正确； ② 是否与立杆垂直	10						
5	大横杆		① 横杆是否水平； ② 横杆高差不应高于 20 mm	15						
6	小横杆		与大横杆垂直，两头伸出大横杆 10 cm	10						
7	文明施工		材料拿放文明，现场整洁	10						
8	工效		在规定时间内完成满分；超过20%不得分	20						
记事			开始时间							
			结束时间							
			考评员							

第三题：现场搭设二步三跨双排钢管脚手架

1. 人员要求：6 人/组。

2. 时间要求：50 min。

3. 技术要求：横向立杆间距为 1.3 m，纵向立杆间距为 2 m，小横杆间距为 1.5 m，大横杆步距为 2 m，横向扫地杆距底座下皮 200 mm，设剪刀撑。

4. 搭设准备：检验构配件是否合格，基础是否平整夯实。

5. 搭设方法

（1）底座、垫板放在定位线上。

（2）立杆、纵横向水平杆、纵横向扫地杆、连墙件符合规范要求。

（3）每搭设完一步脚手架应按规范校正步距、纵距、横距及主杆的垂直度。

序号	测定项目	允许偏差	评分标准	满分	检测点					得分
1	材料		① 选材正，没有质量缺陷； ② 数量计算正确，质量可靠	10	1	2	3	4	5	
2	垫板、底座		垫板、底座摆放位置	10						
3	立杆		① 立杆的搭设顺序； ② 立杆是否平行于建筑物； ③ 立杆垂直度允许偏差不应大于高度的 1/200	15						
4	扫地杆		扫地杆扣件开口方向是否正确，是否与立杆垂直	10						
5	大横杆		① 横杆是否水平； ② 横杆高差不应高于 20 mm	10						

续表

序号	测定项目	允许偏差	评分标准	满分	检测点	得分
6	小横杆		要求与大横杆垂直，两头伸出大横杆 10 cm	10		
7	剪刀撑		① 扣件是否扣紧； ② 是否扣在钢管上； ③ 是否扣在小横杆上	15		
8	文明施工		材料拿放文明，现场整洁	10		
9	工效		在规定时间内完成满分；超过 20% 不得分	10		
记事			开始时间			
			结束时间			
			考评员			

第四题：现场搭设二步三跨单排钢管脚手架

1. 人员要求：6 人/组。

2. 时间要求：40 min。

3. 技术要求：横向立杆间距为 1.2 m，纵向立杆间距为 1.8 m，小横杆间距为 1.3 m，大横杆步距为 1.8 m，横向扫地杆距底座下皮 200 mm，设剪刀撑。

4. 搭设准备：检验构配件是否合格，基础是否平整夯实。

5. 搭设方法

（1）底座、垫板放在定位线上。

（2）立杆、纵横向水平杆、纵横向扫地杆、连墙件符合规范要求。

（3）每搭设完一步脚手架应按规范校正步距、纵距、横距及主杆的垂直度。

序号	测定项目	允许偏差	评分标准	满分	检测点					得分
1	材料		① 选材正，没有质量缺陷； ② 数量计算正确，质量可靠	10	1	2	3	4	5	
2	垫板、底座		垫板、底座摆放位置	10						
3	立杆		① 立杆的搭设顺序； ② 立杆是否平行于建筑物； ③ 立杆垂直度允许偏差不应大于高度的 1/200	15						
4	扫地杆		扫地杆扣件开口方向是否正确，是否与立杆垂直	10						
5	大横杆		① 横杆是否水平； ② 横杆高差不应高于 20 mm	10						
6	小横杆		要求与大横杆垂直，两头伸出大横杆 10 cm	10						

续表

序号	测定项目	允许偏差	评分标准	满分	检测点				得分
7	剪刀撑		① 扣件是否扣紧； ② 是否扣在钢管上； ③ 是否扣在小横杆上	15					
8	文明施工		材料拿放文明，现场整洁	10					
9	工效		在规定时间内完成满分；超过20%不得分	10					
记事			开始时间						
			结束时间						
			考评员						

第五题：现场搭设一步两跨单排钢管脚手架

1. 人员要求：6人/组。

2. 时间要求：35 min。

3. 技术要求：横向立杆间距为 1.5 m，纵向立杆间距为 1.3 m，小横杆间距为 1 m，大横杆步距为 1.6 m，横向扫地杆距底座下皮 200 mm，无剪刀撑。

4. 搭设准备：检验构配件是否合格，基础是否平整夯实。

5. 搭设方法

（1）底座、垫板放在定位线上。

（2）立杆、纵横向水平杆、纵横向扫地杆、连墙件符合规范要求。

（3）每搭设完一步脚手架应按规范校正步距、纵距、横距及主杆的垂直度。

序号	测定项目	允许偏差	评分标准	满分	检测点				得分
1	材料		① 选材正，没有质量缺陷； ② 数量计算正确，质量可靠	10	1	2	3	4	5
2	垫板、底座		垫板、底座摆放位置	10					
3	立杆		① 立杆的搭设顺序； ② 立杆是否平行于建筑物； ③ 立杆垂直度允许偏差不应大于高度的1/200	15					
4	扫地杆		扫地杆扣件开口方向是否正确，是否与立杆垂直	10					
5	横杆		① 横杆是否水平； ② 横杆高差不应高于20 mm	10					
6	连墙撑		① 连墙撑埋深； ② 扣件是否扣紧	10					
7	剪刀撑		① 扣件是否扣紧； ② 是否扣在钢管上； ③ 是否扣在小横杆上	15					

续表

序号	测定项目	允许偏差	评分标准	满分	检测点	得分
8	文明施工		材料拿放文明，现场整洁	10		
9	工效		在规定时间内完成满分；超过20%不得分	10		
记事			开始时间			
			结束时间			
			考评员			

第六题：现场搭设工具式钢管脚手架

1. 人员要求：4人/组。

2. 时间要求：30 min。

3. 技术要求：步高 200 cm，纵距 200 cm，宽距 100 cm，立杆与地面成 90°夹角。

4. 搭设准备：检验构配件是否合格，基础是否平整夯实。

5. 搭设方法

（1）横跨制作。

（2）架体拼接。

序号	测定项目	允许偏差	评分标准	满分	检测点					得分
1	材料		① 选材正，没有质量缺陷； ② 数量计算正确，质量可靠	15	1	2	3	4	5	
2	垫板、底座		垫板、底座摆放位置	15						
3	立杆		① 立杆的搭设顺序； ② 立杆是否平行于建筑物； ③ 立杆垂直度允许偏差不应大于高度的1/200	20						
4	横杆		① 横杆是否水平； ② 横杆高差不应高于 20 mm	20						
5	文明施工		材料拿放文明，现场整洁	10						
6	工效		在规定时间内完成满分；超过20%不得分	20						
记事			开始时间							
			结束时间							
			考评员							

第7篇
混凝土工职业技能鉴定

第1章　混凝土工职业技能鉴定知识目录

鉴定范围				鉴定点		
一级		二级				
名　称	鉴定比重/%	名　称	鉴定比重/%	序号	名　　称	重要程度
基础知识	10	建筑识图基本知识	4	1	投影的基本知识	X
				2	构件的型号、代号与表示方法	X
				3	平、立、剖面图以及施工说明	X
				4	看建筑施工图的方法和步骤	X
				5	一般结构施工图的识图方法	X
		房屋构造	4	1	房屋建筑的组成	X
				2	房屋基本构件的作用	X
				3	基本构件的受力和传力分析	X
		建筑力学	2	1	力的基本概念、力的三要素	X
				2	支座反力	X
				3	构件受力的基本形式	X
				4	梁、柱、板、墙的受力特点	X
				5	刚性、柔性基础的受力特点	Y
混凝土的基本知识	16	混凝土的分类及其特性	5	1	混凝土的基本概念	Y
				2	混凝土的分类	X
				3	混凝土的特性	X
		混凝土的组成材料及其技术要求	5	1	水泥	X
				2	集料	X
				3	水	X
				4	外加剂	X
		混凝土配合比的设计	6	1	配合比设计方法及步骤	X
				2	配合比的试配与调整	X
混凝土施工工艺	37	混凝土的搅拌	7	1	搅拌方法	X
				2	搅拌要求	X
				3	混凝土搅拌站	X
				4	施工要点	X
				5	搅拌机使用注意事项	X
		混凝土的运输	7	1	混凝土的运输要求	X
				2	混凝土运输工具	X
				3	运输时间	X
				4	运输道路	X
				5	泵送混凝土的技术措施及操作要点	X

续表

鉴定范围				鉴定点		
一级		二级				
名称	鉴定比重/%	名称	鉴定比重/%	序号	名　称	重要程度
混凝土施工工艺	37	混凝土的浇筑	8	1	混凝土浇筑的一般规定	X
				2	施工缝的设置	X
				3	基础的浇筑	X
				4	框架结构的浇筑	X
				5	剪力墙的浇筑	X
				6	其他项目的浇筑	X
		混凝土的振捣	8	1	振捣的目的和要求	X
				2	机械振捣	X
				3	人工振捣	X
				4	免振捣自密实混凝土技术	X
		混凝土的养护	7	1	自然养护	X
				2	加热养护	X
				3	模板的拆除	X
混凝土的季节施工	6	冬季施工	2	1	混凝土冬季施工的规定	X
				2	混凝土冬季方法选择	X
				3	掺外加剂法	X
		暑期施工	2	1	高温条件下混凝土的搅拌	X
				2	高温下混凝土的运输、浇捣和养护	X
混凝土的季节施工	6	雨季施工	2	1	雨季施工对混凝土的影响	X
				2	雨季混凝土施工注意事项	X
混凝土的质量检查及缺陷的防治	6	混凝土的质量要求	2	1	保证项目	X
				2	基本项目	X
				3	允许偏差项目	X
		混凝土质量缺陷和防治	2	1	缺陷的分类和产生的原因	X
				2	缺陷的防治和处理	X
		混凝土强度检验	2	1	立方体试件的制作及试验强度	X
				2	混凝土强度评定方法	X
安全生产与文明施工	15	文明生产	6	1	设备、材料、工具的使用	X
				2	工完料尽场地清	X
				3	为后续工程创造条件	X
		安全	4	1	安全事故苗子	X
				2	安全事故	X
		成品保护	5	1	成品外形完整性	X
				2	成品养护	X
				3	成品的保护措施	X

第 2 章 混凝土工职业技能鉴定复习要点

2.1 混凝土的基本概念

混凝土是一种人造石材，由胶凝材料、粗细集料和水按一定比例拌和均匀，经浇捣、养护而成。平常所说的混凝土，是指用水泥作胶凝材料，加入适量的集料和水拌制后，经硬化而成的人造石材，故又称水泥混凝土或普通混凝土，简称混凝土。

混凝土和天然石材一样，能承受很大的压力，即它的抗压强度很高；但它抵抗拉力的能力却很低，大约为抗压能力的 1/10。混凝土这种受拉时易断裂的缺陷，大大限制了它的使用范围，如图 7.2.1（a）所示。为了弥补这一缺陷，可在构件的受拉区配上抗拉能力很强的钢筋与混凝土共同受力，并各自发挥其特性，从而使构件既能受压也能受拉，如图 7.2.1（b）所示。这种配有钢筋的混凝土，叫做钢筋混凝土。混凝土和钢筋混凝土已广泛地应用于工业、农业、交通、国防、水利、市政和民用等方面的基础建设工程。

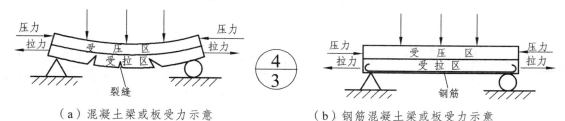

（a）混凝土梁或板受力示意 （b）钢筋混凝土梁或板受力示意

图 7.2.1 混凝土与钢筋混凝土特性示意图

混凝土能被广泛地应用于建筑工程是由于其具有如下的特点：

1．混凝土的优点

（1）混凝土的拌和物具有良好的可塑性，可以浇筑成任意形状和尺寸的构件或构筑物。

（2）调整和改变混凝土的组成成分，可以使混凝土具有不同的物理、化学及力学性能，以满足不同工程的需要。

（3）混凝土具有很高的抗压强度。

（4）混凝土具有很好的短时耐火性，遇火灾只能损伤其表面，不易损伤其内部结构。

（5）混凝土具有良好的耐久性，对于一般自然环境的干湿冷热变化、风吹日晒雨淋、摩擦碰撞都有较强的抵抗能力，使用寿命可达 50 年以上。

（6）制作混凝土结构耗能少，环境污染小，维修费用低。

（7）混凝土原材料来源广泛，易获得，成本低，施工简单。

2．混凝土的缺点

（1）自重大，运输安装不方便。

（2）抗拉、抗折强度低，易干缩、产生裂缝，属脆性材料。

（3）现浇成型需大量模板，浇筑后需一定的养护条件及时间，因而增加了费用，延长了工期。

（4）现浇混凝土受气候影响很大，尤其冬季低温对混凝土的凝结硬化很不利，必须采取适当措施。

（5）混凝土的加固维修较困难。

2.2　混凝土的分类

由于混凝土成分不同，性质各异，可分为不同种类的混凝土。

1. 按胶凝材料的不同划分

按胶凝材料的不同，可分为以下三类：

（1）无机胶凝材料混凝土：有水泥混凝土、石膏混凝土和水玻璃混凝土等。

（2）有机胶凝材料混凝土：有沥青混凝土、聚合物胶凝混凝土等。

（3）有机与无机复合胶凝材料混凝土：有聚合物水泥混凝土和聚合物浸渍混凝土。

2. 按混凝土的容重划分

按混凝土的容重划分，可分为以下四类：

（1）特重混凝土：容重大于 2 700 kg/m^3 的混凝土。

（2）普通混凝土：容重在 1 900～2 500 kg/m^3 的混凝土。

（3）轻混凝土：容重在 1 000～1 900 kg/m^3 的混凝土。

（4）特轻混凝土：容重小于 1 000 kg/m^3 的混凝土，如加气混凝土、泡沫混凝土属于这类特轻混凝土。

3. 按使用的功能划分

混凝土按使用的功能一般可分为结构混凝土、耐酸碱混凝土、耐热混凝土、防水混凝土、海洋混凝土以及水工混凝土等。

4. 按配筋情况划分

混凝土按配筋情况一般可分为无筋混凝土（又称素混凝土）、钢筋混凝土、预应力混凝土、劲性钢筋混凝土、纤维混凝土以及钢丝网水泥等。

5. 按施工工艺划分

混凝土按施工工艺一般可分为普通浇筑混凝土、泵送混凝土、喷射混凝土及离心成型混凝土等。

6. 按流动性划分

混凝土按其流动性一般可分为塑性混凝土、干硬性混凝土、半干硬性混凝土、流动性混凝土以及大流动性混凝土等。

2.3　混凝土的特性

混凝土从制作到制得成品都要经历拌和料、凝结硬化及感化后三个阶段，掌握这三个阶段混凝土的性质特征，对于选择施工方法、控制质量将大有益处。

2.3.1 混凝土拌和料的基本性质

混凝土拌和后尚未凝结硬化的混合料称为拌和料，又称为新拌制的混凝土。新拌制的混凝土应具有一定的弹性、塑性和黏性。这些性质综合起来叫做和易性（稠度），包括流动性、黏聚性和保水性三方面的含义。

（1）流动性：混凝土拌和物在自重或施工机械振捣的作用下，产生流动并均匀密实地填满模板各个角落的能力。流动性的大小，反映了混凝土拌和物的稀稠程度。流动性一般以坍落度的大小来衡量。

（2）黏聚性：混凝土拌和物所表现的黏聚力。这种黏聚力使混凝土在受作用力后不致出现离析现象。

（3）保水性：混凝土拌和物保持水分不易析出的能力。保持水分的能力一般以稀浆析出的程度来测定。

混凝土拌和物的和易性用坍落度或工作度（干硬性）来表示。

1. 坍落度的测定方法

（1）将混凝土的拌和物分三次装入坍落度筒内，每次装料约 1/3 筒高，用捣棒插捣 25 次。在插捣其他两层时，应插捣至下层表面为止，插捣时不要冲击。

（2）捣完后，刮平筒口，将圆锥筒慢慢垂直提起，把空筒放在锥体混凝土试样旁边，然后在筒顶上放一平尺，量出尺的底面至试样顶面中心之间的垂直距离（以 mm 计），即为混凝土拌和物的坍落度，如图 7.2.2 所示。

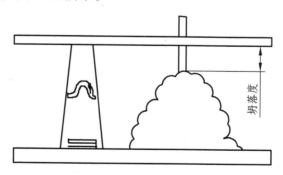

图 7.2.2 坍落度试验示意图

2. 工作度的测定方法

混凝土的工作度也是表示混凝土拌和物和易性的一种指标。它是测定在振动状态下相对的流动性，适用于低流动性混凝土或干硬性混凝土。其测定方法如下：

（1）将混凝土标准试模（20 cm × 20 cm × 20 cm）固定在标准振动台上，其振动频率为（3 000 ± 200）次/min，有荷载时振幅为 0.35 mm。

（2）将底部直径略小的截头圆锥筒（除去踏板）放进标准试模内，上口放置装料漏斗，将混凝土拌和物按测定坍落度试验方法分三层装捣，然后取去圆筒。

（3）开动振动台，直至模内混凝土拌和物充分展开而表面呈水平为止。从开始振动到混凝土拌和物表面形成水平时的延续时间（以 s 表示），称为混凝土的工作度。

应当注意，同一次拌和的混凝土拌和物的坍落度或工作度应测两次，取其平均值作为测定结果，每次测定须换用新的拌和物。如果两次测得的结果，坍落度相差 2 cm 以上，工作度相差 20% 以上，则需重新测定。

3. 影响混凝土和易性的因素

（1）水泥浆量。在一定范围内，水泥浆量越多，混凝土拌和物流动性越大。但如果水泥浆量过多，不仅流动性无明显增大，反而致使泌水率加大，黏聚性降低，影响施工质量。

（2）水灰比。水灰比不同，水泥浆的稀稠程度也不同。在一般水泥浆量不变的条件下，增大水灰比，即减少水泥用量或增加用水量时，水泥浆就变稀，使水泥浆的黏聚性降低，流动性增大。如水灰比过大，使水泥浆的黏聚性降低过多，保水性差，就会出现泌水现象，影响混凝土质量；反之，如水灰比过小，水泥浆较稠，采用一般施工方法时也难以灌筑捣实。故水灰比不能过大，也不能过小。一般认为水灰比为 0.45～0.55 时，可以得到较好的技术经济效果，和易性也比较理想。

（3）砂率。指砂的用量占砂石用量的百分数。在一定的水泥浆量条件下，如砂率过大，则砂石总表面积及空隙率增大，混凝土拌和物就显得干稠，流动性小；如砂率过小，砂浆量不足，不能在石子周围形成足够的砂浆层起润滑作用，也会使坍落度降低，并影响黏聚性和保水性，使拌和物显得粗涩，石子离析，水泥浆流失。为保证混凝土拌和物的质量，砂率不可过大，也不可过小，应通过试验确定最佳砂率。

此外，水泥种类及细度、时间、温度、石子种类及其粒形和级配以及外加剂等，都对拌和物和易性有影响。

2.3.2　混凝土在硬化过程中的性能

混凝土的凝结硬化，要经历初凝、终凝到产生初期强度等三个过程，这主要靠水泥的水化作用来实现。水泥水化反应放出热量，使混凝土升温，阶段出现初期体积变化和裂缝现象。了解混凝土在这一阶段的性质，对于控制混凝土的施工质量将大有益处。

1. 凝　结

混凝土拌和物入模之后，从流动性很大到逐渐丧失可塑性，转化为固体状态，这种变化过程叫凝结。凝结又分为初凝和终凝。

（1）初凝。混凝土拌和物由流动状态变为初步硬化状态叫初凝。初凝这一概念十分重要，因为不论什么混凝土都必须在初凝前浇筑振捣完毕，否则会影响混凝土的施工质量。

（2）终凝。混凝土从逐步硬化状态，到完全变成固体状态，并且具有一定强度的这一过程叫终凝。终凝这一概念也十分重要。因为终凝之后的混凝土不可再振动，否则会破坏已形成的内部结构，降低混凝土的强度。这时应加强养护，不得使混凝土内部水分过早或过快地蒸发掉；否则将会影响水泥的水化反应，也同样会降低混凝土的强度。

为了使混凝土和砂浆有充分的时间进行搅拌、运输、浇捣或砌筑，要求水泥不宜过早开始凝结。施工完毕，则希望尽快硬化，具有强度，不致拖延施工工期，故终凝时间又不宜过长。国家标准规定：硅酸水泥和普通水泥的初凝时间不得小于 45 min，终凝时间不得大于 12 h。实际上，我国生产的这两种水泥初凝时间一般为 1～3 h，终凝时间为 5～8 h。

2. 混凝土初期的性能和变化

（1）混凝土初期的体积变化

当混凝土在干燥空气中硬化时，混凝土中的水分会逐渐蒸发散失，使水泥石中的凝结胶体逐渐干燥而收缩，这称为混凝土的干缩。当混凝土长期在水中硬化时，由于水泥水化充分，内部游离水充满混凝土颗粒之间的孔隙和毛细孔道，混凝土会发生微量的膨胀，这称为混凝土的湿涨。混凝土的湿涨、干缩变形现象都是由于混凝土中水分的变化而引起的。混凝土的湿涨值很小，不会引起结构的破坏；其干缩变形对构筑物的危害较大，可使混凝土表面出现较大的拉应力，从而引起表面开裂而影响混凝土的耐久性。

影响混凝土干缩的因素如下：

① 水泥用量、水灰比及水泥品种。混凝土用水量与干缩值有着密切关系，当用水量增加一定百分数时，混凝土干缩值将相应增加两倍或数倍。减少用水量是减少干缩值的首要措施。

一般来说，低水灰比多采用富配合，但由于水泥用量高，单位用水量也高。在这种情况下，由于富配合较高的用水量和水泥用量而增大的收缩值超过了由于低水灰比而减少的收缩值，因此，采用富配合低水灰比的混凝土有时比贫配合高水灰比的收缩值还大。所以，在混凝土配制中应控制水泥和水的用量，降低混凝土的收缩值。

水泥的品种不同，其矿物组成成分也有区分。水泥水化后，产生胶体和晶体，在一般情况下，胶体多于晶体。胶体在干湿作用下会产生很大的体积变化，而晶体一般不受干湿作用影响。可见胶体的数量和性质在很大程度上决定了水泥在水化和干燥时的收缩值。

一般情况下，高强度等级水泥颗粒较细、收缩较大，矿渣水泥、火山灰水泥配制的混凝土干缩较大；粉煤灰水泥配制的混凝土干缩较小；矾土水泥配制的混凝土干缩较快。所以，在混凝土浇筑完后的一段时间内，务必要加强养护，使混凝土表面和内部的温差不致过大，防止混凝土表面因水分急剧蒸发而干燥裂缝。

② 集料的大小和级配。大粒径粗集料且级配良好时，空隙率小，可减少混凝土的砂浆含量，收缩值也随之减小。集料吸水率的大小，也直接影响收缩值，吸水率大的集料，收缩值也大；吸水率较小的集料，收缩值就小。使用偏细的砂时，也能增大混凝土的收缩值。

③ 外加剂。一般来说，减少用水量的外加剂可减少混凝土的收缩值。混凝土使用引气剂后，如用水量和水泥用量不变时，则干缩率增大。但如果混凝土坍落度不变，则可减少用水量和水泥用量。坍落度不变时，每增加含气量 10%，用水量可减小 30% ~ 40%，因而干缩值增加不多。但某些外加剂的使用使混凝土产生收缩，如氯盐、三乙醇胺及一些减水剂的使用会增大混凝土的收缩值。故使用外加剂时，应考虑到其对混凝土收缩的影响。

（2）混凝土的初期强度

凝结后的混凝土，初步具有抵抗外荷载的强度，称为混凝土的初期强度。

混凝土的强度是在混凝土浇筑振捣之后，经过逐渐初凝、终凝、硬化产生的，该过程主要是通过水泥水化作用实现的。但这个水化作用过程很慢，因此混凝土的强度也只能慢慢地增长。要达到一定的强度，就需要一定的时间，并且需要一定的湿度和温度条件。在正常养护条件下，混凝土的前 7d 强度增长较快（一般可达设计强度的 60%左右），以后强度的增长就较缓慢。

因此，混凝土早期受荷时应特别注意，在混凝土强度未达到 1.2 MPa 之前，是不能承受任何荷载的。特别要防止在混凝土未达到允许拆模所需强度之前而拆除模板和支架，致使混凝土无法负担这些重量而发生裂缝，甚至倒坍或断毁。

2.3.3　混凝土硬化后的性能

硬化后的混凝土应具有足够的强度、耐久性、抗渗性和抗冻性，以及只有较小的收缩变形与徐变。

1. 强　度

强度是混凝土最重要的技术特性，也是施工生产过程中必须达到的首要指标。混凝土的强度主要有立方体抗压强度、轴心抗压强度、轴心抗拉强度、弯曲抗压强度、疲劳强度、抗剪强度、握裹强度等。

在混凝土的各种强度中，以抗压强度值为最大，因而在混凝土结构中主要是利用它来承受压力。在钢筋混凝土结构中，应尽量利用钢筋承受拉力，而主要利用混凝土来承受压力。此外，混凝土的其他性能都与抗压强度有一定的关系，混凝土的质量检验也就往往以检验它的抗压强度为主，因而就以抗压强度的高低来划分等级。

混凝土的强度等级（旧规范称为标号）是按立方体标准抗压强度确定的。立方体标准抗压强度系指按照标准方法制作和养护的边长为 150 mm 的立方体试件，在温度为（20±3）℃，相对湿度大于 90% 的环境中养护 28 d 后，用标准试验方法测得的，具有 95% 保证率的抗压强度。

根据抗压强度，混凝土划分为 C7.5、C10、C15、C20、C30、C35、C40、C45、C50、C60 等 12 个强度等级。其中，C 表示混凝土，其后面的数字表示混凝土立方体标准抗压强度值，单位是 MPa（N/mm^2）。例如，C20 表示混凝土的标准抗压强度值为 20 MPa。凡界于两个等级之间的抗压强度值，均按较低的一个强度等级使用。

混凝土的抗拉、抗弯和抗剪强度都与抗压强度存在一定关系，一般可利用这种关系来判断其他强度（见表 7.2.1）。

表 7.2.1　混凝土各种强度的关系

强度名称	与抗压强度的比例	与抗拉强度的比例
抗拉强度	14%～7%	
抗弯强度	24%～12%	150%～200%
抗剪强度	25%～16%	230%～250%

2. 耐久性

混凝土的耐久性是指混凝土能够长期抵抗外来各种侵蚀性因素的持久能力。如承受压力水作用的混凝土，需要有较高的抗渗性；遭受反复冻融作用的混凝土，需要具有一定的抗冻性；遭受环境水侵蚀作用的混凝土，需要与之相适应的抗侵蚀性等。

（1）混凝土的抗渗性

抗渗性是指混凝土抵抗压力水渗透的能力。它直接影响混凝土的抗冻性和抗侵蚀性。因为渗透性控制着水分渗入的速率，这些水可能含有侵蚀性的物质，同时也控制混凝土中受热或冰冻时水的移动。

混凝土的抗渗性主要与其密实度及内部孔隙的大小和构造有关。影响混凝土抗渗性的因素主要有：

① 水灰比。水灰比的大小对混凝土的抗渗性起决定作用，水灰比越大，其抗渗性越差。

② 集料的最大粒径。在水灰比相同时，混凝土集料的最大粒径越大，其抗渗性能越差。这是由于集料和水泥石的界面处易产生裂隙和较大集料下方易形成孔穴。

③ 养护方法。蒸汽养护的混凝土，其抗渗性较自然养护的混凝土要差。在干燥条件下，混凝土早期失水过多，容易形成收缩裂隙，因而使混凝土的抗渗性降低。

此外，外加剂、掺和料和龄期等也影响混凝土的抗渗性。

混凝土的抗渗性用抗渗等级表示。抗渗等级是以 28 d 龄期的混凝土标准试件，按规定的方法进行试验，以所能承受的最大静水压力来确定。混凝土的抗渗等级分为 S4、S6、S8、S10、S12 等五个等级，相应表示能抵抗 0.4、0.6、0.8、1.0 及 1.2 MPa 的静水压力而未渗水。

（2）抗冻性

混凝土的抗冻性，是指混凝土在水饱和状态下，经过多次冻融循环不破坏，强度也不严重降低的性质。

混凝土的抗冻性与其孔隙率及孔隙特征、强度、耐水性等因素有关。由于混凝土内部存在连通或不连通的孔隙，这些孔隙是渗水的途径。当混凝土处于饱和状态并遇到高低气温交替变化时，就会出现冻融现象。随着冻融循环次数的增多，使混凝土开裂甚至遭受破坏。

混凝土抗冻性一般以抗冻等级表示。抗冻等级是采用龄期 28 d 的试块在吸水饱和后，承受反复冻融循环，以抗压强度下降不超过 25%，而且质量损失不超过 5% 时所能承受的最大冻融循环次数来确定的。抗冻等级划分为 M10、M15、M25、M50、M100、M150、M200、M250、M300 等九个等级，分别表示混凝土能够承受反复冻融循环次数为 10、15、25、50、100、150、200、250 和 300 次。抗冻等级不小于 M50 的混凝土称为抗冻混凝土。

（3）抗侵蚀性

当工程所处的环境有侵蚀介质时，对混凝土必须提出抗侵蚀性的要求。混凝土的抗侵蚀性取决于水泥品种、混凝土的密实度及孔隙特征。密实度好、具有封闭孔隙的混凝土，侵蚀介质不易侵入，故抗侵蚀性较好。

（4）混凝土的碳化

混凝土的碳化作用是指空气中的二氧化碳与水泥中的氢氧化钙作用，生成碳酸盐和水。碳化作用对混凝土的不利影响，首先表现在减弱对钢筋的保护作用；其次会引起混凝土的收缩，使混凝土表面碳化层产生拉应力，可能产生细微裂缝而降低混凝土的强度。

3. 混凝土的密实度

混凝土的密实度是指其体积内固体物质充实的程度，即混凝土硬化后本身的密实程度。

混凝土体积内的孔隙越少，其密实度越大。密实度和孔隙率是从不同的方面表明材料的密实程度，二者之和为 1（或 100%），是混凝土的重要性质。混凝土几乎所有的性能都与密实度、孔隙率有关，当然还与孔隙的特征有关，如孔隙的大小、形状、分布是否均匀及孔隙的封闭程度等。

混凝土的密实度与强度有着密切关系，密实度越大，强度越高；反之，则越低。混凝土的密实度直接影响混凝土的抗渗性和抗冻性。提高混凝土的密实度，可显著提高混凝土的抗渗性能；而提高其抗渗性又是提高抗冻性的必要条件。

提高混凝土的密实度，实际上就是减少混凝土体内的孔隙。孔隙按形成的原因可分为施工孔隙和构造孔隙。施工孔隙是由于灌筑、振捣质量不良而引起的。构造孔隙主要是水泥水化过程中多余水分蒸发后在混凝土中留下的孔隙，与水灰比有密切关系。因此，对于有抗渗性要求的混凝土，水灰比应小于 0.6，有特殊要求时应小于 0.5。也可在混凝土中加入适量加气剂，使混凝土内部形成许多不连通的封闭气泡，改变孔隙的结构，截断了渗水通道，从而提高混凝土的抗渗性。此外，改善砂石料的级配、加强混凝土的振捣及养护也是提高混凝土密实度的有力措施。

2.4　水　泥

水泥是一种无机水硬性胶凝材料，它与水拌和而成的浆体既能在空气中硬化，也能在水中硬化，将集料牢固地黏聚在一起，形成整体，产生强度。

由于组成水泥的矿物成分不同，其水化特性就不同，强度发展规律也不一样。

2.4.1　水泥品种

在混凝土工程中最常用的水泥有硅酸盐水泥、普通硅酸盐水泥（简称普通水泥）、矿渣硅酸盐水泥（又称矿渣水泥）、火山灰质硅酸盐水泥（又称火山灰质水泥）和粉煤灰硅酸盐水泥（又称粉煤灰水泥）等五大水泥品种。此外，还有特性水泥，如快硬硅酸盐水泥、大坝水泥、高铝水泥和抗硫酸盐硅酸盐水泥等。

1. 硅酸盐水泥

硅酸盐水泥是以硅酸盐纯熟料为主，加入 4%～5% 的石膏磨细而成，故称纯熟料水泥，国际上统称为波特兰水泥。

（1）基本性质

① 密度与容重。硅酸盐水泥的密度为 3.1～3.2 g/cm^3；它的松散容重为 900～1 300 kg/m^3，紧密容重为 1 400～1 700 kg/m^3。

② 细度。规范中规定，在 0.08 mm 方孔筛上筛余不得超过 12%。

③ 凝结时间。硅酸盐水泥的初凝时间不得小于 45 min；终凝时间不得长于 12 h。

④ 水化热。水化热是指水泥在凝结硬化过程中放出的热量。水化热越大，混凝土内部的温度越高。水化热的多少与水泥的矿物组成、水灰比、水泥细度（水泥越细水化热越高）等因素有关。硅酸盐水泥的水化热较高。

⑤ 早期强度。强度是水泥的一个十分重要的指标。它是按照国家标准强度检验方法，按龄期为 28 d 的试件测得的每平方厘米面积上所承受的压力值来确定的。规定测定 3 d、7 d、28 d 的强度（抗压强度及抗折强度），并依据这些强度，将硅酸盐水泥划分成 6 种标号，即 275、325、425、525、625、725 等。硅酸盐水泥的凝结硬化速度快，时期强度高。

（2）适用范围

硅酸水泥的使用，应根据其性质特点，并遵循取长避短的原则。

① 水泥强度等级高，可用于配制 C40 以上的高强度混凝土及预应力混凝土。

② 凝结速度快，早期强度高，可用于快硬早强的混凝土工程。

③ 水化热高，不适用于大体积混凝土工程，在炎热的季节施工时，最好不选用这种水泥，而冬季施工选用这种水泥较好。

④ 硅酸盐水泥的耐软水侵蚀及耐化学腐蚀性能较差，不适于受化学侵入水及受压力作用的结构，以及受海水、矿物水作用的工程。

2. 普通硅酸盐水泥（普通水泥）

普通水泥是在硅酸盐水泥熟料中，加入少量混合材料及适量石膏磨细而成的。因而，它的性能与硅酸盐水泥相似，只是早期强度比硅酸盐水泥稍低。

（1）基本特性

普通水泥主要特性有水化热较大、早期强度较高、抗冻性能较好、耐热性能较差、耐水性、耐腐蚀性较差。

普通水泥的标号有 275、325、425、525、625、725 等。

（2）适用范围

普通水泥适用于配制地上、地下及水中的混凝土、钢筋混凝土及预应力混凝土，拌制早期强度要求较高的工程以及受反复冰冻作用的结构，用于配制各种建筑砂浆等，不适用于大体积混凝土工程及受压力水作用的工程。

3. 矿渣硅酸盐水泥（矿渣水泥）

矿渣水泥是在硅酸盐水泥熟料中，加入粒化高炉矿渣及适量石膏磨细而成的。

（1）主要特性

矿渣水泥的主要特性有：水化热较低；早期强度较低，后期强度增长较快；耐热性较好；抗硫酸侵蚀性较好；析水性、干缩性较大；抗水性较好；抗冻性能较差；抗渗性能差。

矿渣水泥的标号有 275、325、425、525、625 等。

（2）适用范围

矿渣水泥适用于浇筑大体积混凝土结构，地上、地下的和水中的一般混凝土结构，以及配制有耐热要求和抗硫酸盐侵蚀要求的混凝土工程；不适用于对早期强度要求高的结构以及严寒地区且在水位升降范围内的混凝土工程。

由于矿渣水泥干缩性较大，干燥地区不宜使用，在非干燥地区施工时，应加强养护，以防止过多的裂缝产生。

4. 火山灰质硅酸盐水泥（火山灰水泥）

火山灰水泥是在硅酸盐水泥熟料中加入火山灰质混合材料和适量石膏磨细而成。

（1）基本性质

火山灰水泥的主要特性有：硬化速度慢，早期强度低，后期强度增长较快；水化热较低；抗水性、抗渗性较好；抗冻性关；抗硫酸盐的腐蚀能力强；干缩变形大。

火山灰水泥标号有 275、325、425、525、625 等。

（2）适用范围

火山灰水泥适用于大体积工程、地下及水中的混凝土工程以及用作一般混凝土及钢筋混凝土；不适用于对早期强度要求高的混凝土工程以及严寒地区、干燥环境中的混凝土工程。

5．粉煤灰硅酸盐水泥（粉煤灰水泥）

粉煤灰水泥是在硅酸盐水泥熟料中，加入粉煤灰及适量石膏磨细而成的。

（1）主要特性

粉煤灰水泥的主要特性有：早期强度低，后期强度增长较快；水化热很低；和易性好；干缩性较小；抗腐蚀性能好；抗冻性能较差。

粉煤灰水泥的标号有 275、325、425、525、625 等。

（2）适用范围

粉煤灰水泥适用于大体积混凝土工程，地上、地下的混凝土结构，以及有抗腐蚀性要求的混凝土结构；不适用于对早期强度要求高的混凝土工程，特别是低温下不宜使用。

6．特种水泥的特性

（1）快硬硅酸盐水泥（快硬水泥）

快硬水泥具有早期强度增长快、3 d 即达到标准强度值、水化热较高等特点，适用于配制早强高强混凝土以及紧急抢修工程与冬季施工的工程。

（2）矾土水泥（高铝水泥）

矾土水泥具有快硬早强、水化热高，耐腐蚀能力强，抗渗、耐热、抗冻性好等特性，适用于快硬早强、紧急抢修、有硫酸盐侵蚀的工程及有抗冻性要求的工程。

（3）膨胀水泥

凡在硬化过程中能够产生体积膨胀的水泥统称为膨胀水泥。一般分为两类：一类膨胀力较小，称为明矾石膨胀水泥，适用于配制补偿收缩混凝土，用以补偿水泥混凝土的收缩，防止混凝土产生裂缝。这类水泥可用于防渗、防裂、接缝和锚固工程。另一类是膨胀力较大的，称为硅酸盐自应力水泥，用于配制自应力水泥混凝土，制造自应力水泥管道制品等。

（4）白色水泥（白色硅酸盐水泥）

白色水泥的性能及使用方法与普通硅酸盐水泥相同，色泽洁白，适用于建筑物的粉刷、雕塑、配彩色水泥、制造装饰构件、各种水刷石、水磨石及人造大理石制品等。

2.4.2 水泥的保管和使用

水泥的保管应遵循方便使用及防止水泥受潮的原则。

1．水泥的储存

（1）水泥入库时应有质量证明文件，并按品种、标号、出厂日期等分别堆放整齐，做到先入库的先用，后入库的后用。

（2）库内放的袋装水泥，其下部应垫离地面 300 mm，且离开门窗洞口及墙面至少 300 mm，以防受潮；同时，要求堆放高度不宜超过 10 袋。

（3）不宜露天堆放，如露天堆放，应下有防潮垫板，上有防雨篷布。

（4）水泥储存时间不应超过出厂期 3 个月，超出时应重新检验其强度后再用。

2．水泥的使用

结块水泥如用手即可捏成粉末，应重新检验其强度。使用时先行粉碎，并加长搅拌时间。

结块水泥如较坚硬，应筛去硬块，将小颗粒粉碎，检验其强度，用于如下情况：

（1）用于非承重结构部位。

（2）作为砌筑砂浆。

（3）作为掺和料掺入同品种新水泥中，但其掺量不能过多，不应大于水泥重量的 20%，并要延长搅拌时间。

不同品种的水泥，不能混合使用；同一品种的水泥而强度等级高低不同以及出厂时期差距较大的水泥，也不能混合使用。

2.5　集　料

配制混凝土的原材料主要是水泥、砂子、石子和水等。其中水泥和水起胶结作用，砂子和石子起骨架作用，石子形成混凝土的骨架，砂子填充石子的空隙；同时，砂子形成砂浆部分的骨架，水泥浆填充砂子的空隙，砂浆填充石子的空隙并胶结成一个整体。所以，砂子和石子在混凝土中的作用就和人体的骨骼一样，起骨架作用。

2.5.1　细集料

粒径在 0.15～5 mm 的集料叫细集料。普通混凝土采用的细集料是砂子。

1. 细集料的分类

（1）按其来源分

分为人造砂（陶砂类）和天然砂（海砂、河砂、山砂）。

（2）按细度模数分

粗砂 —— 细度模数为 3.7～3.1，平均粒径大于 0.5 mm。

中砂 —— 细度模数为 3.0～2.3，平均粒径为 0.5～0.35 mm。

细砂 —— 细度模数为 2.2～1.6，平均粒径为 0.35～0.25 mm。

特细砂 —— 细度模数为 1.5～0.7，平均粒径小于 0.25 mm。

砂的细度模数是指不同粒径的砂混在一起的平均粗细程度，由试验室做筛分试验测算而得。

2. 砂的技术要求

（1）颗粒级配（见表 7.2.2）。对砂子颗粒及级配的要求是小颗粒恰好填满中颗粒间的空隙、中颗粒恰好填满大颗粒间的空隙，使得空隙率小，总表面积也小，从而提高混凝土的密度。混凝土密实度高，强度也高，而且还可节约水泥浆用量。

（2）含泥量。砂中含泥量多少不同，对混凝土强度的影响也各不相同。在低强度等级的混凝土中，泥土如不附着在砂子的表面，而是分散于其内部时，常常能改善混凝土拌和物的易和性，并增大其强度和改善其抗渗性；但泥土的含量超过规定的限值时，则会增加混凝土的用水量，降低混凝土的强度和耐久性。

混凝土施工验收规范规定，强度等级不低于 C30 的混凝土，砂子的含泥量不应超过 3%；低于 C30 的混凝土，砂子含泥量应超过 5%。

（3）有害物质的含量。砂中有害物质是指云母、有机物、硫化物等。

表 7.2.2　砂的颗粒级配

筛孔尺寸/mm	级配区		
	1 区	2 区	3 区
	累计筛余/%		
10	0	0	0
5	10 ~ 0	10 ~ 0	10 ~ 0
2.5	35 ~ 5	25 ~ 0	15 ~ 0
1.25	65 ~ 35	50 ~ 10	25 ~ 0
0.63	85 ~ 71	70 ~ 41	40 ~ 16
0.315	95 ~ 80	92 ~ 70	85 ~ 55
0.16	100 ~ 90	100 ~ 90	100 ~ 90

2.5.2　粗集料

粒径大于 5 mm 的集料称为粗集料，常用的有天然卵石和人工碎石。

1. 粗集料的分类

（1）按产源划分

根据产源不同，粗集料可分为卵石和碎石两大类。

卵石表面光滑，拌制的混凝土易和性良好，易捣实，空隙率也小，不透水性好，但与水泥砂浆的黏结性较差，含杂质量多，不宜用于配制高强度等级的混凝土。

碎石是将大块石破碎而成，颗粒级配较好，一般含水量和杂质含量较少，而且颗粒富有棱角，表面粗糙，与水泥砂浆黏结性能良好，其空隙率也越小则混凝土的密实度就越好，因此碎石混凝土的强度较高。但用碎石拌制的混凝土和易性较差。

（2）按粒径划分

粗石 —— 最大粒径 40 ~ 100 mm。

中石 —— 最大粒径 20 ~ 40 mm。

细石 —— 最大粒径 5 ~ 20 mm。

（3）按石质划分

火成岩 —— 深火成岩（如花岗岩、正常岩）和喷出火成岩（如玄武岩、辉绿岩）。

水成岩 —— 石灰岩和砂岩等。

变质岩 —— 片麻岩和石英岩等。

2. 石子的技术要求

（1）颗粒级配

石子的级配原理与砂相同。石子的级配有两种，即连续级配与间断级配。连续级配指石子由大到小连续分级，每级石子都有适当比例。采用合格的连续级配集料配制的混凝土和易性好，其空隙率较间断级配大，在工程中广为应用。间断级配是人为的剔除石子中的某些粒级，造成颗粒粒级间断。颗粒尺寸的大小不是连续的。大颗粒间的空隙由小许多的粒径的石子来填充，使空隙率达到最小，可节省水泥，但和易性差，易产生分层离析现象，且资源不断充分利用，故很少采用。

对石子最大粒径的要求，从节约水泥的角度看，石子的最大粒径越大，越节约水泥。所以石子的最大粒径应在条件允许的情况下，尽量采用大一些的。试验证明，最大粒径小于80 mm 时，可明显的节约水泥；当最大粒径大于 80 mm 时，对水泥节约效果不明显。从强度角度来看，在采用普通混凝土配合比的结构中，集料的粒径大于 40 mm 并没什么好处。因为在水灰比相同的情况下，集料的最大粒径增大，则强度会有所降低。从施工角度来看，石子最大粒径的选取决定于构件尺寸及钢筋的间距。根据规范规定，集料的最大粒径不得大于结构截面最小尺寸的 1/4，同时不得大于钢筋间最小净距的 3/4。对于实心混凝土板，最大粒径不得超过 1/2 板厚，且不宜大于 50 mm。

（2）对集料强度的要求

混凝土所用石子应具有足够的强度。检验石子强度的方法有两种：一是测石子的立方体强度；二是检验岩石的压碎指标，间接地测定石子的强度。对集料的要求严格或对集料的强度有争议时，宜根据岩石的立方体强度检验，而一般用压碎指标比较方便。

（3）对集料坚固性的要求

石子的坚固性是指它对抵抗冻融破坏及各种物理化学作用的性能，以保证混凝土的耐久性。试验是通过硫酸盐饱和溶液渗入矿石或卵石中，形成结晶产生的裂胀力对石子造成的破坏程度，间接地判断其坚固程度。

（4）对针、片状颗粒含量和含泥量的要求

在混凝土中含有过多的针、片状石子时，这些针、片状石子容易出现架空现象，空隙率较大，受压时容易折断，这样就使混凝土抗压强度降低。当混凝土强度等级不低于 C30 时，针、片状颗粒含量不大于 15%，含泥量不大于 1%；强度等级低于 C30 时，针、片颗粒含量不大于 25%，含泥量不大于 2%。

（5）对石子化学性质的要求

在混凝土中应该警惕集料所发生的化学反应（碱集料反应）给混凝土带来的危害。

2.6　水

拌制混凝土的水，应为清洁能饮用的河水、井水、自来水、湖水及溪间清水，其他如工业废水、含矿物质较多的地下水、沼泽水、泥炭水、海水及 pH 值小于 4 的酸性水、硫酸盐含量大于 1% 的水均不可用于拌制混凝土。

海水绝对不能用来拌制混凝土，因海水中含有大量的硫酸根离子，会与水泥中的水化产物水化铝酸钙作用，生成一种结晶体。这些结晶体年期会引起混凝土膨胀，使内部结构受到严重损害。此外，由于海水中还含有大量的氯离子，会加剧钢筋混凝土中钢筋的锈蚀。对近海的地下水用来拌制混凝土也要慎重，应通过化学分析证明符合规范规定，方可使用。

沼泽水也不能随便使用，因为沼泽水往往含有腐烂植物和动物的杂质，其化学成分复杂，用来拌和混凝土则会对其质量造成很大影响。如必须使用，也要通过试验证明无害时方可使用。

2.7　外加剂

外加剂又称附加剂，也称添加剂，是一种在混凝土、砂浆或水泥浆搅拌之前或搅拌中加入的，并能按要求改善混凝土、砂浆或水泥浆性能的材料。在一般情况下，其掺量为水泥重量的 0.005% ~ 5.0%。

2.7.1　外加剂的功能

目前，由于建筑业不断发展，出现了许多新技术、新工艺，如滑模、大模板、压入成型与真空吸水混凝土、泵送混凝土以及喷射混凝土等。在混凝土的供应上出现了商品混凝土、集中搅拌等新方法。在结构上出现了高层、超高层、大跨度薄壳、框架轻板体系等构件形式。高温炎热与严寒低温气候条件下的施工等，都对混凝土的技术性能提出了更高的要求，如要求混凝土具有大流动性、早强、高强、速凝、缓凝、低水化热、抗冻、抗渗、密实性、防水性能等。这些性能都可以借助外加剂来实现。外加剂的使用，使混凝土工程的发展又上了一个新台阶。外加剂已成为混凝土的一重要组成部分，其功能主要如下：

（1）可改善混凝土的和易性，提高其流动性。

（2）调节混凝土凝结硬化的速度。

（3）调节混凝土内的空气含量。

（4）改善混凝土的物理力学性能。

（5）提高混凝土内钢筋的耐蚀性。

2.7.2　常用外加剂的特性

1. 早强剂

凡能缩短混凝土的凝结时间，提高早期强度的外加剂统称为早强剂，又称促凝剂。

（1）氯盐早强剂。常用的有氧化钠和氧化钙。在混凝土中掺入适量的氯盐，可促进混凝土早强，还可降低混凝土的冰点，可使混凝土在 - 20 ℃ ~ - 10 ℃ 的情况下不但不冻结，且还能继续水化。但使钢筋生锈是氯盐早强剂的一大缺点。为弥补这一不足，施工时务必注意两点：一是限制氧化钙的用量，不得超过水泥重量的 2%；二是加入亚硝酸钠阻锈剂。

（2）三乙醇胺。为无色或淡黄色透明的油状液体，易溶于水，呈碱性，对钢筋无锈蚀作用。三乙醇胺在水泥水化的过程中起"催化"作用，加速初凝。但其掺量不得超过水泥重量的 0.05%；若掺量过多，则会失去早强效果。

（3）硫酸盐早强剂。常用的硫酸盐早强剂有结晶状态的硫酸钠（芒硝）、无水硫酸钠（元明粉）和硫代硫酸钠（海波）等。硫酸钠按质量好坏分一、二、三等。预应力混凝土采用一等，普通混凝土可采用二、三等。

硫酸钠的早强效果与水泥品种有关，一般对火山灰及矿渣水泥配制的混凝土的早强效果好。其适宜掺量为水泥用量的 0.3% ~ 2%。

硫酸钠可以与三乙醇胺、氯盐、亚硝酸钠、石膏等复合生成具有很好早强效果的复合早强剂。使用时可查阅有关建筑材料手册，这里就不一一介绍了。

2. 减水剂

减水剂是在保证混凝土稠度不变的条件下，具有减水、增强作用的外加剂。按减水效果分：普通型减水剂，即具有一定减水增强的效果；早强型减水剂，兼有早强和减水作用；高效型减水剂，具有大幅度减水增强效果；引气型减水剂，具有引气减水作用；缓凝型减水剂，具有缓凝和减水的作用。

在混凝土中加入减水剂后，可以有以下几方面的作用：

（1）在保证混凝土配合比完全不改变的情况下，可以提高混凝土的和易性，而且不会降低混凝土的强度。

（2）在保持混凝土的流动性及水灰比不变的情况下，可以节约水泥用量，从而节约水和水泥。

（3）在保持混凝土的流动性及水泥用量不变的情况下，可降低水灰比，提高混凝土的强度及耐久性。

常用的减水剂有以下几种：

（1）木质素磺酸盐类。主要有 M 型和 M 型与其他外加剂组成的复杂型减水剂。其掺量为水泥重量的 0.2% ~ 0.3%，减水率为 10% ~ 15%。它可提高混凝土强度 10% ~ 20%，对抗拉、抗渗能力及弹性模量都有改善，可增加拌和物坍落度 100 ~ 200 mm，节约水泥 10% ~ 15%。这种减水剂适用于配制普通混凝土和大体积混凝土。

（2）MF 减水剂。为引气普通型减水剂，效应较高，易溶于水，对钢筋无锈蚀作用，可轻微缓凝，使混凝土的水化热降低。其使用掺量为水泥重量的 0.3% ~ 1%，减水率为 10% ~ 20%。它可提高混凝土强度 10% ~ 30%，提高拌和物坍落度 2 ~ 3 倍，节约水泥 15% 以上。这种减水剂适用于拌制早强、高强和耐碱混凝土。

对掺有 MF 减水剂的混凝土，在搅拌时能引进空气，可能会降低混凝土的强度。因此要求空气含量必须小于 1%。在浇筑振捣时，宜采用高频振捣器，以排除空气；也可在混凝土中加入消泡剂。

（3）NNO 减水剂。是一种高效减水剂，化学名为亚甲基二萘磺酸钠。易溶于水，呈弱碱性，耐酸碱，它在混凝土中的作用是扩散、减水和增强。其掺量为水泥重量的 0.5% ~ 1%，减水率为 10% ~ 20%。它可提高混凝土强度 20% ~ 25%，增加拌和物坍落度 2 ~ 3 倍，节约水泥 10% ~ 15%，适合于拌制增强、缓凝混凝土。

（4）糖蜜缓凝型减水剂（又称糖钙、己糖二钙）。是制糖过程中提炼食糖剩下的残液，经石灰中和处理而成的糊状液体，属缓凝型减水剂。在混凝土中加入适量糖蜜，可延长混凝土的凝结时间，减少单位用水量 5% ~ 10%，改善混凝土的和易性，并提高其强度。在保持强度和坍落度不变的条件下，可节约水泥 10% 左右，对钢筋无锈蚀作用。这种减水剂适用于泵送及夏季滑模混凝土的施工。

3. 速凝剂

速凝剂是使混凝土能急速凝结的外加剂，常用的有 711 型和红星 1 型。

（1）711 型速凝剂。一种灰色粉末，一般掺量为水泥重量的 2.5% ~ 3.5%。混凝土的水灰比以 0.4 为宜。掺入后能使水泥在 5 min 内初凝，10 min 内终凝，可提高混凝土抗渗性、抗冻性和黏结力；能提高混凝土前 7 d 强度，7 d 后强度较不掺者低。

（2）红星 1 型速凝剂。其效能与 711 型略有不同，掺入量为水泥重量的 2.5% ~ 4%，可使混凝土拌和物在 10 min 内凝结，能提高混凝土头 3 d 的强度，3 d 后较不掺者低。

速凝剂适用于喷射混凝土、喷锚工程和防水混凝土工程。

4. 缓凝剂

缓凝剂是可以延缓混凝土的凝结时间，并对后期强度无明显影响的外加剂。缓凝剂能使混凝土拌和物在较长时间保持其塑性，以利浇筑成型或降低水化热，并节约水泥 6% ~ 10%。

目前采用较多的缓凝剂为糖蜜、木钙、硼酸和柠檬酸等。糖蜜、木钙的特性已在减水剂中介绍过，它们除有减水作用外，又具有明显的缓凝作用，掺量为水泥重量的 0.3%，可使混凝土的凝结时间推迟 1 ~ 30 h。

当混凝土的用量不大时，如预应力灌浆和装饰混凝土宜采用硼酸、柠檬酸作为缓凝剂。此时的掺入量分别为水泥重量的 0.6% 和 0.05%，可使混凝土缓凝 1 ~ 20 h。

5. 加气剂（引气剂）

加气剂能使混凝土内部形成无数均匀分布的微小气泡，由此改善混凝土的和易性，减少拌和用水量，提高抗冻性 3 ~ 4 倍，且同时提高抗渗、抗裂、抗冲击性能，从而提高混凝土的耐久性。

由于含气量的增加会使混凝土强度降低，且成正比关系，含气量每增 10%，强度则降低 4% ~ 5%。所以混凝土的含气量不宜过多，以 3% ~ 5% 为宜，同时混凝土强度降低不超过 25%。

目前使用的加气剂有松香热聚物和松香酸钠。其掺入量分别为水泥重量的 0.005% ~ 0.01% 和 0.01% ~ 0.05%，要严格按规定办理。加气剂与减水剂复合使用，可取得良好效果。

6. 防冻剂

防冻剂是能使混凝土拌和物在一定负温度的范围内，保持混凝土中的水不冻结，能继续水化、硬化，并达到一定强度的外加剂。

常用的抗冻剂有亚硝酸钠和硫酸钠，是抗冻效果较为理想的复合抗冻剂，对钢筋无锈蚀作用，能在 - 10 ℃ 的环境中使用，其掺量与温度有关。当温度为 - 5 ℃ ~ - 3 ℃ 时，掺量为（水泥重量的百分比）：硫酸钠为 3%，亚硝酸钠为 2% ~ 4%；当温度为 - 10 ℃ ~ - 8 ℃ 时，硫酸钠为 3%，亚硝酸钠为 6% ~ 8%。

2.7.3　使用外加剂应注意的事项

（1）当外加剂为胶状、液态或块状固体时，必须先制成一定浓度的溶液，每次用前摇匀或拌匀，并从混凝土拌和水中扣除外加剂溶液的用水量；当外加剂为粉末时，也可以与水泥和集料同时搅拌，但不得有凝结块混入。

（2）要根据混凝土的要求、施工条件、施工工艺选择适当的行之有效的外加剂。

（3）应对外加剂进行检验，进行有针对性的对比性试配和试验，确定最佳掺量。

（4）外加剂的掺量必须准确，计量误差为 2%，否则会影响工程质量，延误工期，甚至造成事故。

（5）使用外加剂的混凝土，要注意搅拌、运输、振捣器频率的选用和振捣等各个环节的操作；对后掺的或干掺的要延长搅拌时间。在运输过程中要注意保持混凝土的匀质性，避免离析。掺引气减水剂时，要采用高频振捣器振动。

2.8　混凝土配合比的设计

混凝土配合比设计是根据材料的技术性能、工程要求、结构形式和施工条件来确定混凝土的各组分的配合比例。

配合比设计应满足以下的基本要求：

（1）使混凝土的拌和物具有良好的和易性。

（2）满足强度要求，即满足结构设计或施工进度所要求的强度。

（3）具有耐久性，即满足抗冻、抗渗、抗蚀等方面的要求。

（4）在保证混凝土质量的前提下，做得到尽量节约水泥，合理使用材料和降低成本。

试验室配合比又称为理论配合比，是在试验室内采用干砂、干石子，通过理论计算而确定的配合比。普通混凝土试验室配合比可采用绝对体积法和假定滴定法来确定。

2.8.1 配合比设计方法及步骤

（1）确定混凝土配制强度

$$f_{cu} = f_{cu.k} + 1.645\sigma$$

式中 f_{cu} ——混凝土配制强度，MPa；

$f_{cu.k}$ ——混凝土的强度等级，MPa；

σ ——混凝土强度标准差，MPa，取值见表 7.2.3。

表 7.2.3 混凝土强度标准差取值

混凝土强度等级	< C20	C20 ~ C35	> C35
σ/MPa	4.0	5.0	6.0

（2）计算水灰比

水灰比是决定混凝土强度和密实性的主要因素，同时还影响着混凝土的抗渗性、抗冻性、抗蚀性和抗碳化性能。

$$f_{cu} = 0.46 f_{ce}\left(\frac{C}{W} - 0.52\right)$$

$$f_{cu} = 0.48 f_{ce}\left(\frac{C}{W} - 0.61\right)$$

式中 $\dfrac{C}{W}$ ——灰水比（其倒数为水灰比）；

f_{cu} ——配制强度，MPa；

f_{ce} ——水泥的实测强度，MPa；$f_{ce} = \lambda \cdot f_{ce\cdot k}$（$f_{ce\cdot k}$ 为水泥强度等级）；λ 为水泥强度等级富余系数，按 1.00 ~ 1.13 取值）。

（3）计算用水量

用水量是指混凝土搅拌时每立方米的用水量，由施工时对混凝土坍落度的要求及所采用的石子种类和粒径来决定。

① 计算法。用水量的计算公式如下：

$$W = \frac{10(T + K)}{3}$$

式中　W —— 每立方米混凝土的用水量，kg；

　　　T —— 坍落度，cm；

　　　K —— 集料常数。

②　查表法。

（4）计算水泥用量

根据已定的用水量、水灰比可计算出水泥用量。

（5）确定砂率

砂率是指砂在集料（砂及石子）总量中所占的重量百分比。

影响砂率的因素如下：

①　粗集料粒径大砂率小，粗集料粒径小砂率大。

②　细砂的砂率小，粗砂的砂率大。

③　碎石的砂率大，卵石的砂率小。

④　水灰比大则砂率大，水灰比小则砂率小。

⑤　水泥用量大则砂率小，水泥用量小则砂率大。

（6）计算砂、石用量

绝对体积法是指投放的材料的总体积等于混凝土的体积。

2.8.2　配合比的试配与调整

1．试　配

混凝土配合比计算完成后，应进行试配。

2．调　整

（1）和易性调整。

（2）强度复核。

2.9　混凝土的搅拌

混凝土搅拌，就将水、水泥和粗集料进行均匀拌和及混合的过程；同时，通过搅拌，还要使材料达到塑化、强化的作用。

2.9.1　搅拌方法

1．人工拌制

人工拌制混凝土，只适用于野外作业、施工条件困难、工程量少、强度等级不高的情况。人工拌和一般用"三干三湿"法，即先将水泥加入砂中干拌两遍，再加入石子翻拌一遍，此后，边缓慢加水，边反复湿拌三遍。

2．机械搅拌

混凝土搅拌机按其搅拌原理分为自落式搅拌机和强制式搅拌机两类。根据其构造的不同，又分为若干种。

自落式搅拌机适用于搅拌塑性混凝土。目前应用较多的为锥形反转出料搅拌机，它正转搅拌，反转出料，搅拌作用强烈，能搅拌低流动性混凝土。

强制式搅拌机的鼓筒是水平放置的，其本身不转动，筒内有组叶片，搅拌时叶片绕竖轴旋转，将材料强行搅拌，直至搅拌均匀。这种搅拌机的搅拌作用强烈，适宜于搅拌干硬性混凝土和轻集料混凝土，也可搅拌低流动性混凝土。这种搅拌机具有搅拌质量好、搅拌速度快、生产效率高、操作简便及安全等优点。但机件磨损严重，一般需要用高强度合金钢或其他耐磨材料做内衬，底部的卸料口如密封不好，水泥浆易漏掉，影响拌和质量。

混凝土搅拌机以其出料容量（m^3）×1 000 标定规格，常用的有 150 L、250 L、350 L 等数种。选择搅拌机型号时，要根据工程量大小、混凝土的坍落度和集料尺寸等确定，既要满足技术上的要求，也要考虑经济效果和节约能源。

2.9.2　搅拌要求

1. 搅拌时间

搅拌时间是指从全部材料投入搅拌筒起，到开始卸料为止所经历的时间，它与搅拌质量密切相关。搅拌时间过短，混凝土的材料拌和不均匀，强度及易和性都将会下降；搅拌时间过长，不但降低搅拌的生产效率，同时会使不坚硬的粗集料，在大容量搅拌机中因脱角、破碎等而影响混凝土的质量。混凝土搅拌的最短时间可按表 7.2.4 采用。

表 7.2.4　混凝土搅拌的最短时间（单位：s）

混凝土坍落度/cm	搅拌机机型	搅拌机容量/L		
		<250	250~500	>500
≤3	自落式	90	120	150
	强制式	60	90	120
>3	自落式	90	90	120
	强制式	60	60	90

搅拌时间系按一般常用搅拌机的回转速度确定的，不允许用超过混凝土搅拌机说明书规定的回转速度进行搅拌以缩短搅拌延续时间。因为当自落式搅拌机搅拌筒的转速达到某一极限时，筒内物料所受的离心力等于其重力，物料就贴在筒壁上不会落下，不能产生搅拌作用。

2. 投料顺序

应以提高搅拌质量，减少叶片、衬板的磨损，减少拌和物与搅拌筒的黏结，减少水泥飞扬，以改善工作环境，提高混凝土强度，节约水泥等方面综合考虑确定投料顺序。常用的有一次投料法、二次投料法和水泥裹砂法等。

（1）一次投料法

一次投料法是目前普遍采用的方法。作业时，将砂、石、水泥和水一起同时加入搅拌筒中进行搅拌。为了减少水泥的飞扬和黏罐现象，对自落式搅拌机常采用的投料顺序是：先倒砂子（石子），再倒水泥，然后倒入石子（或砂子），将水泥夹在砂、石之间，最后加水搅拌。

（2）二次投料法

二次投料法又分为预拌水泥砂浆法和预拌水泥净浆法。

① 预拌水泥砂浆法。先将水泥、砂和水加入搅拌筒内进行充分搅拌，成为均匀的水泥砂浆后，再加入石子搅拌成均匀的混凝土。一般采用强制式搅拌机搅拌水泥砂浆 1 ~ 1.5 min，然后再加入石子搅拌 1 ~ 1.5 min。也可设计一种双层搅拌机（称为复式搅拌机），其上层搅拌机搅拌水泥砂浆，搅拌均匀后，再送入下层搅拌机与石子一起搅拌成混凝土。

② 预拌水泥净浆法。先将水泥和水充分搅拌成均匀的水泥净浆后，再加入砂和石子搅拌成均匀的混凝土。

经试验表明，二次投料法搅拌制成的混凝土与一次投料法相比较，混凝土强度可提高约 15%；在强度等级相同的情况下，可节约水泥 15% ~ 20%。

（3）水泥裹浆法

采用这种方法在砂子表面造成一层水泥浆壳。其主要采用两项工艺措施：一是对砂子表面湿度进行处理，控制在一定范围内；二是进行两次加水搅拌。第一次加水搅拌称造壳搅拌，就是先将处理过的砂子、水泥和部分水搅拌，使砂子周围形成黏着性很高的水泥糊包裹层；然后加入第二次水及石子，经搅拌，部分水泥便均匀地分散在已经被造壳的砂子及石子周围，如图 7.2.3 所示。

采用这种方法的关键在于控制砂子表面水率及第一次搅拌时的造壳用水量。

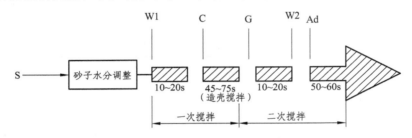

图 7.2.3　水泥裹浆法的投料顺序

S—砂；G—石子；C—水泥；W1——一次水；W2—二次水；Ad—外加剂

3. 进料容量

进料容量是将搅拌前各种材料的体积累积起来的容量，又称干料容量。进料容量约为出料容量的 1.4 ~ 1.8 倍（通常用 1.5 倍）。进料容量超过规定容量的 10% 以上，就会使材料在搅拌筒内无充分的时间进行掺和，影响混凝土拌和物的均匀性；反之，如装料过少，则又不能充分发挥搅拌机的效能。

2.9.3　混凝土搅拌站

现场混凝土搅拌站的建立，必须考虑工程任务大小、施工现场条件、机具设备等情况，因地制宜设置。一般宜采用流动性组合方式，使所有机械设备采取装配连接结构，基本能做到拆卸、搬运方便，有利于建筑工地转移。搅拌站的设计应尽量做到自动上料、自动称量、机动出料和集中操纵控制，使搅拌站后台上料作业走向机械化、自动化生产。

2.9.4　施工要点

1. 搅拌要求

搅拌混凝土前，应加水空转数分钟，将积水倒净，使拌筒充分润湿。搅拌第一盘时，考虑到筒壁上的砂浆损失，石子用量应按配合比规定减半。

搅拌好的混凝土应做到基本卸尽，在全部混凝土卸出之前不得再投入拌和物，更不得采取边出料边进料的方法。

严格控制水灰比和坍落度，未经试验人员同意不得随意加减用水量。

2. 材料配合比（略）

2.9.5　搅拌机使用注意事项

1. 使用搅拌机的一般规定

（1）混凝土搅拌机的作业场地应有良好的排水条件，机械附近应有水源，机棚内应有良好的通风、采光及防雨、防冻条件，不得有积水。

（2）固定式搅拌机应有可靠的基础；移动式搅拌机应在平坦、坚硬的地坪上，用方木垫起前后轮轴，使轮胎搁高空并撑牢，以免在开机时发生走动。

（3）气温降到 5 ℃ 以下时，管道、泵、机内均应采取防冻保温措施。

（4）作业后，应及时将机内、水箱内、管道内的存料、积水放尽，并要清洁保养机械，清理工作场地，切断电源，锁好电闸箱。

（5）装有轮胎的搅拌机，移动时的拖行速度不得超过 15 km/h。

2. 搅拌机作业条件

（1）当电源接通后，必须仔细检查，经 2 ~ 3 min 空车试转认为合格，方可使用。

（2）向搅拌筒内加料应在运转中进行，添加新料时须先将搅拌机内原有的混凝土全部卸出后才能进行，不得中途停机或在满载荷时启动搅拌机；反转出料者除外。

（3）进料时严禁将头或手伸入料斗与机架之间察看或探摸进料情况，搅拌机运转中不得用手或工具等物伸入搅拌筒内抓料、出料。

（4）当混凝土搅拌完毕或预计停歇在 1 h 以上时，除将余料除净外，应用石子和清水倒入拌筒内，开机转动 5 ~ 10 min，把黏在料筒上的砂浆冲洗干净后全部卸出。料筒内不得有积水，以免料筒和叶片生锈。同时还应清理搅拌筒外积水灰，使机械保持清洁完好。

（5）操作者应为经过专业培训，并经考核合格持有上岗证的人员。严禁无证人员上岗操作。

2.10　混凝土的运输

2.10.1　混凝土的运输要求

对混凝土运输的要求：应保持混凝土的均匀性，不漏浆、不失水、不分层、不离析。如有离析现象，必须在浇筑前进行二次搅拌。混凝土运至浇筑地点时，应符合浇筑时所规定的坍落度。混凝土应以最少的转载次数、最短的时间，从搅拌地点运至浇筑地点。

刚搅拌好的混凝土拌和物，由于内摩阻力、黏着力和重力等的作用，各种材料处于固定位置，且分布均匀，此时混凝土拌和物处于相对平衡状态。在运输过程中，由于道路不平、运输工具的颠簸振动等影响，黏着力和内摩阻力将明显减小，特别是混凝土拌和物自高处下落时，失去了平衡状态，在自重作用下向下沉落，质量越大，向下沉落的趋势越强。由于粗、细集料和水泥浆的质量不同，因而各自聚集在一定深度，出现分层离析现象。

分层离析现象对混凝土的质量是有害的，使混凝土强度降低，容易形成蜂窝或麻面，也增加捣实困难。为此，对运输道路、运输工具以及运输的时间都有具体的要求。

2.10.2　混凝土运输工具

混凝土运输主要分水平运输和垂直运输两个方面，应根据施工方法、工程特点、运距的长短及现有运输设备，选择可满足施工要求的运输工具。常用的运输有以下几种：手推车、机动翻斗车、自卸汽车、井架运输机、塔式起重机、混凝土搅拌输送车。

使用混凝土搅拌输送车必须注意的事项如下：

（1）混凝土必须在最短的时间内均匀无离析地排出，出料干净、方便，能满足施工的要求；如与混凝土泵联合输送时，其排料速度应能相匹配。

（2）从搅拌输送车运卸的混凝土中，分别取 1/4 和 3/4 处试样进行坍落度试验，两个试样的坍落度值之差不得超过 3 cm。

（3）混凝土搅拌输送车在运送混凝土时，通常的搅动转速为 2～5 r/min；整个输送过程中，搅拌筒的总转数应控制在 300 转以内。

（4）若混凝土搅拌输送车采用干料自行搅拌混凝土时，搅拌速度一般应为 6～18 r/min；搅拌转数应从混合料和水加入搅拌筒起，直至搅拌结束控制在 70～100 转。

（5）混凝土搅拌输送车因途中失水，到工地需加水调整混凝土的坍落度时，则搅拌筒应以 6～18 r/min 搅拌速度搅拌，并另外再转动至少 30 转。

2.10.3　运输时间

混凝土应以最少的转运次数和最短的时间，从搅拌地点运至浇筑地点，并在初凝前浇筑完毕。混凝土从搅拌机中卸出后到浇筑完毕的延续时间不宜超过表 7.2.5 的规定。若运距较远可掺加缓凝剂，其延续凝结时间长短由试验确定。使用快硬水泥或掺有促凝剂的混凝土，其运输时间应根据水泥性能及凝结条件确定。

表 7.2.5　混凝土从搅拌机中卸出后到浇筑完毕的延续时间（单位：min）

混凝土强度等级	气　温	
	< 25 °C	≥25 °C
≤C30	120	90
> C30	90	60

2.10.4　运输道路

运输道路要求平坦，使车辆行驶平稳，尽量避免或减少混凝土振动，防止产生离析。运输线路要短、直，以减少运输距离。工地运输道路应考虑布置环形回路，避免交通阻塞。临时架设的桥道要牢固，桥板接头须平顺。

2.11　泵送混凝土

混凝土用混凝土泵运输的，通常称泵送混凝土。泵送混凝土与传统混凝土施工方法不同，它是在混凝土泵的推动下沿输送管道进行运输并在管口处直接浇筑的，可一次性连续完成水平运输或垂直运输和浇筑，高效省力。当前，混凝土泵的最大水平输送距离可达 600 m，最大垂直输送高度可达 200 m。

2.11.1　泵送混凝土的原材料与配合比

1. 泵送混凝土的原材料

（1）水　泥

在泵送混凝土中，水泥用量是影响泵送效果的重要因素。应在保证混凝土设计强度和良好可泵性的前提下，尽量减少水泥用量。

水泥品种对混凝土拌和物的可泵性也有一定的影响，一般以硅酸盐水泥、普通硅酸盐水泥为宜。对大体积混凝土，应选用水化热较低的矿渣水泥和粉煤灰水泥，但要采取适当增大砂率、掺加粉煤灰、降低坍落度、提高保水性等技术措施。水泥用量与集料品种、输送管径、输送距离都有直接关系：同样粒径、级配，人工集料要比天然集料耗用水泥多；输送距离越长、输送管径越小、要求混凝土的流动性、润滑性、保水性越高，耗用水泥就高。

（2）粗、细集料

粗集料的品种、粒径、级配对混凝土的可泵行有着十分重要的影响。卵石、碎石及卵碎石混合料均可用，可泵性以卵石混凝土最佳，混合集料次之，碎石稍差。集料颗粒级配要求是连续、均匀、无超径石，针片状颗粒含量应控制在 10% 以内。粗集料最大粒径与输送管径的关系见表 7.2.6。

表 7.2.6　混凝土输送管直径选用

输送管直径 /mm	输送管最大粒径/mm			备　　注
	卵石	碎石	轻集料	
100	30	25	25	卵石最大粒径不超过 1/3 管径，碎石最大粒径不超过 1/4 管径
125	40	30		
150	50	40		

细集料应符合 GB/T14684—2001 标准，采用中砂。粒径在 0.30 mm 以下的细集料所占的比例应不小于 15%，最好达到 20%，砂率 38% ~ 45%，含泥量不大于 3%，泥块含量不大于 1%，地下工程碱活性合格。

（3）掺和料

泵送混凝土常用的掺和料为粉煤灰。其作用是节约水泥，降低水化热，增强混凝土流动性，改善混凝土的泵送性能。掺量由试验确定。

（4）外加剂

泵送混凝土中的外加剂，主要有减水剂、引气剂；对于大体积混凝土结构，为防止产生收缩裂隙，还可渗入适量的膨胀剂和缓凝剂。掺用引气型外加剂的泵送混凝土的含气量不宜大于 4%。

2. 主要机具

包括混凝土输送泵、布料杆、水平泵管、垂直泵管、45°弯管、90°弯管、管卡、3.5 m 橡胶管。

3. 配合比要求

泵送混凝土的配合比既要满足设计强度和耐久性要求，又要满足混凝土的可泵性要求。配合比设计应合理选择原材料，明确所用材料的品质及技术指标（水泥品种及标号，集料的种类、粒度与级配，外加剂等），并结合施工布置、气温等具体施工条件试配置。必要时应通过试泵送验证并进行必要的调整。泵送混凝土配合比设计应参照以下参数确定：

（1）泵送混凝土的水泥用量宜大于 320 kg/m^3。

（2）泵送混凝土的砂率不宜低于 40%。

（3）泵送混凝土的水灰比宜为 0.4～0.6；坍落度在 8～23 cm。

（4）泵送混凝土应掺适量外加剂，外加剂品种和掺量由试验确定。

（5）泵送混凝土掺粉煤灰时其掺量由试配确定。

2.11.2　泵送混凝土的运输

泵送混凝土运输应采用专用的混凝土搅拌运输车。泵送混凝土运输延续的时间，如表 7.2.7 所示。

表 7.2.7　泵送混凝土运输延续时间

混凝土出机温度/℃	运输延续时间/min	混凝土出机温度/℃	运输延续时间/min
25～35	50～60	5～25	60～90

2.11.3　混凝土的泵送与浇筑（见图 7.2.4）

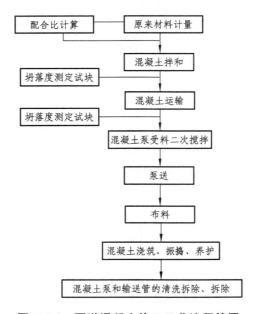

图 7.2.4　泵送混凝土施工工艺流程简图

2.12　混凝土的浇筑

2.12.1　混凝土浇筑的一般规定

（1）浇筑前。混凝土浇筑前不应发生初凝和离析现象，如已发生，可重新搅拌，使混凝土恢复流动性和黏聚性后再进行浇筑。

（2）浇筑过程中。为了保证混凝土浇筑时不产生离析现象，混凝土自高处倾落时的自由倾落高度不宜 2 m；若混凝土自由下落高度超过 2 m，要沿溜槽或串筒下落。当混凝土浇筑深度超过 8 m 时，则应采用节管的振动串筒，即在串筒上每隔 2～3 节管安装一台振动器。

（3）分层浇筑。为了使混凝土振捣密实，必须分层浇筑，每层浇筑厚度与捣实方法、结构的配筋情况有关，应符合表 7.2.8 的规定。

表 7.2.8　混凝土浇筑层厚度

捣实混凝土的方法		浇筑层的厚度/mm
插入式振捣		振捣器作用部分长度的 1.25 倍
表面振动		200
人工捣固	在基础、无筋混凝土或配筋稀疏的结构中	250
	在梁、墙板、柱结构中	200
	在配筋密列的结构中	150
轻集料混凝土	插入式振捣器	300
	表面振动（振动时需加荷）	200

（4）连续作业。混凝土的浇筑工作，应尽可能连续进行；如必须间歇作业，其间歇时间应尽量缩短，并要在前层混凝土凝结（终结）前，将次层混凝土浇筑完毕。间歇的最长时间应根据所用水泥品种及混凝土凝结条件确定。即混凝土从搅拌机中卸出，经运输和浇筑完毕的延续时间不得超过规定。

（5）竖向结构的浇筑。在竖向结构（如墙、柱）中浇筑混凝土，若浇筑高度为 3 m 时，应采用溜槽或串筒。浇筑竖向结构混凝土前，应先在底部填筑一层 5～10 cm 厚与混凝土内砂浆成分相同的水泥砂浆，然后再浇筑混凝土。这样既可使新旧混凝土结合良好，又可避免出现蜂窝麻面现象。混凝土的水灰比和坍落度，宜随浇筑高度的上升，酌情递减。

（6）经常观察。浇筑混凝土时，应经常观察模板、支架、钢筋、预埋件和预留孔洞的情况，当发现有变形、移位时，应立即停止浇筑，并应在已浇筑的混凝土凝结前修整完好。

2.12.2　施工缝的设置

如果由于技术上的原因或设备、人力的限制，混凝土的浇筑不能连续进行，中间的间歇预计将超过表 7.2.9 规定的时间时，则应留置施工缝。施工缝的位置应严格按照规定，认真对待。由于该处新旧混凝土的结合力较差，是构件中薄弱环节，如果位置不当或处理不好，就会引起质量事故，轻则开裂、漏水，影响使用寿命；重则危及安全，不能使用。因此，应予高度重视。

表 7.2.9　浇筑混凝土的间歇时间（单位：min）

混凝土强度等级	气　温	
	< 25 °C	≥ 25 °C
≤ C30	210	180
> C30	180	150

1. 施工缝的位置

施工缝的位置应设在结构受剪力较小且便于施工的部位。具体位置如下：

（1）柱子应留水平施工缝，梁、板、墙应留竖直施工缝。

（2）柱子施工缝留置在基础的顶面、梁或吊车梁牛腿的下面、吊车梁的上面、无梁楼板柱帽的下面。

（3）和板连成整体的大断面梁，留置在板底面以下 20～30 mm 处；当板下有梁托时，留在梁托下部。

（4）单向板施工缝留置在平行于板的短边的任何位置。

（5）有主、次梁的楼板，宜顺着次方向浇筑，施工缝应留置在次梁跨度中间 1/3 的范围内。

（6）墙施工缝留置在门洞口过梁跨中 1/3 范围内，也可留在纵横墙的交接处。

（7）双向受力楼板、厚大结构以及拱、薄壳、多层钢架及其他结构复杂的工程，施工缝的位置应按设计要求留置。

2. 施工缝的处理

在施工缝处继续浇筑混凝土时，已浇筑的混凝土抗压强度应不小于 1.2 MPa；同时，必须对施工缝进行必要的处理。

（1）在已硬化的混凝土表面上继续浇筑混凝土之前，应清除垃圾、水泥薄膜、表面上松动砂石和软弱混凝土层；同时还应加以凿毛，用水冲洗干净并充分湿润，湿润一般不宜少于 24 h，残留在混凝土表面的积水应予清除。

（2）在浇筑前，水平施工缝宜先铺上 10～15 mm 厚的水泥砂浆一层，其配合比与混凝土内的砂浆成分相同。

（3）垂直施工缝处应补插钢筋，其直径为 12～16 mm，长度为 500～600 mm，间距为 500 mm。台阶式施工缝的垂直面上也应补插钢筋。

（4）注意施工缝位置附近回弯钢筋时，要做到钢筋周围的混凝土不受松动和损坏。钢筋上的油污、水泥砂浆及浮锈等杂物也应清除。

（5）从施工缝处开始继续浇筑混凝土时，要避免直接靠近边缝边下料。机械振捣时，宜向施工缝处逐渐推进，并在施工缝 80～100 cm 处停止振捣，但应加强为施工缝接缝的捣实工作，使其紧密结合。

2.12.3　基础的浇筑

建筑物 ± 0.000 以下的部分称为基础。基础是建筑物最重要的承重部分之一，属于隐蔽工程。在建筑物使用过程中，一旦基础出现质量问题，不仅很难发现出问题的位置，而且很难处理。因此，对基础混凝土的浇筑质量应引起充分重视。

在地基上浇筑混凝土前，应再次对地基的设计标高、断面尺寸和轴线进行校正，并清除淤泥和杂物；同时注意排除开挖出来的水和开挖地点的流动水，以防冲刷新浇筑的混凝土。

1. 柱基础的浇筑

（1）台阶式基础施工时，可按台阶分层一次性浇筑完毕，不允许留设施工缝。每层混凝土要一次性卸足，顺序是先边角后中间，务必使砂浆充满模板。

（2）对于杯形基础，应注意杯口底部标高的正确性，宜先将杯口底混凝土振实并稍停片刻，再浇筑振捣杯口模四周的混凝土，振动时间尽可能缩短。同时还应特别注意杯口模板的位置，应在两侧对称浇筑，以免杯口模挤向一侧或因混凝土泛起而使芯模上升。

（3）对于锥式基础，应注意斜坡部位混凝土的捣固质量，在振捣器振捣完毕后，用人工将斜坡表面拍平，使之符合设计要求。

2. 条形基础的浇筑

（1）浇筑前，应根据混凝土基础顶面的标高在两侧木模上弹出标高线；如采用原槽土模时，应在基槽两侧的土壁上交错打入长 10cm 左右的木钎，并露出 2～3 cm，木钎面与基础顶面标高平，木钎之间距离约为 3 m。

（2）根据基础深度宜分层连续浇筑混凝土，一般不留施工缝。各段层间应相互衔接，每段间浇筑长度控制在 2～3 m 距离，做到逐段逐层呈阶梯形向前推进。

3. 大体积基础的浇筑

（1）大体积混凝土基础的整体性要求高，一般要求混凝土连续浇筑，一次性完成。施工工艺上应做到分层浇筑，分层捣实，但又必须保证上下层混凝土在初凝之前结合好，不致形成施工缝。在特殊的情况下可以留有基础后浇带，即大体积混凝土基础中预留有一条后浇的施工缝，将整块大体积混凝土分成两块或若干块浇筑，待所浇筑的混凝土经一段时间的养护干缩后，再在预留的后浇筑补偿收缩混凝土，使分块的混凝土连成一个整体。

（2）浇筑方案应根据整体性要求、结构大小、钢筋疏密、混凝土供应等具体情况，通常有三种方式可选用：全面分层、分段分层和斜面分层。分层的厚度取决于振动器的棒长和振动力的大小，也要考虑混凝土的供应量大小和可能浇筑量的多少，一般为 20～30 cm。

（3）浇筑大体积基础混凝土时，由于凝结过程中水泥会散发出大量的水化热，因而形成的内外温度差较大，易使混凝土产生裂缝。因此，在浇筑大体积混凝土时，应采取以下措施：

① 选用水化热较低的水泥，如矿渣水泥、火山灰质或粉煤灰水泥，或者在混凝土中掺入缓凝剂、缓凝型减水剂。

② 选择级配良好的集料，尽量减少水泥用量，使水化热相应降低。

③ 尽量降低单位体积混凝土的用水量。

④ 降低混凝土的入模温度。

⑤ 在混凝土内部预埋冷却水管，用循环水降低混凝土的温度。

⑥ 采用泌水性较大的水泥拌制混凝土，浇筑完毕后及时排除泌水，进行二次振捣。

2.12.4　框架结构的浇筑

（1）现浇框架的混凝土浇筑。多层现浇框架宜分段分层浇筑，以结构平面变形缝分段或以楼层分层。浇筑时，应先浇框架柱，再浇框架梁、板。每一排框架柱宜从两端向中间浇筑，避免因浇筑混凝土后由于木模板吸水膨胀断面增大而产生横向推力，致使柱子倾斜发生变形。施工中需注意，梁、板应同时浇筑。

（2）浇筑的间歇时间。框架结构的混凝土需连续浇筑，若因施工条件限制必须间歇时，其间歇时间不得超过规定。

（3）在竖向结构中浇筑混凝土应遵守的规定如下：

① 框架柱应分层浇筑，边长大于 40 cm 又无交叉箍筋时，每层厚度不宜 3.5 m；边长在 40 cm 以内有交叉箍筋时，在模板侧面开浇筑口，装上溜槽，分层浇筑混凝土，每层高度不宜 2 m。

② 墙与隔墙应分层浇筑，每层厚度不应大于 3 m。

③ 分层施工开始浇筑上一层柱时，底部应先填铺一层与混凝土中砂浆成分相同的水泥砂浆，厚度为 50 ~ 100 mm，以免底部产生蜂窝现象。

（4）肋梁楼盖的混凝土浇筑。肋梁楼盖由主梁、次梁和板组成。肋梁楼盖的梁、板应同时浇筑，当梁高大于 1 m 时，也可独立浇筑，但施工缝应留在板底面以下 20 ~ 30 mm 处。肋梁楼盖的浇筑方向，应与运输方向相反，以避免混凝土离析，造成内部结构不均，降低混凝土的强度。

（5）无梁楼盖的混凝土浇筑。无梁楼盖由厚度较大的楼板、柱帽及柱子构成。施工时，先浇筑柱子混凝土至柱帽下 50 mm 处暂停，而后分层浇筑柱帽，混凝土下料必须倒在柱帽中心，待混凝土接近楼板底面时即可连同楼板一起浇筑。

2.12.5　剪力墙的混凝土浇筑

剪力墙浇筑除按一般原则进行外，还应注意以下几点：

（1）门窗洞口部位应从两侧同时下料，高差不能太大，以防止门窗洞口模板移动。先浇捣窗台下部，后浇捣窗间墙，以防窗台下部出现蜂窝孔洞。

（2）开始浇筑时，应先浇筑 100 mm 厚与混凝土砂浆成分相同的水泥砂浆。每次铺设厚度以 500 mm 为宜。

（3）混凝土浇捣过程中，不可随意挪动钢筋，要经常加强检查钢筋保护层厚度及所有以预埋件的牢固程度和位置的准确性。

2.12.6　其他项目的浇筑

1. 楼梯的混凝土浇筑

（1）由于楼梯工作面小，操作位置不断变化，运输上料较为困难。施工时，休息平台以下的踏步可由底层进料，平台以上的踏步可由上一层楼面进料。

（2）钢筋混凝土楼梯宜自下而上一次性浇捣完成。上层钢筋混凝土楼面未浇捣时，可留施工缝，施工缝宜留在楼梯长度中间 1/3 范围内。当楼梯有钢筋混凝土栏板时，应与踏步同时浇筑。楼梯浇筑完毕后，应自上而下将其表面抹平。

2. 圈梁的混凝土浇筑

由于圈梁工作面窄而长，易漏浆，所以在浇筑混凝土之前，应填塞好模板与墙体之间的空隙，并将砖砌体充分湿润。圈梁混凝土应一次性浇筑完成，若不能一次浇筑完毕，其施工缝不允许留在在下列部位：砖墙的十字、丁字、转角、墙垛等，以及门窗洞、大中型管道、预留洞的上部等。浇筑带有悬挑构件的圈梁混凝土时，应同时浇筑成整体。

3. 悬挑构件混凝土的浇筑

悬挑构件是指悬挑在墙、柱圈梁、梁、楼板以外的构件，如阳台、雨篷、天沟、屋檐、牛腿、吊重臂等，分为悬臂梁或悬臂板。其浇筑要点如下：

（1）在支承点的后部必须有平衡构件，浇筑时应同时进行，使之成为整体；受力主钢筋布置在构件的上部，浇筑时必须保证钢筋位置正确，严禁踩踏。

（2）平衡构件内钢筋应有足够的锚固长度，浇筑时不准站在钢筋上操作；应先内后外，先梁后板；不允许留置施工缝。

2.13　混凝土的振捣

混凝土的振捣分为机械振捣与人工振捣两种。

2.13.1　振捣的目的和要求

混凝土浇入模板后，由于内部集料之间的摩擦力、水泥净浆的黏结力、拌和物与模板之间的摩擦力，使混凝土处于不稳定的平衡状态。其内部疏松的空洞与气泡含量占混凝土体积 5%～20%。而混凝土的强度、抗冻性、抗渗性及耐久性等一系列性质，都与混凝土的密实度有关。因此，必须采用适当的方法在混凝土初凝之前对其进行捣实，以保证其密实度。

一般来说，振捣时间越长，力量越大，混凝土越密实，但也可能会使混凝土产生泌水、离析现象。振捣时间长短应根据混凝土流动性大小而定，一般振捣到水泥浆使混凝土表面平整为止。混凝土浇筑完成后应立即进机械振捣，初凝后，则不允许再振捣。

2.13.2　机械振捣

振动器分为内部振动器、表面振动器、外部振动器及振动台等四类。

1. 内部振动器

又称插入式振动器，俗称振捣棒，形式上分为硬管、软管。其振动部分有锤式、棒式、片式等。这种振动器振动频率有高有低，主要适用于大体积混凝土、基础、柱、梁、墙、厚度较大的板，以及预制构件的捣实工作。当钢筋十分稠密或结构厚度很薄时，其使用就会受到一定的限制。

2. 表面振动器

又称平板式振动器。其工作部分是一钢制或木制平板，板上装一个带偏心块的电动振动器。振动力通过平板传递给混凝土，由于其振动作用深度较小，仅适用于表面积大而平整的结构物，如平板、法案面、屋面等构件。

3. 外部振动器

又称附着式振动器。这种振动器通常是利用螺栓或钳形夹具固定在模板外侧，不与混凝土直接接触，借助模板或其他物体将振动力传递给混凝土。由于其振动作用范围较小，仅适用于振捣钢筋较密、厚度较小以及不宜使用插入式振动器的结构构件。

4. 振动台

由上部框架、下部支架、支承弹簧、电动机、齿轮同步器、振动子等组成。上部框架是振动台的台面，上面可固定放置模板，通过螺旋弹簧支承在下部的支架上，振动台只能上下方向的定向振动，适用于混凝土预制构件的振捣。

2.13.3　人工振捣

混凝土的人工捣实只有在缺少转动机械和工程量较小的情况下才采用，多用于流动性较大的塑性混凝土。人工振捣时，用插钎、捣棒或铁铲分层依次进行，常用的是赶浆捣实法。

2.13.4　免振捣自密实混凝土技术

免振捣自密实混凝土是高性能混凝土的一种。其最主要的性能是能够在自重下不用捣实，自行填充模板内的空间，形成密实的混凝土结构。此外，它还具有良好的力学性能与耐久性能。这是一种从混凝土拌和物开始直至硬化后使用期都被全面考虑的高性能混凝土。

2.14　混凝土的养护

养护是混凝土工艺中的一个重要环节。混凝土浇筑完成后，逐渐凝固、硬化，产生强度，这个过程主要由水泥的水化作用来实现。

水化作用必须有适宜的温度和湿度。混凝土养护的目的，就是要创造各种条件，使水泥充分水化，加速混凝土硬化，防止在成型后因曝晒、风吹、干燥、寒冷等自然因素的影响，出现不正常的收缩、裂缝、破坏等现象。

养护的方法很多，目前有自然养护、蒸汽养护、干热养护、养护剂养护等，要因时因地制宜，选择较好的养护方法。

2.14.1　自然养护

采用自然养护时，应遵守下列规定：

（1）在浇筑完成 12 h 以内进行覆盖养护。

（2）混凝土强度要达到 1.2 MPa 以后，才允许工作人员行走、安装模板和支架；但不得作冲击性或类似劈打木材的操作。

（3）不允许用悬挑构件作为交通运输的通道或作工具、材料的停放场。

1. 喷水养护

在自然气温高于 5 ℃ 的条件下，用草袋、麻袋、锯末等覆盖混凝土，并在上面经常浇水。普通混凝土浇筑完毕后，应在 12 h 内加以覆盖和浇水，浇水次数以能保持足够的湿润的状态为宜。在一般气候条件下（气温在 15 ℃ 以上），在浇筑后最初 3 d，白天每隔 2 h 浇水一次，夜间至少浇水 2 次；在之后的养护期中，每昼夜最少浇水 4 次。在干燥的气候条件下，浇水次数应适当增加，浇水养护时间一般以达到标准强度的 60% 左右为宜。

在一般情况下，硅酸盐水泥、普通硅酸盐水泥及矿渣硅酸盐水泥、拌制的混凝土，其养护天数不应少于 7 d；火山灰质硅酸盐水泥及粉煤灰硅酸盐水泥拌制的混凝土，其养护天数不应少于 14 d；矾土水泥拌制的混凝土，其养护天数不应少于 3 d；掺用缓凝型外加剂或有抗渗要求的混凝土，不应少于 14 d。其他品种的水泥拌制的混凝土，其养护天数应根据该水泥的技术性能加以确定。

在外界气温低于 5 ℃ 时，不允许浇水。

2. 喷膜养护

喷膜养护是在混凝土表面喷洒 1~2 层塑料薄膜，再将塑料溶液喷洒在混凝土表面上，待溶液挥发后，塑料与混凝土表面结合成一层薄膜，使混凝土表面与空气隔绝，封闭混凝土中的水分不再被蒸发，而完成水化作用。这种养护方法一般适用于表面积大的混凝土施工和缺水地区。

喷膜养护的操作要点是如下：

（1）喷洒压力在 0.2~0.3 MPa 为宜，喷出来的塑料溶液呈较好的雾状为佳。压力小，不易形成雾状；压力大，会破坏混凝土表面，喷洒时应离混凝土表面 50 cm。

（2）喷洒时间。应掌握混凝土水分蒸发情况，在不见浮水、混凝土表面以手指轻按无指印时，即可进行喷洒。过早会影响塑料薄膜与混凝土表面结合，过迟则影响混凝土强度。

（3）溶液喷洒厚度以溶液的耗用量衡量，养护剂耗用量通常以 2.5 kg/m^2 为宜，喷洒厚度要求均匀一致。

（4）通常要喷两次，待第一次成膜后再喷第二次。喷洒时要求有规律进行，固定一个方向，前后两次的走向应互相垂直。

（5）溶液喷洒后很快形成塑料薄膜，为达到养护目的，必须保护薄膜的完整性，要求不得有损坏破裂，不得在薄膜上行人、拖拉工具，如发现损坏应及时补喷。如气温较低，应设法保温。

3. 太阳能养护

太阳能养护是利用太阳能和塑料布为混凝土营造一个保温保湿的环境，从而使混凝土得以充分养护的方法。这种养护方法不需要浇水，具有节约能源、操作简便、成本低的优点。常用的太阳能养护方法有覆盖式和棚罩式两种。

2.14.2　加热养护

加热养护是通过对混凝土加热来加速混凝土的强度增长，有热模养护、电热养护和蒸汽养护三种。

蒸汽养护是缩短养护时间的有效方法之一。混凝土在较高温度和湿度条件下，可迅速达到要求强度。蒸汽养护过程为静停、升温、恒温和降温四个阶段。

2.14.3　模板的拆除

混凝土强度的增长，与所用水泥品种、养护方法、龄期等主要因素有关，一般的规律是：

水泥强度越高，混凝土强度发展越快；温度越高，强度发展越快；龄期越长，强度越高。混凝土结构浇筑后，达到一定的强度时方可拆模。模板拆卸日期，应按结构特点和混凝土所达到的强度来确定。

1. 整体式结构的拆模期限

对于整体式结构的拆模期限，应遵守以下规定：

（1）非承重的侧面模板，应在混凝土强度能保证其表面及棱角不因拆除模板而损坏时，方可拆模。

（2）承重的模板应在混凝土达到下列强度以后，方能拆除（按设计强度等级的百分比计）：

板及拱：

跨度为 2 m 及小于 2 m	50%
跨度为 2～8 m	70%
梁（跨度为 8 m 及小于 8 m）	70%
承重结构（跨度大于 8 m）	100%

悬臂梁和悬臂板：

跨度在 2 m 及小于 2 m	70%
跨度在 2 m 以上	100%

（3）钢筋混凝土结构如在混凝土未达到上述所规定的强度时进行拆模及承受部分荷载，应经过计算，复核结构在实际荷载作用下的强度。

（4）已拆除模板及其支架的结构，应在混凝土达到设计强度后，才准许承受全部计算荷载。施工中不得超载使用，严禁堆放过量建筑材料。当承受施工荷载大于计算荷载时，必须经过核算架设临时支撑。

2. 预制构件的拆模

预制构件的拆模强度，当设计无规定时，应遵守下列规定：

（1）拆除侧面模板时，须保证构件不变形、棱角完整和无裂缝等现象。

（2）对于承重底模，其构件跨度不大于 4 m 时，应在混凝土强度达到设计强度等级的 50% 方可拆模；构件跨度大于 4 m 时，应在混凝土强度达到设计强度等级的 70% 方可拆模。

（3）拆除空心板的芯模时，应能保证表面不发生坍陷和裂缝，且同时避免较大的振动或碰伤孔壁。

2.15　冬季施工

在寒冷季节，由于气温常处于 0 ℃ 以下，新浇筑的混凝土若任其敞露在大气条件下，必将遭受冻害，混凝土的强度和耐久性将大大降低，严重影响结构的承载能力和工程寿命。

混凝土的冻结对其强度的影响，有以下三种情况：

（1）混凝土在初凝前后冻结，对其强度的影响最大，甚至使混凝土结构遭到破坏，导致强度无法恢复。其原因是初凝混凝土中的水泥水化反应刚刚开始，混凝土拌和物尚无强度，若这时恢复正温度养护，虽然水化反应仍然继续进行，强度也能继续增长，但由于水的结冰破坏了混凝土的内部结构，致使最终强度难以恢复，损失较大。

（2）混凝土终凝后在其强度很低时受冻结，此时的混凝土已经终凝，开始产生强度，但由于水泥水化反应的时间不长，由此而产生的凝结应力还小于冻结而产生的膨胀应力。这时，若立即采取正温度养护，待结冰的水融化后，可部分恢复其强度。

（3）混凝土具备一定的强度后冻结，混凝土经过一段时间的养护，达到规定的强度后冻结，当采用正温度养护后，仍可达到其设计强度要求。其原因是由于水泥的水化反应时间较长，由此而产生的黏结应力大于冻结而产生的膨胀应力，混凝土的内部并未受到破坏，正温度养护后，水泥水化反应继续进行到底，混凝土的强度仍可达到设计要求。

规定强度：混凝土允许受冻而不致使其各项性能遭到损害的最低强度，也就是在遭受冻结时混凝土本身就具备的抵抗冰冻应力的最低强度，称之为混凝土的受冻临界强度。

规范规定：冬季浇筑的混凝土抗压强度，在受冻前，硅酸盐水泥或普通硅酸盐水泥配制的混凝土不得低于其设计强度标准值的 30%；矿渣硅酸盐水泥配制的混凝土不得低于其设计强度标准值的 40%；C10 及 C410 以下的混凝土不得低于 5.0 MPa。掺防冻剂的混凝土，温度降低到防冻规定温度以下，混凝土的强度也不得低于 3.5 MPa。

2.15.1　混凝土冬季施工的规定

1. 混凝土冬季施工的起讫日期

当日平均气温连续 5 d 降到 5 ℃ 及以下或者最低气温降到 0 ℃ 及以下时，混凝土工程必须采用特殊的技术措施进行施工，方能满足要求，即混凝土冬季施工。混凝土进入冬季施工，不仅在技术上要求采取相应措施，而且工程也要增加冬季施工费用。为此，规范规定：根据当地多年气温资料，室外日平均气温连续 5 d 稳定低于 5 ℃ 时，混凝土结构工程的施工应采取冬季施工措施。可以取第一个出现连续 5 d 稳定低于 5 ℃ 的初日作为冬季施工的起始日期。同样，当气温回升时，取第一个连续 5 d 稳定高于 5 ℃ 的最后一日作为冬季施工的终止日期。初日和末日之间的日期即为混凝土冬季施工期。

我国有些地区出现最低气温在 0 ℃ 以下的日期较短，并不一定需要一整套严格的冬季施工措施，但不能认为温度不太低，混凝土冻一下影响不大，而忽视由于季节交替，气温突变可能会给工程带来的不利影响。

因此，在施工期间应密切注意天气预报，以防气温突然下降，混凝土遭受寒流和霜冻的袭击，造成混凝土早期遭受冻害。

2. 冬季施工混凝土对材料的要求

（1）配制冬季施工的混凝土，应优先选用硅酸盐水泥或普通硅酸盐水泥。水泥标号不应低于 325 号，如掺用外加剂时不应低于 425 号，最小水泥用量不宜少于 300 kg/m³，水灰比不应大于 0.6。

使用矿渣硅酸盐水泥时，宜优先考虑采用蒸汽养护；使用其他品种水泥时，应注意其中掺和材料对混凝土抗冻、抗渗等性能的影响。

（2）对于集料，要求在投料时，不得带有冰雪和冰结物。

（3）冬季浇筑的混凝土，宜使用引气型减水剂，但含气量应为 3% ~ 5%，以提高混凝土的抗冻性能。在钢筋混凝土中氯盐的掺量不得超过水泥重量的 1%，必须振捣密实，且不宜采用蒸汽养护。在下列情况下，不得在钢筋混凝土中掺用氯盐：

① 在高温空气环境中使用的结构；

② 处于水位升降部分的结构；

③ 露天结构或经常受水淋的结构；

④ 有镀锌钢材或铝铁相接触部分的结构，以及有外露钢筋预埋件而无防护的结构；

⑤ 与含有酸、碱或硫酸盐等侵蚀性介质相接触的结构；

⑥ 使用过程中经常处于环境温度为 60 ℃ 以上的结构；

⑦ 使用冷拉钢筋或冷拔低碳钢丝的结构；

⑧ 薄壁结构，中级或重级工作制吊车梁、层架、落锤或锻锤基础等结构；

⑨ 电解车间和直接靠近直流电源结构；

⑩ 直接靠近高压电源的结构；

⑪ 预应力混凝土结构。

3. 混凝土的搅拌、运输与浇筑

（1）混凝土的拌制要求。混凝土不宜露天搅拌，应尽量搭设暖棚，优先选用大容量的搅拌机，以减少混凝土的热量损失。搅拌前，应用热水或蒸汽冲洗搅拌机。混凝土的搅拌时间应比常温规定的搅拌时间 50%，搅拌时为防止水泥的假凝现象，应先使水和砂、石搅拌一定时间，然后再加水泥。混凝土材料的加热应优先考虑水的加热，因为水的热容量大，加热方便；其次加热砂、石子；水泥不能加热，但在使用时应具有正温。加热的方法要因地制宜，以通蒸汽加热方法为佳。在开始搅拌前，还应检查水泥品种与标号、化学外加剂的配制数量以及水和砂石的加热温度，符合要求后再开始搅拌。

（2）混凝土的运输。混凝土的运输时间和距离应能保证混凝土不离析、不丧失塑性。采取的措施主要为减少运输时间、距离以及倒运次数，故尽量使用大容量的运输工具并加以适当的保温。

（3）混凝土的浇筑。混凝土在浇筑前，应清除模板和钢筋上的冰雪和污垢，尽量加快混凝土的浇筑速度，防止热量散失过多。混凝土拌和物的出机温度不宜低于 10 ℃，入模温度不宜低于 5 ℃。采用加热养护时，混凝土养护前的温度不得低于 2 ℃。

在施工操作上要加强混凝土的振捣，尽可能提高混凝土的密实程度。冬季振捣混凝土要采用机械振捣，振捣时间应较常温时有所增加。

加热养护整体式结构时，施工缝的位置应设置在温度应力较小处。加热温度超过 40 ℃时，由于温度高，势必在结构内部引起温度应力。因此，在施工前应征求设计部门的意见，在跨内适当的位置设置施工缝。留施工缝处，在水泥终凝后立即用 0.3 ~ 0.5 MPa（3 ~ 5 个大气压）的气流吹除结合面的水泥膜、污水和松动石子。继续浇筑时，为使新老混凝土牢固结合，不产生裂缝，要对旧混凝土表面进行加热，使其温度和新浇筑混凝土入模温度相同。

为了保证新浇筑混凝土与钢筋的可靠黏结，当气温在 − 15 ℃ 以下时，直径大于 25 mm的钢筋和预埋件，可喷热风加热至 5 ℃，并清除抽筋上的泥土和锈渣。

冬季不得在强冻胀性地基上浇筑混凝土。这种土冻胀变形大，如果地基土遭冻，必然引起混凝土的冻害及变形。在弱冻胀性地基上浇筑时，地基土应进行保温，以免遭冻。

2.15.2　混凝土冬季施工方法选择

混凝土冬季施工常用的施工方法有蓄热法、外加剂与早强水泥法、外部加热法以及综合蓄热法。在选择施工方法时，要根据工程特点，首先保证混凝土尽快达到临界强度，避免遭受冻害；其次，承重结构的混凝土要迅速达到出模强度，保证模板周转。一般情况下，优先考虑使用蓄热法，用提高混凝土入模温度，选择适宜的保温材料，对结构容易受冻部位加强保温措施以提高其保温效果。也可以在混凝土中掺外加剂或采用高标号水泥、早强水泥，使混凝土提前或者在负温下达到设计强度。当上述方法不能满足要求时，可采用外部加热方法和改善保温措施，以提高混凝土冻结前的强度。常用的外部加热法有蒸汽加热法、电热法和暖棚法。

2.15.3　掺外加剂法

冬季施工时在混凝土中掺外加剂，即可不采用加热措施而使混凝土在负温条件下继续水化、硬化，达到预定的强度。故这是一种简便、经济的冬季施工方法。

（1）冬季施工常用的外加剂有抗冻剂、早强剂、减水剂、阻锈剂等。其用法如前所述。

（2）冬季施工掺外加剂混凝土的施工要点如下：

① 配合比。

② 搅拌前应用蒸汽或热水对搅拌机进行预热，混凝土的搅拌时间相对普通混凝土增加50%。

③ 外加剂的加入方法：将外加剂配成浓度不大于 20% 的水溶液，配制溶液的水温应保持在 30～50 ℃，使用过程中如因温度下降结晶沉淀时，必须加热溶解，方可使用。配制引气剂的水温不得低于 90 ℃，溶液的浓度不得大于 1%。氯化钙与引气剂（或引气型减水剂）复合使用时，应先加入引气剂或引气型减水剂，经搅拌后再加入氯化钙溶液。钙盐与硫酸盐复合使用时，应先加入钙盐溶液，经搅拌后再加入硫酸盐溶液。以粉剂直接加入的抗冻剂，如有结块，应先行磨碎，并通过 0.63 mm 的筛孔后，方可加入。

④ 出机与浇筑温度：掺抗冻剂的混凝土拌和物的出机温度，不得低于 10 ℃，入模温度不得低于 5 ℃。有条件时，尽量提高混凝土混凝土的入模温度，争取延长正温养护时间。

⑤ 振捣：混凝土运至浇筑地点后，应在 15 min 内浇筑完毕，并立即用塑料薄膜及保温材料覆盖。

⑥ 养护：在负温条件下不得洒水，养护期内每隔 2～4 h 测量一次温度。养护温度不得低于抗冻剂规定的温度。获取各项数据的试件应有两类：一类作标准养护；另一类作同条件养护。同条件养护的试件，应待解冻后方可进行试验。

2.16　暑期施工

2.16.1　高温条件下混凝土的搅拌

在暑期的高温时节，如果砂、石、水和搅拌机直接曝晒于阳光下，再加上水泥的水化热，由搅拌机倾出的混凝土拌和物必然温度过高，以致常发生假凝现象。

为了避免假凝，可采取以下一些措施：

（1）考虑水的降温。水的比热大，其温度降低 4 ℃，则混凝土的温度可降低 1 ℃。施工中可采用深井水，供水管进入土中，储水池加盖，避免太阳曝晒，往储水池中加碎冰，但不可让冰块加入搅拌机。

（2）在砂石堆场上搭棚防晒，喷洒凉水降温。

（3）搅拌机及堆放水泥的上方搭防晒棚，将搅拌机涂刷白色反光涂料，以降低搅拌机外壳的温度。

（4）在混凝土搅拌时掺缓凝剂或缓凝型减水剂。

（5）在条件许可的情况下，尽量改在夜间施工。

2.16.2　高温条件下混凝土的运输、浇捣和养护

由于高温的影响，在运输时混凝土坍落度的损失大，和易性很快变差。因此，搅拌系统应尽量靠近浇筑地点，运送混凝土的搅拌运输车宜加设外部洒水装置或涂反光涂料；同时，加强施工组织与密切协作，以缩短运输时间。

浇筑前应将模板干缩的裂缝堵严，并将模板充分湿润。同时，适当减少浇筑厚度，从而减少内部温差。浇筑后立即用薄膜覆盖，不使水分外逸。露天预制厂宜设置可移动的荫棚，避免制品曝晒于阳光下。

由于高温使混凝土表面水分蒸发快，内部水分的上升量低于蒸发量，造成面层急剧干燥，外硬内软，出现塑性裂缝。所以浇筑成型后，必须降低表面蒸发速度。为此，可以在上面遮阴，盖草袋湿润养护。对于采用湿润养护有困难的结构，如柱及面积较大的铺路混凝土等，可采用薄膜进行养护，夏季宜采用白色薄膜。

2.17　雨季施工的注意事项

下雨对混凝土的施工极为不利。雨水会增大混凝土的水灰比，导致其强度降低。刚浇好的混凝土遭雨淋，表面的水泥浆被稀释、冲走，产生露石现象，如果遇上暴雨不还会使石子松动，造成混凝土表面破损，导致截面强度削弱。如受损的表面为混凝土受拉区，钢筋保护层将损坏，从而影响混凝土构件的承载能力。

所以应避免在下雨的时候进行混凝土的施工。如遇小雨，工程没干完，应将运输车和刚浇筑完的混凝土用防雨布盖好，并调整用水量，适当加大水泥用量，使坍落度随浇筑高度的上升而减小，至最上一层为干硬性混凝土。如遇大雨无法施工时，需要将施工缝留在适当位置，采用滑模施工的混凝土应将模板滑动 1 ~ 2 个行程，并在上面盖好防雨苫布。

对于已遇雨水冲刷的早期混凝土构件，必须进行详细的检查，必要时应采取结构补强措施。夏季施工多雨，应特别注意收听天气预报，合理调节施工进度计划，避开雨天进行室外混凝土的浇筑，而进行一些室内工程或受雨影响小的其他分项工程的施工。

2.18　混凝土的质量要求

混凝土质量的好坏，对钢筋混凝土结构的安全性、耐久性及经济性影响很大。混凝土的质量应从保证项目、基本项目和允许偏差项目三个方面进行检查。

2.18.1　保证项目

保证项目就是必须确保的项目，其对工程质量有着本质的影响。所以，施工时必须坚持凡是达不到施工要求的必须处理到符合要求方可继续施工的原则，对任何一点差错都是不允许的。

1. 材料要求

混凝土所用的水泥、水、集料、外加剂等必须符合施工验收规范和有关标准的规定。检查的内容包括水泥和外加剂的出厂合格证或试验报告。

2. 施工要求

混凝土的配合比、原材料计量、搅拌、养护和施工缝处理必须符合施工验收规范的规定。检查方法是观察和检查施工记录。

混凝土在拌制和浇筑过程中，应按下列要求进行检查：

（1）检查混凝土组成材料的质量和用量，每一工作班至少 2 次。

（2）检查混凝土在拌制地点及浇筑地点的坍落度或工作度，每一工作班至少 2 次。

（3）在每一工作班内，如混凝土配合比有变动时，应及时检查。

（4）对混凝土的搅拌时间应随时进行核对。

3. 试块要求

混凝土的强度检查，主要指抗压强度的检查。混凝土的抗压强度应以长为 150 mm 的立方体试件在温度为（20 ± 3）℃ 和相对湿度为 90% 以上的潮湿环境或水中的标准条件下，经 28 d 养护后试验确定。

评定结构或构件混凝土强度质量的试块，应在浇筑处或制备处随机抽样制成，不得挑选。试块组数要求如下：

（1）每拌制 100 盘且不超过 100 m³ 的同配合比的混凝土，其取样不得少于一组（三块）。

（2）每个工作班拌制的同配合比的混凝土不足 100 盘时，其取样不得少于一组。

（3）对于现浇楼层，每层取样不得少于一组。一次性连续浇筑的工程量小于 100 m³ 时，也应留置一组试块。此时，如配合比有变动，则对于每种配合比均应留置一组试块。

（4）施工需要时，应多留几组与结构或构件相同条件养护的试块，为确定构件的拆模、出池、出厂、吊装、张拉、放张和施工期间临时负荷等之用。试块的组数可根据需要确定。

认真做好工地试块的管理工作，从试模选择、试块取样、成型、编号以至养护等要指定专人负责，以提高试块的代表性，正确地反映混凝土的结构和构件的强度。

4. 严禁出现裂缝

设计上不允许有裂缝的结构，严禁出现裂缝；允许出现裂缝的结构，其裂缝宽度必须符合设计要求。检查方法是观察和用刻度放大镜检查。

2.18.2　基本项目

基本项目允许有一定范围的偏差和缺陷，但是有限度的，必须达到基本要求，否则将对使用安全、使用功能及外观产生不良影响，故它与保证项目同等重要。

1. 检查的数量

按梁、柱和独立基础的数量各抽查10%，但均不得少于3件；整形基础、圈梁每30～50 m抽查一处，每处3～5 m，且均不少于3处；墙和板按有代表性的自然间抽查110%，礼堂、厂房等大间按两相邻轴线间为一间，墙每4 m左右高看成一个检查层，每层面为一处，且均不能少于3处。

2. 检查缺陷项目及质量标准

（1）蜂窝：混凝土表面无水泥砂浆，露出石子的深度大于 5 mm，但小于保护层厚度的缺陷。

① 检查方法：用尺量外露石子的面积及深度。

② 质量等级的评定要求：

合格：梁、柱上一处不大于 1 000 cm²，累计不大于 2 000 cm²；基础、墙、板一处不大于 2 000 cm²，累计不大于 4 000 cm²。

优良：梁、柱上一处不大于 200 cm²，累计不大于 400 cm²；基础、墙、板一处不大于 400 cm²，累计不大于 800 cm²。

（2）孔洞：深度超过保护层厚度，但不能超过截面尺寸的1/3 的缺陷。

① 检查方法：凿去孔洞周围松动石子，再用尺子量孔洞的面积和深度。

② 质量等级的评定要求：

合格：梁、柱上一处不大于 40 cm²，累计不大于 80 cm²；基础、墙、板上一处不大于 100 cm²，累计不大于 200 cm²。

优良：孔洞。

（3）主筋露筋长度：纵向受力钢筋没有被混凝土包裹住而外露的缺陷。梁端部纵向受力钢筋锚固区内，不许有露筋缺陷。

① 检查方法：用尺量钢筋外露长度。

② 质量等级的评定要求：

合格：梁、柱上一处不大于 10 cm，累计不大于 20 cm；基础、墙、板不大于 20 cm，累计不大于 40 cm。

优良：无露筋。

（4）缝隙夹渣层：施工缝处有缝隙或夹有杂物。

① 检查方法：凿去夹渣，用尺量缝隙长度和深度。

② 质量等级的评定要求：

合格：梁、柱上缝隙夹渣层长度和深度均不大于 5 cm；基础、墙、板上缝隙夹渣层长度不大于 20 cm，深度不大于 5 cm且不多于两处。

优良：无缝隙夹渣层。

2.18.3 允许偏差项目

允许偏差项目是指在对每个分项工程施工操作过程中，容易或必然要产生一定偏差的项目，依据一般的操作水平，结合对结构性能、使用功能、观感所影响的程度，给予一定的允许偏差范围，其允许偏差值如表7.2.10所示。

表 7.2.10　混凝土分项工程允许偏差值

项　目		允许偏差/mm			
		单层、多层	高层框架	多层大模	高层大模
轴线位移	独立基础	10	10	10	10
	其他基础	15	15	15	15
	柱、墙、梁	8	5	8	5
标　高	层　高	±10	±5	±10	±10
	全　高	±30	±30	±30	±30
截面尺寸	基　础	+15 −10	+15 −10	+15 −10	+15 −10
	柱、墙、梁	+8 −5	±5	+5 −2	+5 −2
柱、墙 垂直度	每　层	5	5	5	5
	全　高	$H/100$ 且 ≤ 20	$H/100$ 且 ≤ 30	$H/100$ 且 ≤ 20	$H/100$ 且 ≤ 30
表面平整度		8	8	4	4
预埋钢板中心线位置偏移		10	10	10	10
预埋管、预留孔中心线位置偏移		5	5	5	5
预埋螺栓中心线位置偏移		5	5	5	5
预留洞中心线位置偏移		15	15	15	15
电梯井	井筒长、宽中心线	+25 −0	+25 −0	+25 −0	+25 −0
	井筒全高垂直度	$H/100$	$H/100$ 且 ≤ 30	$H/100$ 且 ≤ 30	$H/100$ 且 ≤ 30

注：H 为墙、柱全高；有正负要求的值均以"＋"、"－"表示。

1. 检查内容及数量

检查内容包括柱、独立基础轴线位移和柱、墙垂直度，以及电梯井的表面平整度等。上述各项各测两个点，其余各项均测一个点。

2. 检查方法

标高用水准仪或尺量检查；柱、墙垂直度每层用 2 m 托线板检查；全高用经纬仪或吊线和尺量检查；电梯井井筒全高垂直度用吊线和尺量检查；表面平整度用 2 m 靠尺和楔形塞尺检查。其余各项用尺量检查。

2.19　混凝土质量缺陷和防治

2.19.1　缺陷的分类和产生的原因

1. 表面缺陷

（1）麻　面

指结构构件表面上呈现无数小凹点，而无钢筋暴露的现象。

这类现象一般是由于模板润湿不够、不严密，捣固时发生漏浆，或振捣不足，气泡未排出，以及捣固后没有很好养护而产生的。

（2）露　筋

指钢筋露在混凝土外面。

其产生的原因主要是浇筑时垫块位移，钢筋紧贴模板，以致混凝土保护层厚度不够所造成。有时也因保护层的混凝土振捣不密实或模板湿润不够，吸水过多造成掉角露筋。

（3）蜂　窝

指结构构件中形成蜂窝状的窟窿，集料间有空隙存在。

这种现象主要是由于材料配合比不准确（浆少、石多）以及或搅拌不匀，造成砂浆与石子分离；或浇筑方法不当，人为地造成离析，捣固不足、模板严重漏浆等原因所致。

（4）孔　洞

指混凝土结构内存在空隙，局部或大范围没有混凝土的现象。

这种现象主要是由于混凝土捣固不中或漏振，在浇灌混凝土时投料距离过高过远，又没有采取有效的防止离析的措施；另外，混凝土受冻、泥块杂物掺入等，都会形成孔洞事故。

（5）缝隙及夹层

指将结构分隔成几个不相连接的部分，施工缝处易发生此现象，使得结合不好，造成结构整体性不良。其产生的原因主要是混凝土施工缝处理不当，以及在混凝土内有外来杂物而造成的夹层。

（6）缺棱掉角

指梁、柱、墙板和孔洞处直角边上的混凝土局部残损掉落的现象。

其产生的原因主要是在混凝土浇筑前模板未充分湿润，造成棱角处混凝土中水分被模板吸去，水化不充分，强度降低，拆模过早或拆模后保护不好造成棱角损坏。

2. 内在缺陷

（1）强度不足

产生混凝土强度不足的原因是多方面的，但主要是因为配合比设计、搅拌、现场浇捣和养护四个方面造成的。

① 配合比设计问题：没有用试验室给定的配合比，而是采用经验配合比施工，或没有按施工现场实际材料含水量调整施工配合比，而造成水灰比过大，以及原材料和外掺剂计量不准，误差过大，都有可能导致混凝土强度不足。

② 搅拌操作不按规定要求：搅拌时加料顺序颠倒及搅拌时间过短，造成搅拌不均匀；或任意增加用水量，配合比以重量折合体积比，造成配合比称料不准。以上均能导致混凝土强度降低。

③ 现场浇捣和养护不按规定要求：在施工中振捣不实及发现混凝土有离析现象时，未能采取有效措施来纠正。不按规定的方法、时间，对混凝土进行妥善的养护，以致造成混凝土强度低落。

④ 混凝土试块制作不符合要求，选模不当，试模变形，以及混凝土试块没有按标准养护或养护前由于保存不当，使混凝土过早失水或失水过多，影响混凝土试块抗压强度值降低。

诸如此类都难以反映混凝土结构构件的强度值。

（2）保护性能不良

当钢筋混凝土结构的保护层被破坏或混凝土本身的保护性能不良时，钢筋会发生锈蚀，铁锈膨胀引起混凝土的开裂。

产生这些现象的原因是钢筋保护层严重不足，或混凝土在施工时形成表面缺陷，在外界条件作用下使钢筋锈蚀；另外，在混凝土内掺入了过量的氯盐外掺剂，造成钢筋锈蚀，致使混凝土沿钢筋位置产生裂缝，锈蚀的发展使混凝土剥落而露筋。

3. 混凝土裂缝

混凝土在浇筑后的养护阶段会发生体积收缩现象。混凝土收缩分干缩和自收缩两种。干缩是混凝土中随着多余水分蒸发、温度降低而产生体积减小的收缩。其收缩量占混凝土整个阶段收缩量的很大部分；自收缩是水泥水化作用引起的体积减小，收缩量只有前者的 $1/10 \sim 1/5$，一般同时考虑了温度收缩。

（1）干缩裂缝

干缩裂缝为表面性的，宽度多在 $0.05 \sim 0.2$ mm，其走向没有规律性。这类裂缝一般是混凝土经一段时间的露天养护后，在表面或侧面出现，并随温度和湿度变化而逐渐发展。

干缩裂缝产生的原因主要是混凝土成型后养护不当，表面水分散失过快，造成混凝土内外的不均匀收缩，引起混凝土表面开裂；或由于混凝土体积收缩受到地基或垫层的约束，而出现干缩裂缝。除此之外，构件在露天堆放、混凝土内外材质不均匀和采用含泥量大的粉细砂配制混凝土，都容易出现干缩裂缝。

（2）温度裂缝

温度裂缝多发生在施工期间。这类裂缝的宽度受温度影响较大，冬季较宽，夏季较窄。裂缝的走向无规律性，其宽度一般在 0.5 mm 以下。

温度裂缝是由于混凝土内部和表面温度相差较大而引起的。深进和贯穿的温度裂缝多由于结构降温过快，内外温差过大，受到外界的约束而出现。另外，采用蒸汽养护的预制构件，混凝土降温控制不严，降温过快，使混凝土表面剧烈降温，而受到肋部或胎模的约束，导致构件表面或肋部出现裂缝。

（3）不均匀沉降裂缝

这类裂缝多属贯穿性的，走向与沉陷情况有关，一般与地面呈 $45° \sim 90°$ 方向发展，裂缝的宽度与荷载的大小有较大的关系，而且与不均匀沉降值成比例。

产生不均匀沉降裂缝的原因，是由于结构和构件下面的地基未经夯实和必要的加固处理，或地基受到破坏，使混凝土浇筑后，地基产生不均匀沉降；另外，由于模板、支撑没有固定牢固，以及过早地拆模，或拆模时混凝土受到较大的外力撞击等，也常会引起不均匀沉陷裂缝。

2.19.2　缺陷的防治和处理

1. 表面抹浆修补

（1）对于存在不多的小蜂窝、麻面、露筋、露石的混凝土表面，修补的目的主要是保护钢筋和混凝土不受侵蚀，可用 $1:2.5 \sim 1:2$ 水泥砂浆抹面修整。在抹砂浆前，需用钢丝刷或加压力的水清洗润湿，砂浆初凝后要加强养护工作。

（2）裂缝较细小对而结构构件承载能力无影响的，可将裂缝处加以冲洗，用水泥砂浆抹补。如果裂缝开裂较大、较深时，应将裂缝附近的混凝土表面凿毛，或沿裂缝方向凿成深为 15～20 mm、宽为 100～200 mm 的 V 形凹槽，扫净并洒水湿润，先刷水泥净浆一遍，然后用 1∶2.5～1∶2 水泥砂浆分 2～3 层涂抹，总厚控制在 10～20 mm，并压实抹光。也可向凹槽内注入环氧树脂溶液黏结剂、早凝溶液黏结剂或环氧胶泥。

有防水要求时，应用水泥净浆（或环氧胶泥）交替抹压 4～5 层，涂抹 3～4 h 后，进行覆盖，洒水养护。在水泥砂浆中掺入水泥重量 1%～3%的氯化铁防水剂，可起到促凝和提高防水性能的效果。还可在裂缝面上做一层或三层环氧树脂玻璃布防水层。

2. 细石混凝土填补

（1）当蜂窝比较严重或露筋较深时，应除掉附近不密实的混凝土和突出的集料颗粒，用清水洗刷干净并充分润湿后，再用比该混凝土强度等级高一级的细石混凝土填补并仔细捣实。

（2）对孔洞事故的补强，可在旧混凝土表面采取处理施工缝的方法处理，将孔洞处疏松的混凝土和突出的石子剔凿掉，孔洞顶部要凿成斜面，避免形成死角，然后用水刷洗干净，保护湿润 72 h 后，用比原强度等级高一级的细石混凝土捣实。为了减少新旧混凝土之间的孔隙，通常是安装模板浇筑，将水灰比控制在 0.5 以内，并掺水泥用量 0.01%的铝粉，分层捣实，以免新旧混凝土接触面上出现裂缝。

2.20　混凝土强度检验

2.20.1　立方体试件的制作及试验强度

1. 混凝土试件的制作（略）

2. 试件抗压强度的计算

（1）试件抗压强度

按下式计算：

$$f_{cu} = \frac{F}{A}$$

（2）强度代表值

对于混凝土试件的抗压强度代表值，一般将每组三个试件抗压强度的算术平均值作为该组试件的抗压强度值；三个试件中，强度最大值或强度最小值与中间值之差，超过中间值的 15%，应同时舍去最大、最小值，取中间值作为该组试件的抗压强度值；若三个试件中，强度最大、最小值，与中间值之差，均超过中间值 15%，则该组试件试验结果无效，不应作为评定的依据。

（3）混凝土立方体强度

混凝土立方体抗压强度标准值系指按照标准方法制作养护的边长为 150 mm 的立方体试件，在 28 d 龄期用标准试验方法测得的具有 95%保证率的抗压强度。《混凝土结构工程施工质量验收规范》（GB50204）规定：对于混凝土立方体抗压强度标准值，当试件尺寸为 100 mm 立方体或集料最大粒径不大于 31.5 mm 时，应乘以强度尺寸换算系数 0.95；当试件尺寸为 200 mm 立方体或集料最大粒径不大于 63 mm 时，应乘以强度尺寸换算系数 1.05。

2.20.2　混凝土强度评定方法

对混凝土强度应分批进行验收。同一验收批的混凝土应由强度等级相同、龄期相同以及生产工艺和配合比基本相同的混凝土组成，并按单位工程的验收项目划分验收批，每个验收项目应按《建筑安装工程质量检验评定标准》确定。同一验收批的混凝土，应以同批内全部标准试件的强度代表值来评定。评定方法有如下几种：

（1）当混凝土的生产条件在较长时间内能保持一致，且同一品种混凝土的强度变异性能保持稳定时，由连续检验的三组试件代表一个验收批。

（2）当混凝土的生产条件在较长时间内不能保持基本一致，混凝土强度的变异性不能保持稳定，或由于前一个检验期内的同一品种混凝土没有足够的混凝土强度数据用以确定验收批混凝土强度标准差时，应由不少于 10 组的试件组成一个验收批。

（3）对零星生产的预制构件的混凝土或现场搅拌的批量不大的混凝土，可采用非统计法评定。

（4）判定合格的标准如下：

① 凡试验及计算结果能满足上述三种情况的，判为合格；凡不能满足要求的，判为不合格。

② 对混凝土强度有质疑时，可用其他方法及有关标准进行复评。

③ 由不合格批混凝土制成的结构或构件，应进行鉴定。如系预制构件，可进行静荷载试验；如系整体性结构，可请设计部门进行测试或提出补强措施，但均应及时处理。

第 3 章　混凝土工职业技能鉴定理论复习题

（国家职业资格考试试题）

一、判断题（正确打√，错误打×）

1. 任何物体在力的作用下,都将引起大小和形状的改变。（　　）

2. 所有的力都是有方向的。（　　）

3. 在外力作用下,大小和形状保持不变的物体,称为刚体。（　　）

4. 快硬水泥从出厂时算起,在一个月后使用,须重新检验是否符合标准。（　　）

5. 墙体上开有门窗洞或工艺洞口时,应从两侧同时对称投料,以防将门窗洞或工艺洞口模板挤偏。（　　）

6. 柱混凝土振捣时,应注意插入深度,掌握好"快插慢拔"的振捣方法。（　　）

7. 混凝土工程的质量主要取决于一般项目的质量。（　　）

8. 水塔筒壁混凝土浇筑,如遇洞口处,应由正上方下料,两侧浇筑时间相差不超过 2 h。（　　）

9. 水箱壁混凝土浇筑时,不得在管道穿过池壁处停工或接头。（　　）

10. 框架结构的主要承重体系由柱及墙组成。（　　）

11. 一般说来,当集料中二氧化硅含量较低、氧化钙含量较高时,其耐酸性能较好。（　　）

12. 通常可以用一段带箭头的线段来表示力的三要素。（　　）

13. 在条形基础中,一般砖基础、混凝土基础、钢筋混凝土基础都属于刚性基础。（　　）

14. 地基不是建筑物的组成部分,对建筑物无太大影响。（　　）

15. 墙体混凝土浇筑,应遵循"先边角,后中部;先外墙,后隔墙"的顺序。（　　）

16. 力的作用点就是力对物体作用的位置。（　　）

17. 一排柱浇筑时,应从一端开始向另一端行进,并随时检查柱模变形情况。（　　）

18. 柱和梁的施工缝应垂直于构件长边,板和墙的施工缝应与其表面垂直。（　　）

19. 钢筋混凝土烟囱每浇筑 2.5 m 高,应取试块一组进行强度复核。（　　）

20. 力的方向通常只指力的指向而不包含力的方位。（　　）

21. 两个物体间的作用力与反作用力:一定是大小相等,方向相反,沿同一直线,并分别作用在这两个物体上。（　　）

22. 垫层的目的是保证基础钢筋和地基之间有足够的距离,以免钢筋锈蚀,而且还可以作为绑架钢筋的工作面。（　　）

23. 力的合成是遵循矢量加法的原则,所以可以用代数相加法计算。（　　）

24. 桥墩是桥梁的约束。（　　）

25. 柱的养护宜采用常温浇水养护。 （　　）

26. 灌注断面尺寸狭小且高的柱时，浇筑至一定高度后应适量增加混凝土配合比的用水量。 （　　）

27. 房屋建筑中的挑梁，它的约束属于可动铰支座。 （　　）

28. 固定铰支座属于铰链支座。 （　　）

29. 水箱壁混凝土浇筑下料要均匀，最好由水箱壁上的两个对称点同时、同方向下料，以防模板变形。 （　　）

30. 在采取一定措施后，矿渣水泥拌制的混凝土也可以泵送。 （　　）

31. 泵送混凝土中，粒径在 0.315 mm 以下的细集料所占比例较少时，可掺加粉煤灰加以弥补。 （　　）

32. 采用串筒下料时，柱混凝土的灌注高度可不受限制。 （　　）

33. 正截面破坏主要是由弯矩作用而引起的，破坏截面与梁的纵轴垂直。 （　　）

34. 墙体混凝土宜在常温下采用喷水养护。 （　　）

35. 柱子施工缝宜留在基础顶面或楼板面、梁的下面。 （　　）

36. 刚性防水层的振捣一般采用插入式振捣棒。 （　　）

37. 由剪力和弯矩共同作用而引起的破坏，其破坏截面是倾斜的。 （　　）

38. 水箱壁混凝土可以留施工缝。 （　　）

39. 对于厚度为 400 mm 的预制屋架杆件可一次性浇筑全厚度。 （　　）

40. 毛石混凝土基础中，毛石的最大粒径不得超过 300 mm，也不得大于每台阶宽度或高度的 1/3。 （　　）

41. 排架结构由屋盖结构、柱及基础等组成，其中屋架与柱的连接做成铰接。 （　　）

42. 由梁、柱组成的承重体系的结构称为框。 （　　）

43. 混凝土配合比常采用体积比。 （　　）

44. 在灌注墙、薄墙等狭深结构时，为避免混凝土灌筑到一定高度后由于浆水积聚过多而可能造成混凝土强度不匀现象，宜在灌注到一定高度时，适量减少混凝土配合比用量。 （　　）

45. 混凝土配合比设计中单位用水量是用 1 m³ 混凝土需要使用拌和用水的质量来表示。 （　　）

46. 混凝土工程量的计算规则，是以实体积计算扣除钢筋、铁件和螺栓所占体积。 （　　）

47. 确定单位用水量时，在达到混凝土拌和物流动性要求的前提下，尽量取大值。 （　　）

48. 矿渣水泥拌制的混凝土不宜采用泵送。 （　　）

49. 刚性屋面的泛水要与防水混凝土板块同时浇捣，不留施工缝。 （　　）

50. 当柱高不超过 3.5 m、断面大于 400 mm × 400 mm 且无交叉箍筋时，混凝土可由柱模顶直接倒入。 （　　）

51. 墙体混凝土浇筑要遵循先边角后中部，先内墙后外墙的原则，以保证墙体模板的稳定。 （　　）

52. 无论在任何情况下，梁板混凝土都必须同时浇筑。 （　　）

53. 基础混凝土的强度等级不应低于 C15。 （　　）

54. 垫层一般厚度为 100 mm。　　　　　　　　　　　　　　　　　　　　（　　）

55. 混凝土外加剂掺量不大于水泥重量的 5%。　　　　　　　　　　　　　（　　）

56. 平面图上应标有楼地面的标高。　　　　　　　　　　　　　　　　　　（　　）

57. 刚性基础外挑部分与其高度的比值必须小于刚性角。　　　　　　　　　（　　）

58. 柱模的拆除应以先装先拆、后装后拆的顺序拆除。　　　　　　　　　　（　　）

59. 单向板施工缝应留置在平行于板的短边的任何位置。　　　　　　　　　（　　）

60. 柱混凝土浇捣一般需 5~6 人协同操作。　　　　　　　　　　　　　　（　　）

61. 普通防水混凝土养护 14 昼夜以上。　　　　　　　　　　　　　　　　（　　）

62. 混凝土配合比除和易性满足要求外，还要进行强度复核。　　　　　　　（　　）

63. 水泥用量应以用水量乘以选定出来的水灰比计算来确定。　　　　　　　（　　）

64. 混凝土搅拌时每工作班组对原材料的计量情况进行不少于一次的复称。　（　　）

65. 混凝土搅拌时加料顺序是先石子，其次水泥，再砂子，最后加水。　　　（　　）

66. 在墙身底部基础墙的顶部 0.060 m 处必须设置防潮层。　　　　　　　　（　　）

67. 开挖深度在 5 m 以上的基坑，坑壁必须加支撑。　　　　　　　　　　　（　　）

68. 作用力和反作用力是作用在同一物体上的两个力。　　　　　　　　　　（　　）

69. 烟囱混凝土施工缝处混凝土强度必须不小于 1.0 MPa 时，方可继续浇筑混凝土。

　　　　　　　　　　　　　　　　　　　　　　　　　　　　　　　　（　　）

70. 柱混凝土浇筑前，柱底表面应先填 5~10 cm 厚与混凝土内砂浆成分相同的水泥砂浆。

　　　　　　　　　　　　　　　　　　　　　　　　　　　　　　　　（　　）

71. 钢筋混凝土刚性屋面，混凝土浇筑应按先近后远的顺序进行，其浇筑方向与小车前进方向相反。　　　　　　　　　　　　　　　　　　　　　　　　　　（　　）

72. 为了防止混凝土浇筑时产生离析，混凝土自由倾落高度不宜高于 2 m。　（　　）

73. 混凝土的浇筑应连续进行，如必须间歇作业，应尽量缩短时间，并在前层混凝土终凝前，将次层混凝土浇筑完成。　　　　　　　　　　　　　　　　　　（　　）

74. 独立基础混凝土的台阶的修整，应在混凝土浇筑完成后立即进行，基础侧面修整应在模板拆除后进行。　　　　　　　　　　　　　　　　　　　　　　　　（　　）

75. 对于深度大于 2 m 的基坑，可在基坑上部铺设脚手板并放置铁皮拌盘，然后用反铲下料。　　　　　　　　　　　　　　　　　　　　　　　　　　　　　　（　　）

76. 减水剂是指能保持混凝土和易性不变而显著减少其拌和水量的外加剂。　（　　）

77. 水质素磺酸钙是一种减水剂。　　　　　　　　　　　　　　　　　　　（　　）

78. 墙体中有门洞，在浇筑混凝土时，下料应从一侧下料，下完一侧再下另一侧。（　　）

79. 使用插入式振捣棒，如遇有门窗洞及工艺洞口时，应两边同时对称振捣。（　　）

80. 施工定额由劳动定额、材料消耗定额和机械台班定额三部分组成。　　　（　　）

81. 柱子主要是受弯构件，有时也会受压。　　　　　　　　　　　　　　　（　　）

82. 凡是水均可以作为拌制混凝土用水。　　　　　　　　　　　　　　　　（　　）

83. 检查钢筋时，主要是检查它的位置、数量是否与设计相等，钢筋上的油污要清除干净。　　　　　　　　　　　　　　　　　　　　　　　　　　　　　　　（　　）

84. 插入式振捣棒不适用于断面大和薄的肋形楼板、屋面板等构件。　　　　（　　）

85. 在钢筋混凝土和预应力混凝土结构中，也可以用海水拌制混凝土。　　　（　　）

86. 养护混凝土所用的水，其要求与拌制混凝土用的水相同。　　　　　　　（　　　）

87. 混凝土墙施工时，墙顶标高宜比设计要求低 10 mm，以利于楼板坐浆安装。（　　　）

88. 梁和板混凝土宜同时浇筑，当梁高超过 1 m 时，可先浇筑主次梁，后浇板。（　　　）

89. 在平均气温低于 5 ℃ 时，梁板混凝土浇筑完毕后应浇水养护。　　　　（　　　）

90. 砖墙或预制墙板搭接部位的混凝土应同时浇筑。　　　　　　　　　　（　　　）

91. 拆除模板运往下一流水段时，只能垂直起吊，不得斜牵强拉。　　　　（　　　）

92. 在楼层或地面临时堆放的大模板，都应面对面放置，中间留出 600 mm 宽的人行道。
（　　　）

93. 滑模组装时，模板高 1/2 处的净间距应与结构截面等宽。　　　　　　（　　　）

94. 当支撑杆穿过较高洞口或模板滑空时，应对支承杆进行加固。　　　　（　　　）

95. 对于圆形筒壁结构，任意 3 m 高度上的相对扭转值不应大于 50 mm。　（　　　）

96. 混凝土泵送开始后就应连续进行，不得中途停顿。　　　　　　　　　（　　　）

97. 烟囱筒身每节 1 500 mm 高度内制作混凝土试块两组，以检验其 28 d 龄期强度。
（　　　）

98. 梁桥的主要受力构件是梁（板），在竖向荷载作用下以受弯为主，桥梁墩台以承受竖向压力为主。　　　　　　　　　　　　　　　　　　　　　　　　　　　（　　　）

99. 桥梁转体施工法是将桥梁构件先在岸边进行预制，待混凝土达到设计强度后旋转构件就位的施工方法。　　　　　　　　　　　　　　　　　　　　　　　　　（　　　）

100. 浇筑箱形梁段混凝土时，应尽可能一次性浇筑完成，梁身较高时也可分两次或三次浇筑。　　　　　　　　　　　　　　　　　　　　　　　　　　　　　　（　　　）

二、单项选择（选择一个正确的答案，将相应的字母填在每题横线上）

1. 雨篷一端插入墙内，一端悬壁，它的支座形式是_____。
   A. 固定铰支座　　　B. 可动支座　　　C. 固定支座　　　D. 刚性支座

2. 基础混凝土强度等级不得低于_____。
   A. C10　　　　　　B. C15　　　　　　C. C20　　　　　　D. C25

3. 普通钢筋混凝土中，粉煤灰最大掺量为_____。
   A. 35%　　　　　　B. 40%　　　　　　C. 50%　　　　　　D. 45%

4. 有主次梁和楼板，施工缝应留在次梁跨度中间_____。
   A. 1/2　　　　　　B. 1/3　　　　　　C. 1/4　　　　　　D. 1/5

5. 对于截面尺寸狭小且钢筋密集的墙体，用斜溜槽投料，且高度不得大于_____。
   A. 1 m　　　　　　B. 1.5 m　　　　　C. 2 m　　　　　　D. 2.5 m

6. 混凝土原材料用量与配合比用量的允许偏差规定，水泥及补掺和料不得超过_____。
   A. 2%　　　　　　B. 3%　　　　　　C. 4%　　　　　　D. 5%

7. 烟囱筒壁厚度的允许偏差为_____。
   A. 20 mm　　　　　B. 25 mm　　　　　C. 30 mm　　　　　D. 35 mm

8. 筒仓_____范围内设为滑模施工危险区域，挂上警告牌，阻止无关人员入内。
   A. 20 m　　　　　　B. 10 m　　　　　　C. 15 m　　　　　　D. 50 m

9. 钢筋混凝土基础内受力钢筋的数量通过设计确定，但钢筋直径不宜小于_____。
   A. 6 mm　　　　　　B. 8 mm　　　　　　C. 4 mm　　　　　　D. 10 mm

10. 为了使基础底面均匀传递对地基的压力，常在基础下用不低于强度等级_____的混凝土做一个垫层，厚 100 mm。

　　A. C10　　　　　　B. C15　　　　　　C. C20　　　　　　D. C25

11. 快硬水泥从包装时算起，在_____后使用须重新试验，检验其是否符合标准。

　　A. 半个月　　　　　B. 一个月　　　　　C. 二个月　　　　　D. 三个月

12. 混凝土自落高度超过_____的，应用串筒或溜槽下料，进行分段、分层均匀连续施工，分层厚度为 250～300 mm。

　　A. 1.5 m　　　　　B. 2 m　　　　　　C. 3 m　　　　　　D. 5 m

13. 筒壁环形支柱的混凝土施工应对称浇筑，柱子一次浇到环梁底口下处_____为止。

　　A. 10 mm　　　　　B. 20 mm　　　　　C. 30 mm　　　　　D. 40 mm

14. 梁板混凝土浇筑完毕后，应定期浇水，但平均气温低于_____时，不得浇水。

　　A. 0 ℃　　　　　　B. 5 ℃　　　　　　C. 10 ℃　　　　　D. 室温

15. 在预应力混凝土中，由其他原材料带入的氯盐总量不应大于水泥重量的_____。

　　A. 0.5%　　　　　B. 0.3%　　　　　C. 0.2%　　　　　D. 0.1%

16. 掺引气剂常使混凝土的抗压强度有所降低，普通混凝土强度降低_____。

　　A. 5%～10%　　　B. 5%～8%　　　C. 8%～10%　　　D. 约 15%

17. 凡是遇到特殊情况采取措施，间歇时间超过_____应按施工缝处理。

　　A. 1 h　　　　　　B. 2 h　　　　　　C. 3 h　　　　　　D. 4 h

18. 筒壁混凝土浇筑前模板底部均匀预铺_____厚 5～10 cm。

　　A. 混凝土层　　　　B. 水泥浆　　　　　C. 砂浆层　　　　　D. 混合砂浆

19. 烟囱混凝土的浇筑应连续进行，一般间歇不得超过_____，否则应留施工缝。

　　A. 2 h　　　　　　B. 1 h　　　　　　C. 3 h　　　　　　D. 4 h

20. 泵送中应注意不要使料斗里的混凝土降到_____以下。

　　A. 20 cm　　　　　B. 10 cm　　　　　C. 30 cm　　　　　D. 40 cm

21. 我国规定，泵送混凝土的坍落度宜为_____。

　　A. 5～7 cm　　　　B. 8～18 cm　　　C. 8～14 cm　　　D. 10～18 cm

22. 早强水泥的标号以_____抗压强度值表示。

　　A. 3 d　　　　　　B. 7 d　　　　　　C. 14 d　　　　　　D. 28 d

23. 木质素磺酸钙是一种_____。

　　A. 减水剂　　　　　B. 早强剂　　　　　C. 引气剂　　　　　D. 速凝剂

24. 垫层面积较大时，浇筑混凝土宜采用分仓浇筑的方法进行。要根据变形缝位置、不同材料面层连接部位或设备基础位置等情况进行分仓，分仓距离一般为_____。

　　A. 3～6 m　　　　B. 4～6 m　　　　C. 6～8 m　　　　D. 8～12 m

25. 泵送混凝土的布料方法在浇筑竖向结构混凝土时，布料设备的出口离模板内侧面不应小于_____。

　　A. 20 mm　　　　　B. 30 mm　　　　　C. 40 mm　　　　　D. 50 mm

26. 梁是一种典型的_____构件。

　　A. 受弯　　　　　　B. 受压　　　　　　C. 受拉　　　　　　D. 受扭

27. 浇筑吊车梁时，当混凝土强度达到＿＿＿以上时，方可拆侧模板。

　　A．0.8 MPa　　　B．1.2 MPa　　　C．2 MPa　　　D．5 MPa

28. 屋架浇筑时可用赶浆捣固法浇筑，通常上下弦厚度不超过＿＿＿时，可一次性浇筑全厚度。

　　A．15 cm　　　B．25 cm　　　C．35 cm　　　D．45 cm

29. 滑模施工应减少停歇，混凝土振捣停止＿＿＿，应按施工缝处理。

　　A．1 h　　　B．3 h　　　C．6 h　　　D．12 h

30. 对于＿＿＿的烟囱应埋设水准点，进行沉降观测。

　　A．所有　　　　　　　　　　　　B．高度大于 30 m

　　C．高度大于 90 m　　　　　　　　D．高度大于 70 m

31. 现浇混凝土结构中，现浇混凝土井筒长度对中心线的允许偏差为＿＿＿。

　　A．±25 mm　　　　　　　　　　B．+0 mm，25 mm

　　C．+25 mm，0 mm　　　　　　　D．±0 mm

32. 混凝土振捣时，棒头伸入下层＿＿＿。

　　A．3~5 cm　　　B．5~10 cm　　　C．10~15 cm　　　D．20 cm

33. 掺加减水剂的混凝土强度比不掺的＿＿＿。

　　A．低 20%　　　B．低 10% 左右　　　C．一样　　　D．高 10% 左右

34. 基础平面图的剖切位置是＿＿＿。

　　A．防潮层处　　　B．±0.00 处　　　C．自然地面处　　　D．基础正中部

35. 悬臂施工法的施工平台称为＿＿＿。

　　A．承台　　　B．挂篮　　　C．台帽　　　D．压顶

36. ＿＿＿是柔性基础。

　　A．灰土基础　　　B．砖基础　　　C．钢筋混凝土基础　　　D．混凝土基础

37. 墙、柱混凝土强度要达到＿＿＿以上时，方可拆模。

　　A．0.5 MPa　　　B．1.0 MPa　　　C．1.5 MPa　　　D．2.0 MPa

38. 滑模施工时，若露出部分混凝土强度达到＿＿＿，即可继续滑升。

　　A．0.1~0.25 N/mm^2　　　　　　B．0.25~0.5 kN/mm^2

　　C．0.1~0.25 kN/mm^2　　　　　　D．0.25~0.5 N/mm^2

39. 浇筑与墙、柱连成整体的梁板时，应在柱和墙浇筑完毕，停＿＿＿后，再继续浇筑。

　　A．10~30 min　　B．30~60 min　　C．60~90 min　　D．120 min 以上

40. 普通防水混凝土水灰比应限制在＿＿＿以内。

　　A．0.45　　　B．0.60　　　C．0.70　　　D．0.80

41. 普通防水混凝土粗集料的最大粒径不得大于＿＿＿。

　　A．30 mm　　　B．40 mm　　　C．50 mm　　　D．80 mm

42. 预应力圆孔板放张时，混凝土的强度必须达到设计强度的＿＿＿。

　　A．50%　　　B．75%　　　C．90%　　　D．100%

43. 粗集料粒径应不大于圆孔板竖肋厚度的＿＿＿。

　　A．1/2　　　B．3/4　　　C．2/3　　　D．1/3

44. 引气剂及引气减水剂混凝土的含气量不宜超过＿＿＿＿。
　　A. 3%　　　　　B. 5%　　　　　C. 10%　　　　　D. 15%

45. 水箱壁混凝土每层浇筑高度以＿＿＿＿左右为宜。
　　A. 10 mm　　　B. 150 mm　　　C. 200 mm　　　D. 500 mm

46. 浇筑耐酸混凝土宜在温度为＿＿＿＿的条件下进行。
　　A. 0 ~ 20 ℃　B. 5 ~ 20 ℃　C. 15 ~ 30 ℃　D. 10 ~ 30 ℃

47. 大面积混凝土垫层时，应纵横每隔＿＿＿＿设中间水平桩，以控制其厚度的准确性。
　　A. 4 ~ 6 m　　B. 6 ~ 10 m　　C. 10 ~ 15 m　　D. 10 ~ 20 m

48. 普通防水混凝土的养护，应在表面混凝土进入终凝时，在表面覆盖并浇水养护＿＿＿＿昼夜以上。
　　A. 14　　　　　B. 12　　　　　C. 10　　　　　D. 7

49. 现场搅拌混凝土时，当无外加剂时，依次上料顺序为＿＿＿＿。
　　A. 石子→水泥→砂　　　　　　　B. 水泥→石子→砂
　　C. 砂→石子→水泥　　　　　　　D. 随意

50. 浇筑墙板时，应按一定方向分层顺序浇筑，分层厚度以＿＿＿＿为宜。
　　A. 40 ~ 50 cm　B. 20 ~ 30 cm　C. 30 ~ 40 cm　D. 50 ~ 60 cm

51. 泵送混凝土碎石的最大粒径与输送管内径之比，宜小于或等于＿＿＿＿。
　　A. 1:2　　　　B. 1:2.5　　　C. 1:4　　　　D. 1:3

52. 我国规定泵送混凝土砂率宜控制在＿＿＿＿。
　　A. 20% ~ 30%　B. 30% ~ 40%　C. 40% ~ 50%　D. 50% ~ 60%

53. 混凝土中含气量每增加1%，会使其强度损失＿＿＿＿。
　　A. 1%　　　　　B. 2%　　　　　C. 4%　　　　　D. 5%

54. 为了不致损坏振捣棒及其连接器，振捣棒插入深度不得大于棒长的＿＿＿＿。
　　A. 3/4　　　　　B. 2/3　　　　　C. 3/5　　　　　D. 1/3

55. 基础内受力钢筋直径不宜小于＿＿＿＿，间距不大于＿＿＿＿。
　　A. 8 mm　100 mm　　　　　　　B. 10 mm　100 mm
　　C. 8 mm　200 mm　　　　　　　D. 10 mm　20 mm

56. 快硬硅酸盐水泥的初凝时间不得小于＿＿＿＿，终凝不得大于＿＿＿＿。
　　A. 45 min　10 h　　　　　　　　B. 45 min　12 h
　　C. 40 min　10 h　　　　　　　　D. 40 min　12 h

57. 灌筑断面尺寸狭小且高的柱时，当浇筑至一定高度后，应适量＿＿＿＿混凝土配合比的用水量。
　　A. 增大　　　　B. 减少　　　　C. 不变　　　　D. 据现场情况确定

58. 浇筑楼板混凝土的虚铺高度，可高于楼板设计厚度＿＿＿＿。
　　A. 1 ~ 2 cm　　B. 2 ~ 3 cm　　C. 3 ~ 4 cm　　D. 4 ~ 5 cm

59. 石子最大粒径不得超过结构截面尺寸的＿＿＿＿，同时不大于钢筋间最小净距的＿＿＿＿。
　　A. 1/4　1/2　　B. 1/2　1/2　　C. 1/4　3/4　　D. 1/2　3/4

60. 当柱高超过3.5m时，且柱断面大于400 mm×400 mm又无交叉钢筋时，混凝土分段浇筑高度不得超过＿＿＿＿。

  A．2.0 m   B．2.5 m   C．3.0 m   D．3.5 m

61．柱宜采用_____的办法，养护次数以模板表面保持湿润为宜。

  A．自然养护 B．浇水养护 C．蒸汽养护 D．蓄水养护

62．墙混凝土振捣器振捣不大于_____。

  A．30 cm   B．40 cm   C．50 cm   D．60 cm

63．大模板施工中如必须留施工缝时，水平缝可留在_____。

  A．门窗洞口的上部   B．梁的上部

  C．梁的下部   D．门窗洞口的侧面

64．正常滑升阶段的混凝土浇灌，每次滑升前，宜将混凝土浇灌至距模板上口以下_____处，并应将最上一道横向钢筋留置在混凝土外，作为绑扎上一道横向钢筋的标志。

  A．50 ~ 100 mm   B．10 ~ 50 mm

  C．100 ~ 150 mm   D．150 ~ 200 mm

65．连续变截面结构，每滑升一个浇灌层高度，应进行一次模板收分。模板一次收分量不宜大于_____。

  A．10 mm   B．20 mm   C．30 mm   D．40 mm

66．对整体刚度较大的结构，每滑升_____至少应检查、记录一次。

  A．1 m   B．2 m   C．3 m   D．4 m

67．柱混凝土分层浇筑时，振捣器的棒头需伸入下层混凝土内_____。

  A．5 ~ 10 cm   B．5 ~ 15 cm   C．10 ~ 15 cm   D．5 ~ 8 cm

68．钎探时，要用 8 ~ 10 磅大锤，锤的自由落距为_____。

  A．50 ~ 70 cm B．80 ~ 100 cm C．40 cm   D．100 cm 以上

69．出厂的水泥每袋重_____。

  A．（45 ± 1）kg B．（45 ± 2）kg C．（50 ± 1）kg D．（50 ± 2）kg

70．坍落度是测定混凝土_____的最普遍的方法。

  A．强度   B．和易性   C．流动性   D．配合比

71．对于跨度大于 8m 的承重结构，模板的拆除混凝土强度要达到设计强度的_____。

  A．90%   B．80%   C．95%   D．100%

72．为使施工缝处的混凝土很好结合，并保证不出现蜂窝麻面，在浇捣坑壁混凝土时，应在施工缝处填以 5 ~ 10 cm 厚与混凝土标号相同的_____。

  A．水泥砂浆 B．混合砂浆 C．水泥浆   D．砂浆

73．浇筑较厚的构件时，为了使混凝土振捣实心密实，必须分层浇筑；每层浇筑厚度与振捣方法与结构配筋情况有关，如采用表面振动，浇筑厚度应为_____。

  A．100 mm   B．200 mm   C．300 mm   D．400 mm

74．有垫层时，钢筋距基础底面不小于_____。

  A．25 mm   B．30 mm   C．35 mm   D．15 mm

75．挡土墙所承受的土的侧压力是_____。

  A．匀布荷载 B．非匀布荷载 C．集中荷载 D．静集中荷载

76．有主次梁的楼板，施工缝应留在次梁跨度中间_____范围内。

  A．1/2   B．1/3   C．1/4   D．1/5

77. 当柱高超过 3.5m 时，必须分段灌注混凝土，每段高度不得超过＿＿＿＿＿。
　　A. 2.5 m　　　　B. 3 m　　　　C. 3.5 m　　　　D. 4 m

78. 硅酸盐水泥、普通水泥和矿渣水泥拌制的混凝土养护日期不得少于＿＿＿＿＿。
　　A. 5 d　　　　B. 6 d　　　　C. 8 d　　　　D. 7 d

79. 钢筋混凝土烟囱每浇筑＿＿＿＿＿高的混凝土，应取试块一组，进行强度复核。
　　A. 2 m　　　　B. 2.5 m　　　　C. 3 m　　　　D. 3.5 m

80. 水箱壁混凝土浇筑到距离管道下面＿＿＿＿＿时，要将管下混凝土捣实、振平。
　　A. 10～20 mm　B. 20～30 mm　C. 15～25 mm　D. 30～40 mm

81. 经有资质的检测单位检测鉴定达不到设计要求，但经＿＿＿＿＿核算并确认仍可满足结构安全和使用功能的检验批，可予以验收。
　　A. 原设计单位　　B. 建设单位　　C. 审图中心　　D. 监理单位

82. 混凝土工程量除另有规定者外，均按图示尺寸实体体积以立方米计算，不扣除构件内钢筋、预埋铁件及墙、板中＿＿＿＿＿内的孔洞所占体积。
　　A. 0.3 m²　　　B. 0.5 m²　　　C. 0.8 m²　　　D. 0.6 m²

83. 蒸汽养护是将成形的混凝土构件置于固定的养护窑、坑内，通过蒸汽使混凝土在较高湿度的环境中迅速凝结、硬化，达到所要求的强度。蒸汽养护是缩短养护时间的有效方法之一。混凝土在浇筑成形后先停＿＿＿＿＿，再进行蒸汽养护。
　　A. 2～6 h　　　B. 1～3 h　　　C. 6～12 h　　　D. 12 h

84. 混凝土缺陷中当蜂窝比较严重或露筋较深时，应除掉附近不密实的混凝土和突出的集料颗粒，用清水洗刷干净并充分润湿后，再用＿＿＿＿＿填补并仔细捣实。
　　A. 水泥砂浆　　　　　　　　　　B. 混合砂浆
　　C. 比原强度高一等级的细石混凝土　D. 原强度等级的细石混凝土

85. 对混凝土强度的检验，应以在混凝土浇筑地点制备并以结构实体＿＿＿＿＿试件强度为依据。
　　A. 同条件养护的　B. 标准养护的　　C. 特殊养护的　　D. 任意的

86. 浇筑墙板时，按一定方向，分层顺序浇筑，分层厚度以＿＿＿＿＿为宜。
　　A. 30～40 cm　B. 40～50 cm　C. 35～40 cm　D. 20～30 cm

87. 对超过尺寸允许偏差且影响结构性能和安装、使用功能的部位，应由＿＿＿＿＿提出技术处理方案。
　　A. 施工单位　　B. 监理单位　　C. 设计单位　　D. 建设单位

88. 杯形基础的振捣方法：用插入式振捣棒，按方格形布点为好，每个插点的振动时间一般控制在＿＿＿＿＿，以混凝土表面泛浆后无气泡为准，对边角处不易振捣密实的地方，可以人工插钎捣实。
　　A. 10～20 s　　B. 20～30 s　　C. 30～50 s　　D. 60 s

89. 为确保杯芯标高不超高，需待混凝土浇筑振捣到杯芯模板下时，方可安装杯芯模板，再浇筑振捣杯口周围的混凝土。杯芯模板底部的标高可下压＿＿＿＿＿。
　　A. 10～20 mm　B. 20～30 mm　C. 30～50 mm　D. 60 mm

90. 原槽浇筑基础混凝土时，要在槽壁上钉水平控制桩，以保证基础混凝土浇筑的厚度和水平度。水平控制桩用 100 mm 的竹片制成，统一抄平，在槽壁上每隔＿＿＿＿＿左右设一根水平控制桩，水平控制桩露出 20～30 mm。

A. 1 m   B. 2 m   C. 3 m   D. 6 m

91. 混凝土施工时应按规定留置混凝土试块,每拌制 100 盘且不超过_____的同配合比的混凝土,取样不得少于一次。

A. 100 m^3 B. 200 m^3 C. 50 m^3 D. 300 m^3

92. 楼梯混凝土强度必须达到设计强度的_____以上方可拆模。

A. 50%   B. 70%   C. 100%   D. 无规定

93. 细石混凝土防水层表面平整度的允许偏差为_____。

A. 1 mm   B. 2 mm   C. 5 mm   D. 3 mm

94. 大模板施工时,电梯井内和楼板洞口要设置防护板,电梯井口及楼梯处要设置护身栏,电梯井内_____都要设立一道安全网。

A. 隔层   B. 每层   C. 四层   D. 底层

95. 泵送混凝土掺用的外加剂,必须是经过有关部门检验并附有检验合格证明的产品,其质量应符合现行《混凝土外加剂》(GB 8076—1997)的规定。外加剂的品种和掺量宜由试验确定,不得任意使用。掺用引气剂型外加剂的泵送混凝土的含气量不宜大于_____。

A. 2%   B. 5%   C. 4%   D. 8%

96. 以下桥型的支座水平力较小的是_____。

A. 梁桥   B. 拱桥   C. 吊桥   D. 刚构桥

97. 以下桥型的跨径最大的是_____。

A. 梁桥   B. 拱桥   C. 吊桥   D. 刚构桥

98. 简支梁桥梁体中的受力钢筋适合布置在梁体的_____。

A. 上部   B. 下部   C. 中部   D. 按计算确定

99. 以下最适合作为连续梁桥梁体截面的是_____。

A. 实心板梁   B. 空心板梁   C. T 形梁   D. 箱梁

100. 主要受力构件是拱圈的桥型是_____。

A. 梁桥   B. 拱桥   C. 悬索桥   D. 斜拉桥

三、简答题

1. 混凝土垫层的施工要点有哪些?
2. 独立基础混凝土如何进行施工?
3. 如何浇筑圈梁混凝土?
4. 工程上,基本构件中常见的是哪些受力变形形式?
5. 什么叫排架结构?它的特点是什么?
6. 试述框架结构的形式及其承重方案。
7. 大模板是如何构造组成的?
8. 试述大模板施工工艺流程及其划分方法。
9. 试述大模板混凝土施工工艺要求及其安全要求。
10. 试述滑模的施工特点及适用范围。
11. 滑模装置由哪几部分组成?
12. 滑模施工的混凝土如何养护成型?其混凝土表面缺陷如何修理?
13. 如何保证滑模施工的质量?

14. 筒壁混凝土的浇筑要求是什么？

15. 烟囱施工质量标准中的主控项目应检查哪些？

16. 烟囱施工质量标准中的一般项目应检查哪些？

17. 烟囱施工混凝土养护有哪些规定？

18. 构件混凝土浇筑的施工准备工作有哪些？

19. 竖向混凝土构件的浇筑要求是什么？

20. 混凝土施工缝的处理有何要求？

21. 现浇混凝土构件拆模有何条件？

22. 混凝土的养护方法有哪些？

23. 钻孔灌注桩的施工工艺流程是怎样的？

24. 钻孔灌注桩的水下混凝土如何灌注？

25. 泵送混凝土对粗集料有何要求？

26. 泵送混凝土对细集料有何要求？

27. 泵送混凝土对水泥有何要求？

28. 混凝土分部工程质量验收应符合哪些规定？

29. 混凝土构件强度取样与试件留设有何规定？

30. 桥梁按结构受力体系可分为哪几类？

参考答案

一、判断题

1. √	2. √	3. √	4. √	5. √	6. √	7. ×	8. √	9. √	10. ×
11. ×	12. √	13. ×	14. ×	15. √	16. √	17. ×	18. √	19. √	20. ×
21. √	22. √	23. ×	24. √	25. √	26. ×	27. √	28. √	29. √	30. √
31. √	32. √	33. √	34. √	35. √	36. ×	37. √	38. ×	39. ×	40. √
41. √	42. √	43. √	44. √	45. √	46. √	47. √	48. √	49. √	50. √
51. ×	52. ×	53. √	54. √	55. √	56. √	57. √	58. √	59. √	60. ×
61. √	62. √	63. √	64. √	65. √	66. √	67. √	68. √	69. √	70. √
71. ×	72. √	73. √	74. √	75. √	76. √	77. ×	78. √	79. √	80. √
81. ×	82. √	83. √	84. √	85. √	86. √	87. √	88. √	89. ×	90. √
91. √	92. √	93. √	94. √	95. √	96. √	97. ×	98. √	99. √	100. √

二、单项选择

1. C	2. B	3. A	4. B	5. C	6. A	7. A	8. A	9. B	10. A
11. B	12. A	13. B	14. B	15. D	16. A	17. B	18. C	19. A	20. A
21. B	22. A	23. A	24. A	25. D	26. A	27. B	28. C	29. B	30. C
31. C	32. B	33. D	34. A	35. B	36. C	37. B	38. C	39. C	40. B
41. B	42. B	43. C	44. B	45. C	46. C	47. B	48. A	49. A	50. A
51. D	52. C	53. D	54. A	55. C	56. A	57. B	58. B	59. C	60. D
61. B	62. C	63. A	64. A	65. A	66. A	67. A	68. A	69. C	70. B

71. D　72. A　73. B　74. C　75. B　76. B　77. C　78. D　79. C　80. B

81. A　82. A　83. A　84. C　85. A　86. B　87. A　88. B　89. B　90. C

91. A　92. B　93. C　94. B　95. C　96. A　97. C　98. B　99. D　100. B

三、简答题

1. 答：混凝土垫层的施工要点主要有：

（1）浇筑混凝土垫层前，应在地基土上洒水润湿表层土，以防混凝土被土层吸水。

（2）浇筑大面积混凝土垫层时，应纵横每隔 6～10 m 设中间水平桩，以控制其厚度的准确性。

（3）垫层面积较大时，浇筑混凝土宜采用分仓浇筑的方法进行。要根据变形缝位置、不同材料面层连接部位或设备基础位置等情况进行分仓，分仓距离一般为 3～6 m。

（4）分仓接缝的构造形式和方法有平口分仓缝、企口分仓缝、加肋分仓缝三种。

2. 答：混凝土独立基础是混凝土结构中较常见的基础形式之一，按设计要求的不同主要有阶梯形和台阶形两种。

（1）混凝土独立基础的施工工艺：浇筑前的准备工作→混凝土的浇筑→振捣→表面修整→养护→模板的拆除。

（2）混凝土独立基础的施工方法和要点：

① 准备工作。在垫层施工完成后，进行基底标高和轴线的检查工作；弹出模板就位线，进行模板的安装和检查工作；钢筋的绑扎和安装，并进行隐蔽工程验收；混凝土主要材料的质量应符合要求；混凝土的配合比应符合设计要求；混凝土的强度等级一般不得低于 C20。

② 混凝土的浇筑。

a. 不得在基础施工中留置施工缝，基础顶面的施工缝位置应按施工组织设计的要求进行留置，不得随意留置施工缝。

b. 混凝土入模时无论是钢模、木模还是其他形式的模板，均应从基础的中心进入模板，使模板均匀受力，同时可以防止和减少混凝土翻出模板。

c. 混凝土的分层浇筑，对于台阶形混凝土基础，可将台阶作为自然层进行分层浇筑。

③ 混凝土的振捣。基础混凝土的振捣一般采用插入式振捣棒，布点应按梅花形，点距应控制在两振动点中间能出浆。振动时间应控制在气泡出完，刚好泛浆时为止。振动中不得碰钢筋、模板和漏浆。在浇筑振捣完成每一台阶混凝土后，浇筑上一台阶混凝土时，应用木板在下一台阶面上封钉并加砖压稳后，方可浇筑上一层混凝土。

④ 混凝土的表面修整。独立基础混凝土的台阶面和台体面的修整，应在混凝土浇筑完成后立即进行；基础的侧壁修整则在模板拆除后进行，使其符合设计尺寸。

⑤ 混凝土的养护。混凝土一般采用自然养护，混凝土浇筑完成后用草帘、草袋等覆盖物预先用水浸湿，覆盖在混凝土的表面，每隔一段时间浇水，保持混凝土表面一直处于湿润状态，浇水养护时间不应小于 7 昼夜。浇水要适当，不能让基础浸泡在水中。

3. 答：圈梁的浇筑顺序：混凝土的浇筑由远到近进行，应从最远处开始浇筑。由于圈梁长度较长，不能一次性浇筑完成时，应留置施工缝。施工缝的位置不能留置在砖墙的十字、丁字、转角、墙垛处，而应留置在墙中间位置。

混凝土的布料采用人工布料的方法，由于圈梁较窄，工作面太小，混凝土不能直接入模，小车运来的混凝土应先堆放在用铁皮垫好的地面或楼面上，然后用反铲下料，即铁铲背朝上下料。下料时应先边后中间，分段浇筑满后集中振捣，分段的长度一般为 2～3m。施工时以 2～3 人配合进行。

4. 答：工程中构件常见的几种受力变形形式如下：

（1）弯曲。这种变形是由于垂直于杆件轴线的横向力作用或作用于杆轴平面内的力偶引起的，表现为杆件的轴线由直线变为曲线。工程中受弯杆件是最常见的一类构件，如各种梁在受力时大多要发生弯曲变形。

（2）拉伸或压缩。这种变形是由作用线与杆轴重合的外力所引起的，变形表示为杆件的长度发生伸长或缩短，如起吊重物的钢索、桁架中的杆件、某些房屋中的柱子以及某些桥墩和基础，在受力过程中就要发生拉伸或压缩变形。

（3）剪切。这类变形是由大小相等、方向相反、作用线垂直于杆轴且相距很近的一对外力引起的，受剪杆件的两部分沿外力作用方向发生相对的错动。

（4）扭转。这种变形是由一对大小相等、转向相反，作用面都垂直于杆轴的力偶引起的，表现为杆件的任意两个横截面间发生绕轴线的相对转动，如厂房结构中某些构件就受到扭转变形影响。

5. 答：排架结构是由屋盖结构（包括屋面板、屋面梁或屋架）、柱及基础等组成。排架结构的主要特征是把屋架看成为一个刚度很大的横梁。屋架（屋面梁）与柱子的连接为铰接，柱子与基础的连接为刚接。

6. 答：框架结构是梁和柱组成承重体系的结构，是多层工业厂房、仓库以及公共建筑广泛采用的结构形式。根据框架布置方向的不同，框架结构有以下三种形式：

（1）横向框架承重。在这类框架中，主梁沿房屋横向布置，楼板和联系梁沿纵向布置。这类框架结构，横向采用刚接，纵向采用铰接。

（2）纵向框架承重。在这类框架中，主梁沿房屋的纵向布置，楼板和联系梁沿横向布置。

（3）纵横向框架混合承重。在这类框架中，纵、横向都布置承重框架。

7. 答：一块大模板是由面板、水平加劲肋、支撑桁架、竖楞、调整水平的螺旋千斤顶、调整垂直的螺旋千斤顶、栏杆、脚手架、穿墙螺栓和固定卡具组成。

8. 答：大模板施工工艺流程及其划分方法有下述三种：

（1）内浇外板工程施工工艺流程：

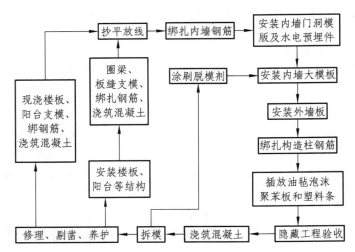

（2）全现浇工程施工工艺流程：

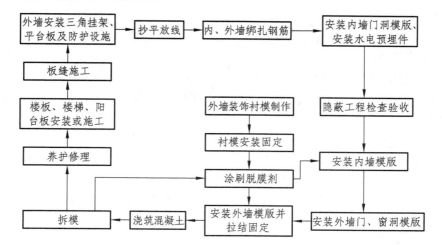

（3）内浇外砌工程施工工艺流程：

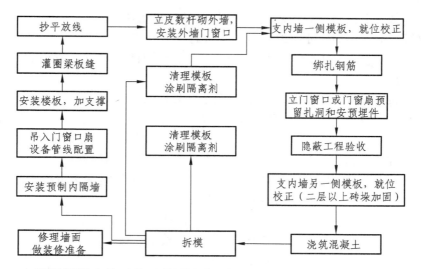

9. 答：1. 大模板混凝土施工的工艺要点如下：

（1）模板安装。

① 放线时应同时注明模板编号，便于对号入座。

② 应在安装前涂好脱模剂。

③ 应配齐上口卡子、穿墙螺栓、拼缝封条、水电气打管线等预埋件。

④ 安装好后应进行常规清理。

（2）钢筋敷设。

① 用点焊钢筋网较好。

② 搭接长度、位置要准确，理顺扎牢。

（3）板间连接。

① 板与板之间的连接应按搭接缝要求加筋处理。

② 连接方法如采用绑扎或焊接，应保证牢靠，如采用套环，套环应重叠并插入竖向筋。

（4）混凝土坍落度。

① 采用料斗浇灌时，坍落度为 4～6 cm。

② 采用泵送时，坍落度为 10～14 cm。

（5）混凝土浇灌。

① 先浇灌与混凝土同性质的水泥砂浆垫底，厚度约 50 mm。

② 浇灌层厚：人工插捣的，不大于 35 cm；振捣棒捣固的，不大于 50 cm；轻集料混凝土的，不大于 30 cm。

③ 料斗容量不宜大于 1 m³，每台吊机配备 2～3 只料斗，交替使用。

④ 如操作人员技术熟练，吊机将料斗吊至浇灌部位，沿墙体方向作水平移动，操作人员操纵斗门把手，直接卸料入模；否则，应卸在拌板上，再用人工浇灌。

⑤ 使用泵送混凝土，操作员掌握布料口，直接浇灌入模；注意均匀布料，层厚不超过规定厚度。

（6）混凝土筑捣。

① 执行混凝土筑捣的一般规定。

② 与砖墙或预制墙板搭接的部位，应同时浇筑，并加强捣固。

③ 如必须留施工缝时，水平缝可留在门窗洞口的上部。

④ 浇筑至门窗洞口以上，如发现浆多石少时，若是因垫底砂浆上浮引起的，可将浮浆排除，以保证强度。

⑤ 墙顶应按标高稍低 10 mm 找平，以利于楼板座浆安装。

（7）混凝土养护应按气温情况采用必要的养护措施，以保证流水施工按计划进行。

（8）拆模。

① 先拆附件（花篮螺栓、上口卡子、穿墙螺栓、压杆、角模螺栓），并有专人复验附件是否完全拆除；最后，同步放松地脚螺栓，使模板能自上而下地脱离混凝土。

② 拆模板时，严禁在混凝土上端用力横推或撬动。

③ 脱角模、门窗模只能在楼板与钢模下端之间撬模，避免产生冲击力。

④ 模板吊往下一流水段时，应垂直起吊，不得斜牵强拉。

2. 大模板混凝土施工的安全技术措施如下：

（1）基本要求。

① 在编制施工组织设计时，必须针对大模板施工的特点制定行之有效的安全措施，并层层进行安全技术交底，经常进行检查，加强安全施工的宣传教育工作。

② 大模板和预制构件的堆放场地，必须坚实、平整。

③ 吊装大模板和预制构件，必须采用自锁卡环，防止脱钩。

④ 吊装作业要建立统一的指挥信号，吊装工要经过培训，当大模板等吊件就位或落地时，要防止摇晃碰人或碰坏墙体。

⑤ 要按规定支搭好安全网，在建筑物的出入口，必须设安全防护棚。

⑥ 电梯井内和楼板洞口要设置防护板，电梯井口及楼梯处要设置护身栏，电梯井内每层都要设立一道安全网。

（2）大模板的堆放、安装和拆除安全措施。

① 大模板的存放应满足自稳角的要求，并进行面对面堆放；长期堆放时，应用杉篙通过

吊环把各块大模板连在一起。

没有支架或自稳角不足的大模板，要存放在专用的插放架上不得靠在其他物体上，防止滑移倾倒。

② 在楼层上放置大模板时，必须采取可靠的防倾倒措施，防止碰撞造成坠落；遇有大风天气，应将大模板与建筑物固定。

③ 在拼装式大模板进行组装时，场地要坚实、平整，骨架要组装牢固，然后由下而上逐块组装。组装一块应立即用连接螺栓固定一块，防止滑脱。整块模板组装以后，应转运至专用堆放场地放置。

④ 大模板上必须有操作平台、上人梯道、护身栏杆等附属设施，如有损坏应及时修补。

⑤ 在大模板上固定衬模时，必须将模板卧放在支架上，下部留出可供操作用的空间。

⑥ 起吊大模板前，应将吊装机械位置调整适当，并做到稳起稳落，就位准确，严禁大幅度摆动。

⑦ 外板内浇工程大模板安装就位后，应及时用穿墙螺栓将模板连成整体，并用花篮螺栓与外墙板固定，以防倾斜。

⑧ 全现浇大模板工程安装外侧大模板时，必须确保三角挂架、平台板的安装牢固，及时绑好护身栏和安全网。大模板安装后，应立即拧紧穿墙螺栓。安装三角挂架和外侧大楼板的操作人员必须系好安全带。

⑨ 大模板安装就位后，要采取防止触电保护措施，将大模板加以串联并与避雷网接通，防止漏电伤人。

⑩ 安装或拆除大模板时，操作人员和指挥人员必须站在安全可靠的地方，防止意外伤害。

⑪ 拆模后起吊模板时，应检查所有穿墙螺栓和连接件是否全都拆除，在确无遗漏、模板与墙体完全脱离后，方准起吊。当起吊高度超过障碍物后，才可以转臂行车。

⑫ 在楼层或地面临时堆放的大模板，都应面对面放置，中间留出 60 cm 宽的人行道，以便清理和涂刷脱模剂。

⑬ 筒形模可用拖车整车运输，也可拆成平模重叠放置用拖车运输。其他形式的模板，在运输前都应拆除支架，卧放于运输车上运送，卧放的垫木必须上下对齐，并封绑牢固。

⑭ 在电梯间进行模板施工作业时，必须逐层搭好安全防护平台，并检查平台支腿伸入墙内的尺寸是否符合安全规定。拆除平台时，先挂好吊钩，操作人员退到安全地带后，方可起吊。

⑮ 采用自升式提模时，应经常检查倒链是否挂牢，立柱支架及筒模托架是否伸入墙内。拆模时要待支架及托架分别离开墙体后才能起吊提升。

10. 答：滑模是滑动模板的简称。滑模混凝土的施工工艺开始用于较高的仓储、高耸的水塔、烟囱等筒壁构筑物的施工。由于其施工的工业化程度较高，施工速度快，结构整体性能好，操作条件方便，从 20 世纪 70 年代起，逐渐被引进高层建筑施工。

11. 答：滑模装置主要由模板系统、操作平台系统、液压系统以及施工精度控制系统等组成部分。

12. 答：脱模的混凝土必须及时进行修整和养护。混凝土开始浇水养护的时间应视气温情况而定。夏季施工时，不应迟于脱模后 12 h，浇水的次数应适当增加。当气温低于 5 ℃ 时，可不浇水，但应用岩棉被等保温材料加以覆盖，并视具体条件采取适当的冬季施工方法进行养护。

对于在夏季高温下施工的高大烟囱等筒壁工程，可采用水浴法养护，既可使筒壁降温，又可消除日照不匀引起的偏差。当气温在 30 ℃ 以上时，可相隔 0.5h 断续对筒壁进行喷淋水浴养护。环形喷淋管宜设在吊脚手架下部。水压力不足时，应设置高压水泵供水。养护水流至地面后，应注意立即排走或回收，以免浸入建筑物地基，造成基础沉陷。喷水养护时，水压不宜过大。另外，也可采用养护液对滑模工程新脱模的混凝土进行薄膜封闭养护。

混凝土脱模后的表面修饰，是关系到建筑物墙面美观和保证工程质量的重要工序。对于混凝土质量较好的墙面，只需用木抹子将凹凸不平的部分搓平，即可进行表面装修工作。对于混凝土脱模时出现的蜂窝、麻面及较小的裂缝，应随即将松动的混凝土清除，用同一配合比的无石子或减半石子的混凝土填满并压实。对于较大的裂缝、狗洞等质量问题，应先将松动不实的混凝土剔凿清除，再另行支模重新浇筑混凝土后，方可进行混凝土的表面装修。

13. 答：对于兼作结构钢筋的支承杆的焊接接头、预埋插筋等，均应做隐藏工程验收。

对混凝土的质量检验应符合下列规定：

（1）标准养护混凝土试块的组数，每一工作班应不少于一组；如在一个工作班内混凝土的配合比有变动时，每一种配合比中应留一组。

（2）对混凝土出模强度的检查，每一工作班应不少于两次；当在一个工作班内气温有骤变或混凝土配合比有变动时，必须相应增加检查次数。

（3）每次模板滑升后，应立即检查出模混凝土有无塌落、拉裂和麻面等，如发现问题应及时处理，重大问题应作好处理记录。

对高耸结构垂直度的测量，应以当地时间 6：30～9：00 的测量结果为准。

14. 答：筒壁混凝土的浇筑要求如下：

（1）基础混凝土浇筑完成后，不能立即进行筒壁混凝土的施工，应待基础混凝土有一定强度后方可进行。

（2）筒壁混凝土应分层浇筑，每层高度为 250～300 mm。混凝土的浇筑应连续进行，一般间歇时间不得超过 2 h，否则应留施工缝。

（3）筒壁混凝土的浇筑顺序：先确定一浇筑点，然后分左右两个方向沿圆周浇筑混凝土，两路会合后，再反向浇筑。这样不断分层进行，直到浇筑完成。

（4）如遇到洞口处应由上方下料，两侧浇筑时间不得超过 2 h，并采用长棒插入式振捣棒振捣，插入点间距不得超过 500 mm。

（5）如果混凝土的浇筑高度超过 2 m，应加设串筒下料，用长棒插入式振捣棒振捣，振捣时应快插慢拔、插点均匀、逐步进行、振捣密实。

（6）施工缝处混凝土强度不小于 1.2 MPa 时，方可继续浇筑混凝土。浇筑前应清除浮渣，洗净，再铺一层厚 25 mm 与混凝土成分相同的水泥砂浆。

15. 答：主控项目应检查的内容如下：

（1）滑模操作平台、料台和吊脚架设计要经过企业技术负责人审批。

（2）滑模操作平台和提升架制作要符合《钢结构工程施工质量验收规范》（GB 50205—2001）的要求和规定。

（3）圆筒仓筒体混凝土质量标准应符合《混凝土结构工程施工质量验收规范》（GB 50204—2002）的规定和要求。

（4）混凝土质量检验应符合下列规定：

① 标准养护混凝土试块的组数，每一工作班应不少于一组；如在一个工作班组内混凝土

的配合比有变动时，每一种配合比中应留一组。

②混凝土出模强度的检查，每一工作班组应不少于两次；当在一个工作台班组上气温有骤变或混凝土配合比有变动时，必须相应增加检查次数。

③每次模板提升后，应立即检查出模混凝土有无塌落、拉裂和麻面等问题；如有问题应立即进行处理，重大问题应做好处理记录。

16. 答：一般项目应检查如下内容：

（1）滑模施工的混凝土除应满足设计所规定的强度、抗掺性、耐久性等要求外，还应满足下列规定：

①混凝土早期强度的增加速度必须满足模板滑升速度的要求。

②薄壁结构的混凝土宜用硅酸盐水泥或普通硅酸盐水泥配制。

③混凝土坍落度允许偏差应符合下表中的要求。

结 构 种 类	坍落度/mm
墙板、柱、梁	40～60
配盘密集的结构（筒壁结构及细柱）	50～80
配筋特密结构	80～100

（2）在滑升过程中应随时检查和记录混凝土结构的垂直度、扭转及结构截面尺寸等偏差数值，且符合下列规定：

①平台的方法纠正垂直度偏差，操作平台的倾斜度应控制在1%以内。

②对于圆形筒壁结构，任意 3 m 高度上的相对扭转值不应大于 30 mm。

（3）滑模施工烟囱筒身的允许偏差应符合下面两个表中的规定。

基础的实际位置和尺寸的允许偏差

序号	偏 差 内 容	允许偏差/mm
1	基础中心点对设计坐标的位移	15
2	基础杯口壁厚的偏差	±20
3	基础杯口内径的偏差	杯口内径的1%，且最大不超过50
4	基础杯口内表面的局部凹、不平（沿半径方向）	杯口内径的1%，且最大不超过50
5	基础底板直径和厚度的局部误差	±20

滑模施工工程结构的允许偏差

序号	项　目		允许偏差/mm
1	轴线间的相对位移		5
2	圆形筒壁结构的直径偏差		该截面筒壁直径的1%，并不得超过±40
3	标高		±30
4	垂直度	$H \leqslant 100$ m	高度的0.15%，并不得大于±110
		$H > 100$ m	高度的0.1%，并不得大于±50

续表

序号	项　　目	允许偏差/mm
5	表面平整（2 m 靠尺检查）	5
6	门窗洞口及预留洞口的位置偏差	15
7	预埋件位置偏差	20
8	筒壁厚度的偏差	±20

17. 答：烟囱混凝土的养护应符合下列规定：

① 混凝土出模后应及时进行修整、养护。

② 养护期间，应保持混凝土表面湿润。

③ 喷水养护时，水压不宜过大。

18. 答：构件混凝土浇筑的施工准备工作包括：

（1）材料的准备。

① 混凝土原材料的准备。搅拌混凝土前，应检查水泥、砂、石、外加剂等原材料的品种、规格是否符合要求，确定投料时的施工配合比，并根据施工现场使用的搅拌机确定每搅拌一盘混凝土所需各种材料的用量。

② 混凝土浇筑前的准备。浇筑混凝土前，先根据设计的施工配合比做混凝土坍落度试验，坍落度必须满足下表的要求。如发现不符合要求，应及时调整施工配合比。

混凝土浇筑时的坍落度

结　构　类　型	坍落度/mm
基础或地面等的垫层、无配筋的大体积结构（挡土墙、基础）或配筋稀疏的结构	10～30
板、梁及大型、中型截面的柱子等	30～50
配筋密集的结构（薄壁、斗仓、筒仓、细柱等）	50～70
配筋特密的结构	70～90

（2）模板的检查。

检查模板配置和安装是否符合要求，支撑是否牢固；检查模板的轴线位置、垂直度、标高、起拱高度的正确性；检查模板上的浇筑口、振捣口是否正确，施工缝是否按要求留设等。

（3）钢筋工程的验收。

混凝土的浇筑必须在钢筋的隐蔽工程验收符合要求后进行，对钢筋和预埋件的品种、数量、规格、间距、接头位置、保护层厚度及绑扎安装的牢固性等进行全面的检查，并签发隐蔽工程验收单后方可进行浇筑混凝土。

（4）预埋水电管线的检查和验收。

预埋水电管线材料的品种、规格、数量、位置必须符合设计要求，并签发隐蔽工程验收单后方可进行混凝土浇筑。

（5）模板的清理及接缝的处理。

混凝土浇筑前应打开清扫口，把残留在柱、墙底的泥、浮砂、浮石、木屑、废弃的绑扎丝等杂物清理干净，再用清水冲洗干净并不得留下积水。对木模还应浇水润湿，模板接缝较大时还应用水泥纸袋或纸筋灰填实，特别是模板四角处的接缝应严密。

19. 答：在浇筑竖向结构（如墙、往）的混凝土时，若浇筑高度超过 3 m，应采用溜槽或串筒。混凝土的水灰比和坍落度宜随浇筑高度的上升，而酌情予以递减。

20. 答：施工缝的处理应注意以下几点：

（1）在已硬化的混凝土表面上继续浇筑混凝土之前，应及时清除垃圾、水泥薄膜、表面松动的砂石和松软的混凝土层；同时，对表面光滑处还应进行凿毛处理，用水冲洗干净并充分湿润。此外，残留在混凝土表面的积水也应清除。

（2）在施工缝附近回弯钢筋时，要做到钢筋周围的混凝土不受松动和损坏。钢筋上的油污、浮锈等杂质也应及时清理。

（3）浇筑前，水平施工缝宜先铺上一层 10～15 mm 厚的水泥砂浆，其配合比与混凝土内的砂浆成分相同，以增强新、旧混凝土的整体性。

21. 答：现浇混凝土结构拆模应具备以下条件：

（1）对于承重的侧面模板，在混凝土强度能保证其表面及棱角不因拆除模板而损坏时，方可拆除。

（2）底模板在混凝土强度达到施工设计规定的标准后，方可拆除。

（3）已拆除模板及其支架的结构，应在混凝土达到设计强度后，才允许承受全部荷载。施工中不得超载使用，严禁堆放过量建筑材料。

（4）钢筋混凝土结构如在混凝土未达到设计所规定的强度时进行拆除，模板及承受部分荷载应经过计算，并复核结构在实际荷载作用下的强度。

22. 答：混凝土的养护方法主要有浇水养护、喷膜养护、太阳能养护、蒸汽养护四种。

23. 答：钻孔灌注桩施工的工艺流程如下：

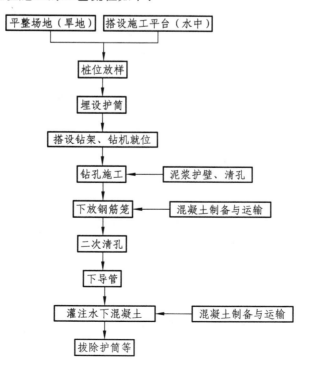

24. 答：钻孔灌注桩的水下混凝土灌注方法如下：

将导管居中插入到离孔底约 0.40 m 处。导管上口接漏斗，在接口处设球塞，以隔绝混凝土与管内的水接触。在漏斗中存备足够的混凝土，剪断球塞吊绳，混凝土依靠自重推动球塞向孔底下落。导管内的水被全部压出，这时桩孔内水位骤涨外溢，混凝土已灌入孔底。混凝土将导管下口埋入孔内混凝土约 1 m，保证钻孔内的水不可能重新流入导管。随着混凝土不断通过漏斗、导管灌入钻孔，钻孔内初期灌注的混凝土及其上面的水泥浆和泥浆不断被顶托升高，相应地不断提升导管和拆除导管，直到钻孔内混凝土灌注完毕。

25. 答：为防止混凝土泵送时管道堵塞，必须严格控制粗集料最大粒径与输送管径之比。规定粗集料最大粒径与输送管径之比：泵送高度在 50 m 以下时，对碎石不宜大于 1∶3，对卵石不宜大于 1∶2.5；泵送高度在 50～100 m 时，宜在 1∶4～1∶3；泵送高度在 100 m 以上时，宜在 1∶5～1∶4。粗集料应符合国家现行标准《普通混凝土用碎石或卵石质量标准及检验方法》的规定，并应采用连续级配。粗集料针片状颗粒含量对混凝土可泵性影响很大。当针片状颗粒含量多，石子级配不好时，输送管道弯头处的管壁往往易磨损或泵裂。针片状颗粒一旦横在输送管中，就会造成输送管堵塞，因此，规定针片状颗粒含量不宜大于 10%。

26. 答：泵送混凝土使用的细集料应符合国家现行标准《普通混凝土用砂质量标准及检验方法》的规定。细集料宜采用中砂，因其通过 0.315 mm 筛孔砂的含量对混凝土可泵性影响很大，故此值不能太小。规定通过 0.315 mm 筛孔的砂，不应少于 15%。

27. 答：水泥品种对混凝土可泵性有一定影响。根据我国的大量工程实践经验，一般采用硅酸盐、普通硅酸盐水泥为宜，且均应符合国家相应标准的规定，一般不用矿渣水泥。但大量实践证明：对矿渣硅酸盐水泥，采用适当提高砂率、降低坍落度、掺加粉煤灰提高保水性等技术措施，然后应用于大体积混凝土工程，对降低水泥水化热、防止温差引起裂缝等是有利的。

28. 答：混凝土分部（子分部）工程质量验收应符合下列规定：

（1）分部（子分部）工程所含的分项工程的质量均应验收合格。

（2）质量控制资料完整。

（3）地基与基础、主体结构和设备安装等分部工程有关安全及功能的检验和抽样检测结果应符合有关规定。

（4）观感质量验收应符合要求。

分部工程的验收在其所含各分项工程验收的基础上进行。首先，分部工程的各分项工程必须已验收，且相应的质量控制资料文件必须完整，这是验收的基本条件。其次，由于分部工程的性质不尽相同，因此作为分部工程不能简单地组合而加以验收，还需增加两项检查。

涉及安全和使用功能的地基基础、主体结构、有关安全及重要使用功能的安装分部工程应进行有关见证取样送样试验或抽样检测。关于观感质量验收，这类检查往往难以定量，只能以观察、触摸或简单量测的方式进行，并由各人的主观印象判断，检查结果并不给出"合格"或"不合格"的结论，而是综合给出质量评价。评价的结论为"好"、"一般"、"差"三种。对于"差"的检查点应通过返修处理等方法进行补救。分部（子分部）工程质量应由总监理工程师（建设单位项目专业负责人）组织施工项目经理和有关勘察、设计单位项目负责人进行验收，并做好记录。

29. 答：（1）每拌制 100 盘且不超过 100m³ 的同配合比的混凝土，取样不得少于一次。

（2）每工作班拌制的同一配合比的混凝土不足 100 盘时，取样不得少于一次。

（3）当一次连续浇筑超过 1 000 m³ 时，同一配合比的混凝土每 200 m³ 取样不得少于一次。

（4）每一楼层同一配合比的混凝土，取样不得少于一次。

（5）每次取样应至少留置一组标准养护试件，同条件养护试件的留置组数应根据实际需要确定。

30. 答：桥梁按结构受力体系可分为梁桥、拱桥、刚架桥、吊桥和组合体系桥梁。

第 4 章　混凝土工职业技能鉴定实作复习题

4.1　混凝土坍落度测试及混凝土试件制作

4.1.1　准备要求

1. 考场准备

（1）准备混凝土拌和料若干，其中包括硅酸盐水泥或普通硅酸盐水泥、粗集料、细集料、自来水等。

（2）准备坍落度试验所需仪器及工具，包括：

① 混凝土搅拌机。容量为 50 ~ 100 L，转速为 18 ~ 22 r/min。

② 磅秤。称重为 50 kg。

③ 坍落度筒：坍落度筒底部内径为（200 ± 2）mm，顶部内径为（100 ± 2）mm、高度为（300 ± 2）mm 的截圆锥形金属筒，内壁应光滑、无凹凸部位。底面和顶面应相互平行，并与锥体的轴线垂直。

④ 捣棒。捣棒直径为 16 mm、长度为 600 ~ 650 mm 的钢棒。

⑤ 试模、振实台。

⑥ 其他。拌和钢板、金属直尺、小铲、漏斗、记录笔、记录本。

2. 考生准备

无。

4.1.2　考核要求

（1）按照投料顺序和试件要求制作混凝土拌和物。

（2）按照标准试验操作步骤测量混凝土拌和物的坍落度。

（3）混凝土拌和物的流动性、保水性、黏聚性符合要求。

（4）制作立方体混凝土试件。

（5）否定性说明：若考生出现下列情况之一，则应及时终止其考试，本题成绩记零分。

① 违反安全操作规范。

② 结果不对。

③ 混凝土拌和物坍落度三次结果之间差距大于 20 m。

4.1.3　配分与评分标准

序号	考核内容	考核要点	配分	考核标准	扣分	得分
1	混凝土下料	称重	20 分	选用配料称重不准确，一项扣 5 分		
2	混凝土投料	投料顺序	20 分	投料顺序任何一项不符扣 5 分		

续表

序号	考核内容	考核要点	配分	考核标准	扣分	得分
3	坍落度试验	试验操作步骤	30分	① 喂料过程不插捣扣 10 分； ② 坍落度缺口不抹平扣 10 分； ③ 数据测量动作不符扣 10 分		
4	坍落度	坍落度数据测试	20分	坍落度过高、过低扣 20 分		
5	试卷制作	试件振实	10分	试模制作不符合操作要求（不刷油脂）扣 10 分		

4.2　浇筑面积为 40 m²的混凝土刚性防水屋面

4.2.1　准备要求

1. 考场准备

（1）材料准备。

水泥、石子、砂、掺和料、外加剂、自来水。

（2）机械器材准备。

混凝土搅拌机、磅秤（或自动计量设备）、双轮手推车、小翻斗车、尖锹、平锹、混凝土吊斗、插入式振捣器、木抹子、长抹子、铁插尺、胶皮水管、铁板、串桶、塔式起重机等。

（3）其他材料准备：混凝土试模、坍落度筒、盒尺等。

（4）安全辅助工具：胶鞋、手套、安全帽等。

2. 考生准备

无。

4.2.2　考核要求

（1）搅拌混凝土时，应按设计配合比投料，各种原材料必须称量准确。

（2）运送混凝土的器具应严密，不可漏浆；运送过程中应防止混凝土分层离析。

（3）浇筑混凝土时应分段分层连续进行。

（4）使用插入式振捣器应快插慢拔，插点要均匀排列，逐点移动，顺序进行，不得遗漏，做到均匀振实。

（5）振捣时，振捣棒不得触及钢筋和模板。振动器的移动间距，应保证振动器的平板覆盖已振实部分的边缘。

（6）否定性说明。

在混凝土浇筑操作过程中出现如下情况，做否定性说明：

① 违反安全操作规范。

② 振捣完成后混凝土层面没有收面或者平整度不符合要求。

4.2.3　配分与评分标准

序号	考核内容	考核要点	配分	考核标准	扣分	得分
1	坍落度试验	测试混凝土拌和坍落度	30分	① 喂料过程不插捣扣10分； ② 坍落度过高过低扣10分； ③ 混凝土坍落度调整过后仍旧不符合要求扣10分		
2	屋面混凝土浇筑	混凝土浇筑前的准备工作	20分	① 检查材料的质量、品种与规格是否符合混凝土配合比设计要求，各种原材料应满足混凝土一次连续浇筑的需要，不符合扣5分。 ② 检查施工用的搅拌机、振捣棒、料斗、备品及配件准备情况。所有机具在使用前应试转运行，以保证使用过程中运作良好。无此动作扣5分。 ③ 模板及钢筋的检查。无此动作扣5分。 ④ 混凝土开拌前的清理工作。无此动作扣5分		
3	屋面混凝土浇筑	振捣棒的安全操作及浇筑质量	50分	① 按照混凝土浇筑方案浇筑，不按照浇筑操作规范扣10分； ② 不按照混凝土的捣实要求扣20分； ③ 振捣棒的操作不符合安全操作规范扣20分		

4.3　框架剪力墙混凝土的浇筑

4.3.1　准备要求

1. 考场准备

（1）材料准备。

水泥、石子、砂、掺和料、外加剂。

（2）机械器材准备。

混凝土搅拌机、磅秤（或自动计量设备）、双轮手推车、小翻斗车、尖锹、平锹、混凝土吊斗、插入式振捣器、木抹子、长抹子、铁插尺、胶皮水管、铁板、串桶、塔式起重机等。

（3）场地准备。

墙高3 m，钢筋网绑扎完毕、模板已支好、脚手架已搭设完毕。

2. 考生准备

无。

4.3.2　考核要求

（1）浇筑混凝土时应分段分层连续进行，浇筑高度应根据结构特点、钢筋疏密决定，一般为振捣器作用部分长度的 1.25 倍，最大不超过 50 cm。

（2）使用插入式振捣器应快插慢拔，插点要均匀排列，逐点移动，顺序进行，不得遗漏，做到均匀振实。

（3）浇筑混凝土应连续进行。如必须间歇，其间歇时间应尽量缩短，并应在前层混凝土凝结之前，将次层混凝土浇筑完毕。间歇的最长时间应按所用水泥品种及混凝土凝结条件确定，一般超过 2 h，应按施工缝处理。

（4）浇筑混凝土时应经常观察模板、钢筋、预埋孔洞、预埋件和插筋等有无移动、变形或堵塞情况，发现问题应立即停止浇灌，并应在已浇筑的混凝土凝结前修正完好。

（5）否定性说明：

① 不按照混凝土振捣器安全操作规程操作。

② 振动棒缠绕钢筋。

③ 剪力墙浇筑混凝土前，先在底部均匀浇筑 5 cm 厚与墙体混凝土成分相同的水泥砂浆，并用铁锹入模，不应用料计斗直接灌入模内。

4.3.3　配分及评分标准

序号	考核内容	考核要点	配分	考核标准	扣分	得分
1	混凝土搅拌	混凝土拌和物按配合比下料	10 分	制作防水混凝土，选用配料称重不准确，一项扣 2 分		
2	剪力墙浇筑	混凝土浇筑前的准备工作	20 分	① 检查材料的质量、品种与规格是否符合混凝土配合比设计要求，各种原材料应满足混凝土一次连续浇筑的需要，不符合扣 5 分。② 检查施工用的搅拌机、振捣棒、料斗、备品及配件准备情况。所有机具在使用前应试转运行，以保证使用过程中运作良好。无此动作扣 5 分。③ 模板及钢筋的检查。无此动作扣 5 分。④ 混凝土开拌前的清理工作。无此动作扣 5 分		
3	剪力墙浇筑	振捣棒的安全操作及浇筑质量	50 分	① 按照混凝土浇筑方案浇筑，不按照浇筑操作规范扣 10 分。② 不按照混凝土的捣实要求扣 10 分。③ 振捣棒的操作不符合安全操作规范扣 20 分。④ 浇筑表面不平整扣 10 分		
4	规范操作意识		20 分	混凝土墙体浇筑完毕之后，将上口甩出的钢筋加以整理，用木抹子按标高线将墙上表面混凝土找平。无此动作扣 20 分		

4.4　梁的浇筑

4.4.1　准备要求

1. 考场准备

（1）场地准备。

梁骨架：截面 250 mm × 500 mm 或 300 mm× 600 mm，跨长 4.5 m 或 6 m。其中钢筋网绑扎完毕、模板已支好、脚手架已搭设完毕。

（2）材料准备。

水泥、石子、砂、掺和料、外加剂、自来水。

（3）机械准备。

混凝土搅拌机、磅秤（或自动计量设备）、双轮手推车、小翻斗车、尖锹、平锹、混凝土吊斗、插入式振捣器、木抹子、长抹子、铁插尺、胶皮水管、铁板、串桶等。

2. 考生准备

无。

4.4.2　考核要求

（1）浇筑混凝土时应分段分层连续进行，浇筑高度应根据结构特点、钢筋疏密决定，一般为振捣器作用部分长度的 1.25 倍，最大不超过 50 cm。

（2）使用插入式振捣器应快插慢拔，插点要均匀排列，逐点移动，顺序进行，不得遗漏，做到均匀振实。

（3）否定性说明：

① 浇筑振捣时间走出额定范围。

② 违反安全操作规范。

4.4.3　配分及说明

序号	考核内容	考核要点	配分	考核标准	扣分	得分
1	混凝土搅拌	混凝土拌和物按配合比下料	10 分	选用配料称重不准确，一项扣 2 分		
2	坍落度试验	坍落度数据测试	10 分	① 喂料过程不插捣扣 5 分； ② 坍落度过高过低扣 5 分		
3	梁的浇筑	混凝土浇筑前的准备工作	20 分	① 检查材料的质量、品种与规格是否符合混凝土配合比设计要求，各种原材料应满足混凝土一次连续浇筑的需要。不符合扣 5 分。 ② 检查施工用的搅拌机、振捣棒、料斗、备品及配件准备情况。所有机具在使用前应试转运行，以保证使用过程中运作良好。无此动作扣 5 分。 ③ 模板及钢筋的检查。无此动作扣 5 分。 ④ 混凝土开拌前的清理工作。无此动作扣 5 分		

续表

序号	考核内容	考核要点	配分	考核标准	扣分	得分
4	梁的浇筑	振捣棒的安全操作及浇筑质量	60分	① 按照混凝土浇筑方案浇筑，不按照浇筑操作规范扣 10 分。 ② 不按照混凝土的捣实要求扣 10 分。 ③ 振捣棒的操作不符合安全操作规范扣 20 分。 ④ 浇筑表面不平整扣 20 分		

4.5　板的浇筑

4.5.1　准备要求

1. 考场准备

（1）场地准备。

板截面为 2 m × 2 m，其中钢筋网绑扎完毕、模板已支好、脚手架已搭设完毕。

（2）材料准备。

水泥、石子、砂、掺和料、外加剂、自来水。

（3）机械准备。

混凝土搅拌机、磅秤（或自动计量设备）、双轮手推车、小翻斗车、尖锹、平锹、混凝土吊斗、插入式振捣器、木抹子、长抹子、铁插尺、胶皮水管、铁板、串桶等。

2. 考生准备

无。

4.5.2　考核要求

（1）浇筑混凝土时应分段分层连续进行，浇筑高度应根据结构特点、钢筋疏密决定，一般为振捣器作用部分长度的 1.25 倍，最大不超过 50 cm。

（2）使用插入式振捣器应快插慢拔，插点要均匀排列，逐点移动，顺序进行，不得遗漏，做到均匀振实。

（3）否定性说明：

① 不按照混凝土振捣器安全操作规程操作。

② 混凝土浇筑振捣时间不能走出额定范围。

4.5.3　配分及说明

序号	考核内容	考核要点	配分	考核标准	扣分	得分
1	混凝土搅拌	混凝土拌和物按配合比下料	10分	选用配料称重不准确，一项扣 2 分		
2	坍落度试验	坍落度数据测试	10分	① 喂料过程不插捣扣 5 分； ② 坍落度过高过低扣 5 分		

续表

序号	考核内容	考核要点	配分	考核标准	扣分	得分
3	板的浇筑	混凝土浇筑前的准备工作	20分	① 检查材料的质量、品种与规格是否符合混凝土配合比设计要求，各种原材料应满足混凝土一次性连续浇筑的需要，不符合扣5分。 ② 检查施工用的搅拌机、振捣棒、料斗、备品及配件准备情况。所有机具在使用前应试转运行，以保证使用过程中运作良好。无此动作扣5分。 ③ 模板及钢筋的检查。无此动作扣5分。 ④ 混凝土开拌前的清理工作。无此动作扣5分		
4	板的浇筑	振捣棒的安全操作及浇筑质量	60分	① 按照混凝土浇筑方案浇筑，不按照浇筑操作规范扣10分。 ② 不按照混凝土的捣实要求扣10分。 ③ 振捣棒的操作不符合安全操作规范扣20分。 ④ 浇筑表面不平整扣20分		

4.6　楼梯混凝土的浇筑

4.6.1　准备要求

1. 考场准备

（1）场地准备。

楼梯高度为 150 mm，宽度为 300 mm。

（2）材料准备。

水泥、石子、砂、掺和料、外加剂。

（3）机械准备：。

混凝土搅拌机、磅秤（或自动计量设备）、双轮手推车、小翻斗车、尖锹、平锹、混凝土吊斗、插入式振捣器、木抹子、长抹子、铁插尺、胶皮水管、铁板、串桶等。

2. 考生准备

无。

4.6.2　考核要求

（1）混凝土自下而上浇筑，先振实底板混凝土，达到踏步位置时再与踏步混凝土一起振捣，不断连续向上推进，并随时用木抹子（或塑料抹子）将踏步上表面抹平。

（2）施工缝位置：楼梯混凝土宜连续浇筑完，多层楼梯的施工缝应留置在楼梯段 1/3 的部位。

（3）否定性说明。

① 违反安全操作规范。

② 浇筑过程中出现爆模情况。

4.6.3 配分及说明

序号	考核内容	考核要点	配分	考核标准	扣分	得分
1	混凝土搅拌	混凝土拌和物按配合比下料	10 分	选用配料称重不准确，一项扣 2 分		
2	坍落度试验	坍落度数据测试	20 分	① 喂料过程不插捣扣 10 分； ② 坍落度过高过低扣 10 分		
3	楼梯混凝土浇筑	混凝土浇筑前的准备工作	20 分	① 检查材料的质量、品种与规格是否符合混凝土配合比设计要求，各种原材料应满足混凝土一次性连续浇筑的需要，不符合扣 5 分。 ② 检查施工用的搅拌机、振捣棒、料斗、备品及配件准备情况。所有机具在使用前应试转运行，以保证使用过程中运作良好。无此动作扣 5 分。 ③ 模板及钢筋的检查。无此动作扣 5 分。 ④ 混凝土开拌前的清理工作。无此动作扣 5 分		
4	楼梯混凝土浇筑	振捣棒的安全操作及浇筑质量	50 分	① 按照混凝土浇筑方案浇筑，不按照浇筑操作规范扣 10 分。 ② 不按照混凝土的捣实要求扣 20 分。 ③ 振捣棒的操作不符合安全操作规范扣 20 分		

参考文献

[1] 侯君伟. 钢筋工手册. 北京：中国建筑工业出版社，2009.

[2] 袁瑞文. 钢筋工实用技术手册. 武汉：华中科技大学出版社，2011.

[3] 闫成德. 钢筋工（高级）. 北京：机械工业出版社，2009.

[4] 高忠民. 钢筋工. 北京：金盾出版社，2006.

[5] 刘爱灵. 钢筋工（初级工、中级工、高级工）. 北京：中国建筑工业出版社，2007.

[6] 叶刚. 砌筑工入门与技巧. 北京：金盾出版社，2008.

[7] 中国石油天然气集团公司职业技能鉴定指导中心编. 砌筑工. 北京：石油工业出版社，2009.

[8] 叶词平. 砌筑工. 武汉：湖北科学技术出版社，2009.

[9] 本书编写组. 砌筑工. 北京：中国计划出版社，2007.

[10] 建设部人事教育司. 砌筑工，北京：中国建筑工业出版社，2007.

[11] 本书编写组. 架子工. 北京：中国建筑工业出版社，1998.

[12] 陈登智. 架子工. 北京：中国环境科学出版社，2012.

[13] 劳动和社会保障部中国就业培训技术指导中心. 架子工（基础知识·初级·中级·高级）. 北京：中国城市出版社，2003.

[14] 住房和城乡建设部工程质量安全监管司. 附着升降脚手架架子工. 北京：中国建筑工业出版社，2012.

[15] 建设部从事教育司. 架子工. 北京：中国建筑工业出版社，2002.

[16] 郭倩. 架子工实用技术手册. 武汉：华中科技大学出版社，2010.

[17] 尚晓峰. 混凝土工. 北京：化学工业出版社，2008.

[18] 唐晓东. 混凝土工操作流程与禁忌. 北京：化学工业出版社，2012.

[19] 建设部人事教育司. 混凝土工. 北京：中国建筑工业出版社，2007.

[20] 郭爱云. 混凝土工实用技术手册. 武汉：华中科技大学出版社，2011.

[21] 饶勃. 实用混凝土工手册. 2版. 上海：上海交通大学出版社，1998.